循序渐进 AutoCAD 2010 实训教程

主　编　王华康
参　编　姜　璐　徐黎明
　　　　潘　飞　刘运清

东南大学出版社
·南京·

内 容 提 要

AutoCAD 是广泛运用的工程图形绘制软件,本书由浅入深、循序渐进地介绍了 AutoCAD 2010 的使用,并通过大量的实验来巩固所学习的内容,在图形的列举上力求融会贯通基本命令、锻炼拓展读者的思路技巧。该书主要内容包括:AutoCAD 2010 软件环境、基本绘图及编辑命令、文字与标注、图案填充、块、三维曲面及三维实体、建筑平面图及部分详图、建筑施工图、图形文件打印及输出,以及与之相匹配的 16 个实验。全书的编写建立在编者多年的教学和绘制工程图形之上,详细介绍了大多数命令和操作技巧。

本书可作为建筑类大、中专院校相关专业和培训班的教材,也可供读者自学与参考。

图书在版编目(CIP)数据

循序渐进 AutoCAD2010 实训教程/王华康等编.
—南京:东南大学出版社,2011.2(2025.1 重印)
ISBN 978 - 7 - 5641 - 2546 - 2

Ⅰ.①循…   Ⅱ.①王…   Ⅲ.①计算机辅助设计 — 应
用软件,AutoCAD 2010 — 教材   Ⅳ.①TP391.72

中国版本图书馆 CIP 数据核字(2010)第 242687 号

东南大学出版社出版发行
(南京市四牌楼 2 号   邮编 210096)
出版人:江建中
网   址:http://www.seupress.com
电子邮件:press@seu.edu.cn
全国各地新华书店经销   南京京新印刷有限公司印刷
开本:787 mm×1092 mm   1/16   印张:17.75   字数:423 千字
2011 年 2 月第 1 版   2025 年 1 月第 6 次印刷
ISBN 978 - 7 - 5641 - 2546 - 2
定价:48.00 元
本社图书若有印装质量问题,请直接与读者服务部联系。电话(传真):025-83792328

前　言

目前市场上有许多使用 AutoCAD 绘制建筑类图形的用书,但对于一位新手或刚入门的用户来说,更需要对具体的命令灵活运用,这种熟练运用建立在对大量具体图形的绘制与反复思考、比较之上。如果说图形内容是经验的积累,那思考及解决的方法则是知识的积淀,编者主张用户在编者提示信息之上,反复思考揣摩图形绘制方法,重基础、勤思索、勇闯冲、多练习,那样经过一定时间的沉淀之后,定会化蛹成蝶、有所收获,那不仅是知识内容方面的,更大的收获则是个人信心和精神状态上的。

本书在编写时侧重于基本绘制命令、建筑类专业上的平面和三维图形的绘制方法与技巧的讲述,对 AutoCAD 2010 中的参数化绘图有意没有讲述,是想让用户尽可能真实掌握和运用好相应的命令、夯实基础;内容编排注意到教学和自学的实际需要,在书中除最后一章外,均专门设置了实验部分,以期达到对所学各种命令巩固和灵活运用的目的,充分体现循序渐进和实训的特色。

本书的编写人员都是教学一线的教师,同时也是大量工程图形的绘制人员。全书共分为 10 章和 16 个实验,第 7 章、10 章、第 6.2 节和实验 1、2、5～8、12～16 由王华康编写,第 2章、3 章和实验 3、4、9 由姜璐编写,第 1、4、5 章和实验 10、11 由潘飞编写,第 6.1 节由刘运清编写,第 8、9 章由徐黎明编写。全书由王华康统稿。

书中图形绘制环境采用公制,所有示意图形未标注尺寸,标注尺寸的数据采用的均为公制单位。菜单之间的下级关联采用"→"分隔。

本书的编写得到了各编写人员家属的有力支持,在此表示感谢! 但由于时间和编写者的水平所限,书中错误及疏漏之处在所难免,希望广大读者不吝批评并对我们的教材提出宝贵意见和建议;或您对书中的图形有操作上的疑问,均可邮件联系 wanghuakang1818@163.com,我们将会尽快给您答复。

编　者

2010 年 10 月 31 日

目　　录

第 1 篇　AutoCAD 平面基本知识

第 ① 章　　AutoCAD 2010 绘图环境

AutoCAD 2010 是美国 Autodesk 公司研制的计算机辅助设计软件,是世界上应用最广泛的制图软件。它被广泛应用于建筑、电子、机械、广告、装饰、航天、造船、冶金、地质、纺织、服装等诸多平面及立体设计领域,自推出以来,受到广大用户的推崇。到目前为止,Autodesk 公司已经发布了 22 个 AutoCAD 版本,其中较有影响的有 R12,R14 和 AutoCAD 2000、2004、2006、2009、2010 版,目前最新的版本是 AutoCAD 2010 版。

1.1　AutoCAD 2010 安装与启动

1.1.1　AutoCAD 2010 安装要求

在安装 AutoCAD 2010 之前,用户需要了解 AutoCAD 2010 对硬件和软件的最低需求。安装 AutoCAD 2010 时,会自动检测 Windows 操作系统是 32 位版本还是 64 位版本,从而安装适当的 AutoCAD 2010 版本。在 Windows 的 64 位版本上无法安装 AutoCAD 2010 的 32 位版本。

AutoCAD 2010 版本要求电脑最低配置如下:

操作系统:32 位的 Microsoft Windows XP Home SP2 或 Microsoft Windows XP Professional SP2。

处理器:Intel Pentium 4 或 AMD Athlon™ Dual Core,1.6 GHz 或更高,采用 SSE2 技术。

内存:2 GB RAM。

显示器分辨率:1024 × 768 真彩色。

硬盘:32 位　安装需要使用 1 GB。

　　　64 位　安装需要使用 1.5 GB。

1.1.2　AutoCAD 2010 安装

执行 AutoCAD 2010 的安装光盘中的"Setup.exe"文件,会出现如图 1.1 所示的安装初始界面。选择其中的"安装产品",在出现的对话框中选择"AutoCAD 2010",执行"下一步"后,配置安装位置,选择"单机安装",输入激活码,然后按照提示信息依次执行"下一步"即可完成安装,在安装中,请您根据自己的需要进行相应的选择与设置。

图 1.1　AutoCAD 2010 安装初始界面

1.1.3　AutoCAD 2010 添加或卸载

　　如果因为某种原因,需要添加 AutoCAD 2010 的某项功能,或是卸载 AutoCAD 2010,这时需要打开"控制面板"(选择"开始"菜单中"设置"菜单下的"控制面板"),在弹出的窗口中双击"添加/删除程序"的图标,打开"添加/删除程序"的窗口,从中选择 AutoCAD 2010,如图 1.2 所示。然后按"更改/删除程序"按钮,会出现如图 1.3 所示的对话框,用户可以在此对话框的操作提示信息下完成对 AutoCAD 2010 的相应操作。

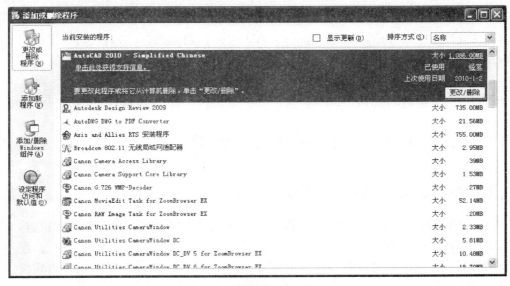

图 1.2　"添加/删除程序"窗口

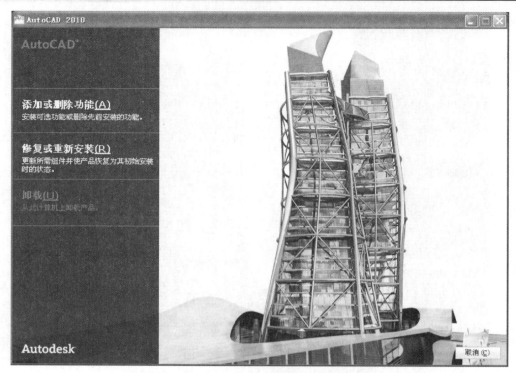

图 1.3　AutoCAD 2010"更改/卸载"对话框

1.1.4　AutoCAD 2010 的启动

启动 AutoCAD 2010 的方法和启动其他常用软件的方法一样，可以有以下几种方法：

（1）双击桌面上的程序快捷方式图标 。

（2）在"开始"菜单中启动 AutoCAD，选择"开始"→"程序"→ Autodesk→ AutoCAD 2010－Simplified Chinese→ AutoCAD 2010 命令。

（3）选取"任务栏"快捷启动栏中 AutoCAD 2010 的启动图标。如果没有，按住 Ctrl 键不放，拖动桌面上的 CAD 快捷图标到任务栏即可。

（4）在"我的电脑"中找到 AutoCAD 2010 的执行文件，双击执行即可。

较常用的启动方法是前面两种。

1.2　认识 AutoCAD 2010 的用户界面

1.2.1　AutoCAD 2010 工作空间

工作空间是用户界面元素的集合，包括这些元素的内容、特性、显示状态和位置，具体地说，工作空间由分组组织的菜单、工具栏、选项板和功能区控制面板组成的集合，使用户可以在专门的、面向任务的绘图环境中工作，因此 AutoCAD 2010 中具有用户自定义工作空间的功能。

AutoCAD 2010 中已定义了两个基于任务的工作空间：

(1) 二维草图与注释；

(2) 三维建模；

另外，还有一个工作空间，它是面向对以前产品熟悉的老用户而设置的，即：

(3) AutoCAD 经典。

双击桌面上的 AutoCAD 2010 的图标，进入到 AutoCAD 2010 的用户界面，即用户设定的工作空间，如图 1.4 所示。

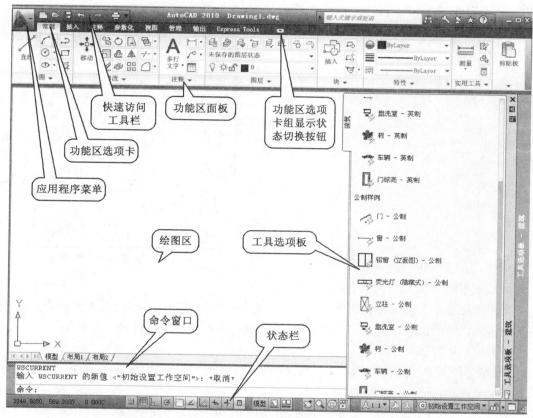

图 1.4 AutoCAD 2010 初始设置工作空间用户界面

用户可以轻松地通过状态栏上的工作空间图标切换到另一个工作空间，它的使用见状态栏处的说明。

1.2.2 应用程序菜单

应用程序菜单在该软件界面的左上角，即红色的 A 字母图标，用鼠标点击此图标，可出现如图 1.5 所示的菜单，每一个都有下级菜单，它主要是对 AutoCAD 2010 的文件进行各种管理和输出操作。其最右下角有一个"选项"按钮，用户可利用它进行一些环境配置。

用鼠标左键双击应用程序菜单可关闭 AutoCAD 2010。

1) 文件保存类型

如图 1.6 所示，用户可以将图形保存为图形格式（DWG）、图形交换格式（DXF）、图形标准(DWS)、样板文件(DWT)等,常用的保存格式为 DWG,有时会根据需要将文件保存为以前版本下的格式。

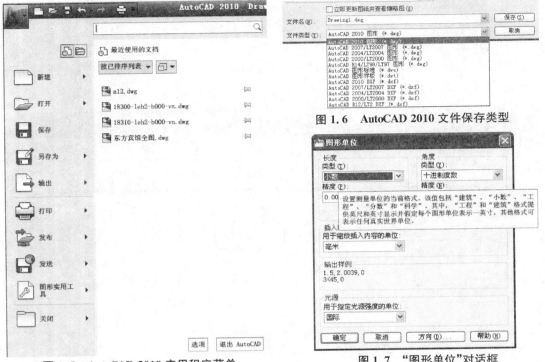

图 1.5　AutoCAD 2010 应用程序菜单

图 1.6　AutoCAD 2010 文件保存类型

图 1.7　"图形单位"对话框

2)文件输出

应用程序菜单中的文件输出格式较多,主要有 DWF、PDF 等格式,但还要注意输出中的其他格式,如图元文件(WMF)、块(DWG)等,这样方便与其他软件进行配合使用。

3)图形实用工具

AutoCAD 2010 提供了一些 CAD 图形绘制中要使用到的实用工具,如清理、修复等工具。

单击其中的"单位",会出现"图形单位"对话框,如图 1.7 所示,把鼠标停留在选择框上时,会自动出现相关的提示信息。点击下面的"方向"按钮,会出现"方向控制"对话框,**默认的向"东"方向为 0 度**,即绘图区中的 X 所指示的方向,**逆时针方向为正**。

1.2.3　快速访问工具栏

默认的快速访问工具栏在最上面,它包括新建、打开、保存、放弃、重做、打印这几个按钮,在任一个按钮上按鼠标右键,会出现下拉快捷菜单(如图 1.8a 所示),用户可根据需要自己操作。

在这个工具栏的最右边,是一个三角形的下拉箭头,在此上按鼠标右键出现的下拉菜单(如图1.8b所示);按鼠标左键弹出的下拉菜单(如图 1.9 所示),图中打钩的在快捷访问工具栏上已有相应的按钮,"显示菜单栏"执行后,会在标题栏下出现常用的菜单格式。再次在此处按鼠标左键时,"显示菜单栏"变成了"隐藏菜单栏"。

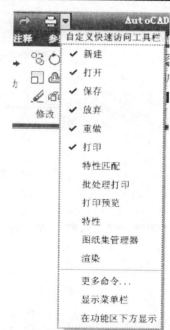

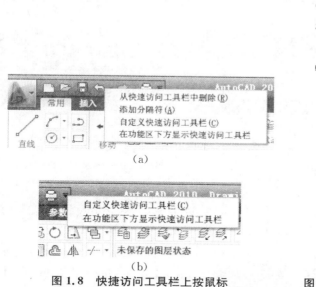

（a）

（b）

图 1.8　快捷访问工具栏上按鼠标
右键所得下拉菜单

图 1.9　快捷访问工具栏上按鼠标
左键所得下拉菜单

执行图 1.9 中的"更多命令…"选项时，会出现一个"自定义用户界面"对话框，其中有重要的提示信息：要添加命令，请将命令从"命令列表"窗格搬运到快速访问工具栏、工具选项板中。用户可依此提示，练习选择任一个带图标的命令并将它拖到快速访问工具栏中，再将其从快速访问工具栏中删除。

1.2.4　标题栏

标题栏主要用来显示 AutoCAD 2010 的程序图标（红色字母 A）以及当前操作文件的名称。

要想在标题栏中显示完整路径，可通过应用程序菜单中的"选项"按钮打开"选项"对话框，在其中的"打开"和"保存"选项卡中，选中"在标题中显示完整路径"后点击"确定"按钮即可实现。

在 AutoCAD 2010 的标题栏中，添加了相关的帮助方面的内容，用户可以参照后面 1.8 节帮助文件。

与多数软件相同，标题栏最右有三个按钮：最小化、最大化、关闭。

1.2.5　功能区选项卡及功能区面板

如图 1.4 所示，AutoCAD 2010 功能区在默认情况包括如下选项卡：常用、插入、注释、参数化、视图、管理、输出。"功能区"选项卡不包含功能区面板所具有的任何命令或控制，而是管理功能区面板在功能区上的显示。

这些选项卡的左右位置是可以调整的，用户可以选择任一个选项卡后，按住鼠标左键不放，拖动到功能区的目标位置后放开。

用户可用鼠标左键点击功能区最右边的下拉三角形按钮,选项会在"最小化为选项卡"、"最小化为面板标题"、"显示完整的功能区"这三者之间切换。当然,用户也可在功能区的任一选项卡或下拉三角形上按鼠标右键,会出现如图 1.10 所示的下拉菜单,在其中的"最小化"处可实现如上三者之间的切换。

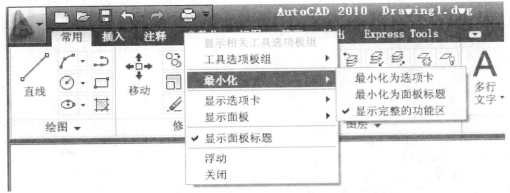

图 1.10　功能区选项卡上按鼠标右键所得下拉菜单

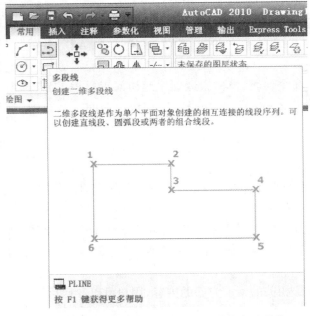

图 1.11　功能面板的某一命令上基本帮助信息

各选项卡中包含各自的功能区面板(即功能命令的分组名,如"常用"选项卡中包含绘图、修改、图层、注释等功能区面板),各个功能区面板上包含本命令组的各个命令对应的按钮图标(如"绘图"功能区面板中包含命令有:直线、圆、圆弧、矩形、正多边形、渐变色、点等)。

在图 1.10 所示的显示面板包含的下级菜单中,它显示的是当前选中的功能区选项卡中的功能面板。当用户将鼠标停留在某一个功能面板的图标上一定时间后,将会看到与该命令相关的一些基本的帮助信息(如图 1.11 所示)。

功能面板实际上与以前的 CAD 绘图等工具条相同,用户可在工作空间处切换到 AutoCAD 经典环境,然后可自己进行比较。

1.2.6　命令行窗口

命令行窗口位置如图 1.4 所示,任何操作都会在命令行窗口中显示出即时的提示信息,还可以通过在命令行窗口输入命令来执行操作。对于初学者来说,应特别注意提示信息的变化,这样有助用户更好地操作和理解命令。

命令行窗口默认为三行文字的高度,用户可以将命令行窗口向上拖动放大一些,便于阅读其他已有的信息。

1.2.7　状态栏

　　AutoCAD 2010 应用程序状态栏(如图 1.12)可显示光标的坐标值、绘图工具、导航工具以及用于快速查看和注释缩放的工具等。

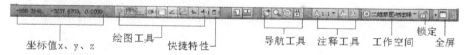

图 1.12　状态栏

　　用户可以以图标或文字的形式查看绘图工具按钮。在这些绘图工具的任一个按钮上按鼠标右键,出现如图 1.13a 所示的浮动菜单,选择其中的"使用图标"后,状态栏处绘图工具会出现如图 1.13b 所示状态,绘图工具的使用方法请参见本章的 1.6 节。

　　对于图 1.13a 所示的"显示"菜单中的选项,编者建议用户使用熟练后,绘制平面图形时,"动态 UCS"、"动态输入"这两个工具平时不显示,这样用户在绘制图形时,可减少来自这两个选项所带来的干扰,从而提高绘制速度。

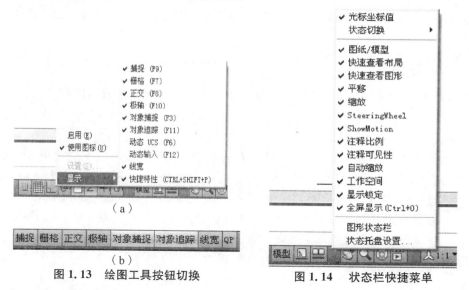

图 1.13　绘图工具按钮切换　　　　　　　　图 1.14　状态栏快捷菜单

　　用户可以预览打开的图形和图形中的布局,并在其间进行切换。对于多数用户而言,我们常用的是模型空间,而布局使用较少,对于布局的一些使用将在第 10 章讲述。

　　用户可以使用导航工具在打开的图形之间进行切换以及查看图形中的模型。通过平移工具,将图形的视口向一边移动,通过视口缩放工具调整所见到图形的区域大小。

　　通过工作空间按钮,用户可以切换不同的工作空间。

　　锁定按钮可锁定工具栏和窗口的当前位置。

　　要展开图形显示区域,请单击"全屏显示"按钮。

　　在各个绘图工具按钮之间的空白处按鼠标右键,会出现状态栏的快捷菜单(如图 1.14 所示),用户可以通过状态栏的快捷菜单向应用程序状态栏中添加按钮或删除按钮。

1.2.8　工具选项面板

如图 1.4 所示,在最右侧有一个工具选项板,它的打开方法主要有两种,即:

(1)依次单击"视图"选项卡 →"选项板"面板 →"工具选项板";

(2)按 Ctrl＋3 组合键(打开与关闭切换)。

其详细介绍见第五章相关内容。

1.3　配置 AutoCAD 2010 绘图环境

1.3.1　工作空间的选择

对于学习使用 AutoCAD 的初始用户来说,要从二维基本命令的基本使用开始,因此使用的工作空间通常为"二维草图与注释";对于一些使用以前老版本的 CAD 用户,可以使用"AutoCAD 经典"工作空间;而在绘制三维图形时,使用"三维建模"工作空间。

当然,在学习 AutoCAD 达到一定的熟练程度后,可以自定义工作空间,推荐用户那时去参看具体的相关帮助。

1.3.2　绘图界限

传统的绘图方式都是借助于纸质的,因此都有一个绘图的界限;CAD 继承了这一思想,因而在绘制图形时,会按实际尺寸进行等比例绘制在某一个指定的范围内,这个范围就成了绘图界限。

通常在正式绘制一些工程图形时,要先确定比例,根据已知比例下的图形大小确定图纸的大小,此时的图纸大小即是绘制界限,用户可根据纸张大小确定一个矩形区域,将图形绘制在此区域之中,以便完成绘图后打印,这种界限与 AutoCAD 的绘图界限不同。

AutoCAD 的绘图界限是早期 CAD 发展而来的产品,目前可以不考虑绘图界限,而是根据比例绘制确定将要出图的纸张大小,如果目前绘图区太小,可以通过绘制一个长的直线后,使用整图缩放命令得到较大的视口空间,即放大了绘图界限。

当设置绘图界限时,在命令行输入 limits 命令,其过程如下:

命令:limits✓

重新设置模型空间界限:

指定左下角点或 [开(ON)/关(OFF)] <0.0000,0.0000>:✓

指定右上角点 <420.0000,297.0000>:594,420 ✓　　//输入新的数据,如 A3 纸张大
　　　　　　　　　　　　　　　　　　　　　小;594,420,数据之间用英文输入法下的逗号分隔

要想使新设置的绘图界限产生效果,必须使用整图缩放命令,其命令行操作过程如下:

命令:z✓　　　　　　　　　　//可使用命令全称 ZOOM 或命令简写格式 Z

指定窗口的角点,输入比例因子 (nX 或 nXP)或者[全部(A)/中心(C)/动态(D)/范围(E)/上一个(P)/比例(S)/窗口(W)/对象(O)] <实时>:a✓　　　//all——全部

正在重生成模型。

1.3.3　图形单位的设置

　　设置图形单位,主要是设置长度和角度的类型、精度、角度的起始方向等。

　　通常我们使用的是默认的图形单位设置,其执行菜单过程为:"应用程序菜单"→"图形实用工具"→"单位"(或在命令行输入:units↙),打开如图 1.7 所示对话框,对于"角度",我们通常是使用逆时针方向为正,使用的是极坐标形式,点击此对话框中的"方向"按钮,会出现如图 1.15 所示的对话框,方向的默认基准角度为向东零度,即在默认的直角坐标(笛卡儿坐标)下,沿 X 轴的正方向为零度。

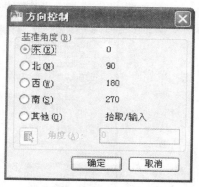

图 1.15　"方向控制"对话框

1.3.4　菜单栏的显示

　　大多数用户对于微软软件风格的菜单使用起来得心应手,AutoCAD 也保留了这一风格,用鼠标左键点击"快速访问工具栏"最右的下拉三角形,会出现一个菜单(如图 1.16 所示),用户可以自己决定是否要显示菜单,在此建议初学者显示菜单栏。

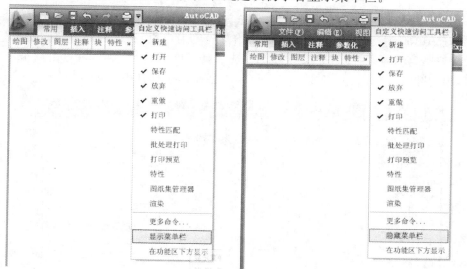

图 1.16　菜单栏的显示与隐藏

1.3.5　"选项"对话框的打开与部分内容的设置

　　1)"选项"对话框(如图 1.17 所示)的打开方式
　　(1) 左上角 A 字母:"应用程序菜单"→"选项"按钮;
　　(2) 在绘图区任一个空白位置按鼠标右键,弹出浮动菜单,选择其中的"选项"菜单项;
　　(3) 显示菜单栏后,使用菜单:"工具"→"选项";
　　(4) 命令行输入:options (或输入命令缩写:op)。

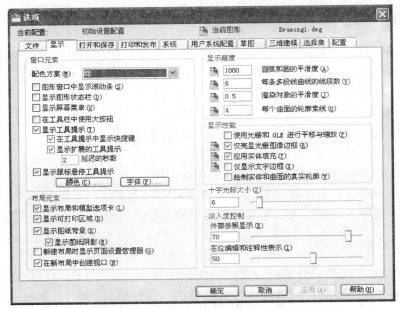

图 1.17 "选项"对话框

2）"绘图区"中的背景颜色的调整

安装好 AutoCAD 2010 后，绘图区的初始背景色为白色，通常人们习惯使用黑色背景（视觉效果好），这时可以打开"选项"对话框，选择其中的"显示"选项卡，点击此卡上的"颜色"按钮，出现"图形窗口颜色"对话框（如图 1.18 所示），选择其中的颜色为"黑色"，点击"应

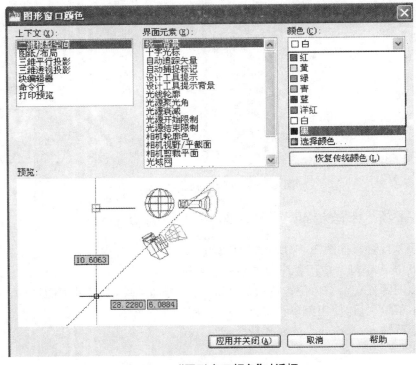

图 1.18 "图形窗口颜色"对话框

用并关闭"按钮后,绘图区会变成黑色背景。

　　3)"选择集"选项卡(如图 1.19 所示)

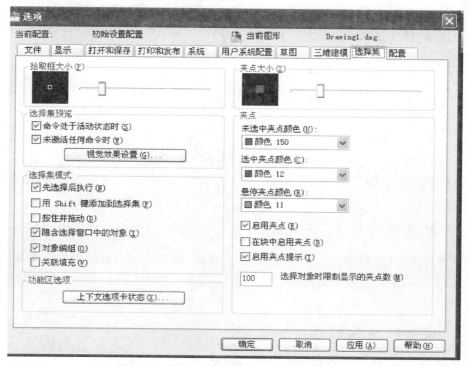

图 1.19　"选项"对话框中的"选择集"选项卡

　　这个部分涉及用户的操作习惯等的培养,因此要特别注意此部分的设置,对"拾取框大小"及"夹点大小",用户可根据个人爱好进行调整。

　　注意点:

　　(1)夹点是否选中的三个颜色的变化,这与后面要学习到的夹点操作相关;

　　(2)"选择集模式"中的"先选择后执行"选项。此项被选中时,例如在删除对象时,用户可以先选择对象,再执行删除命令,此时 CAD 会不再提示用户选择对象;反之,尽管用户先选择了对象,但在执行删除命令时,CAD 依然提示用户重新选择对象,这样会降低用户的操作速度。

　　当然,在"选项"对话框中,还有其他一些选项卡中的内容值得关注,如文件的保存默认路径、文件保存的版本、多长时间进行自动执行临时保存等等。

1.4　AutoCAD 中的坐标与坐标系

1.4.1　世界坐标系 WCS

　　AutoCAD 有两个坐标系:一个是被称为世界坐标系(WCS)的固定坐标系,一个是被称为用户坐标系(UCS)的可移动坐标系。默认情况下,这两个坐标系在新图形中是重合的。

通常在二维视图中,世界坐标系的 X 轴水平,Y 轴垂直。世界坐标系的原点为 X 轴和 Y 轴的交点(0,0)。图形文件中的所有对象位置均是相对于当前坐标系的原点计算的。

二维视图中,默认的世界坐标系的样式如图 1.20(a)所示;当用户缩小视图时,世界坐标系会出现如图1.20(b)所示样式。

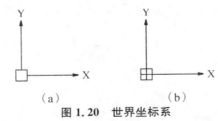

图 1.20 世界坐标系

在二维视图中绘制对象时,一般是在 XY 平面中绘制对象,此时绘制的对象的 Z 值为零。

1.4.2 用户坐标系 UCS

用户坐标系 UCS 是以世界坐标系 WCS 为基础,根据绘制图形时的实际需要,经过对坐标系进行平移、旋转变换而得到的。它主要使用在三维方面的操作上,可到相关的后续章节学习。

1.4.3 重要的坐标概念

1) 绝对坐标

绝对坐标是指相对于当前坐标系中坐标原点的坐标。

如:"200,200"表示当前坐标值 X、Y 均为 200,两数值之间用英文输入状态下的逗号分隔开。

2) 相对坐标

相对坐标是指相对于前一个坐标点的坐标,使用它时要求在坐标前输入"@"。

3) 直角坐标(笛卡儿坐标)

直角坐标就是直接用 X、Y、Z 数值来表示某点的位置,数值之间用逗号(半角英文标点状态下的逗号)隔开。例如当前光标所在点的位置在状态栏的左边有数值显示,三个数据依次为当前光标的 X、Y、Z 数值,且之间用逗号分隔开。

如果在直角坐标中 Z 值缺省,则 Z 值为当前的高度(见三维部分,用 ELEV 命令设置);如果在 XOY 二维平面下,且 ELEV 命令的标高为默认标高值 0 时,则 Z 值默认为 0,此时通常不输入 Z 值。

如在相对直角坐标下,"@20,-5"表示为相对于前一坐标点,当前坐标点在 X 上增量为 20,在 Y 上增量为-5。

4) 平面极坐标

平面极坐标是直角坐标 XOY 平面的另一种表达形式,它默认 X 轴所指的方向为 0°,逆时针旋转方向为正方向,对于某待输入点的位置在绝对坐标下的表达格式为:

输入点与坐标原点间的长度 < 输入点与坐标原点的连线与 OX 方向之间的夹角

某待输入点在相对坐标下的表达格式为:

@输入点与前一坐标点间的长度 < 输入点与前一坐标点的连线与 OX 方向之间的夹角

在某待输入点时也可如下操作：

< 输入点与前一坐标点的连线与 OX 方向之间的夹角

此时确定好方向后，再输入线的长度或用鼠标左键点击方向线上相应位置。

平面极坐标下绝对坐标与相对坐标的关系也可用图 1.21 和图 1.22（图中虚线表示与 OX 同方向）来区分。

图 1.21　绝对极坐标　　　　　　　　　图 1.22　相对极坐标

5. 球面坐标

它是立体下的点位置表示方法，是极坐标在三维空间的推广，某待输入点在绝对坐标下的表达格式（见图 1.23）为：

输入点与坐标原点间的长度 < 输入点与坐标原点的连线与 OX 方向之间的夹角 < 输入点与坐标原点的连线与 XOY 平面之间的夹角

球面坐标某待输入点在相对坐标下的表达格式为：

@输入点与前一坐标点间的长度 < 输入点与前一坐标点的连线与 OX 方向之间的夹角 < 输入点与前一坐标点的连线与 XOY 平面之间的夹角

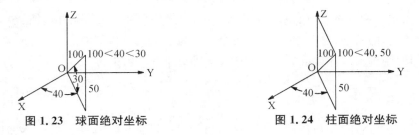

图 1.23　球面绝对坐标　　　　　　　　图 1.24　柱面绝对坐标

6. 柱面坐标

它也是立体下的点位置的表示方法，是极坐标与直角坐标相结合在三维空间的使用，某待输入点的绝对坐标的表达格式（参见图 1.24）为：

输入点与坐标原点间的长度 < 输入点与坐标原点的连线与 OX 方向之间的夹角，输入点的 Z 轴坐标值

柱面坐标中某待输入点相对坐标表达格式为：

@输入点与前一坐标点间的长度 < 输入点与前一坐标点的连线与 OX 方向之间的夹角，输入点的 Z 轴坐标值

AutoCAD 的图形操作离不开坐标，请用户尽可能对坐标做到准确灵活、得心应手地运用，尤其是相对坐标和极坐标的使用。

1.5　AutoCAD 中命令及对象选择的使用方式

1.5.1　命令的输入

　　AutoCAD 中命令是用户与 CAD 软件之间交流信息的重要媒介，AutoCAD 接受用户输入的命令，并根据命令信息的具体内容进行相应的操作。

　　AutoCAD 中命令的调用方法有很多种，如：菜单栏中的菜单项命令、功能区面板上的按钮控件、经典 CAD 中的工具栏、快捷菜单、快捷键、命令行中输入命令缩写、命令行中输入命令全名等。

　　在执行菜单栏中的菜单项命令、功能区面板上的按钮控件、经典 CAD 的工具栏工具按钮、快捷菜单等时，它们都会在命令行上显示出相应的命令全名，只是在命令全名前多一个下划短横的前缀，即格式为"_命令全名"。

　　当命令从键盘输入时，如果启用了"动态输入"并设置为显示动态提示，用户则可以在光标附近的工具提示中输入多个命令。通常在**关闭"动态输入"**状态下，用户会更关注下面命令行中的信息提示，从而更容易掌握运用命令，同时降低了内存占有量，提高机器的反应速度和图形的绘制速度。

　　在 AutoCAD 中，命令行中输入命令时，用户要在"命令："后输入命令且 CAD 对用户输入的命令不区分大小写，用户也可以大小写混杂输入，但用户如果输入错误命令时，系统会提示"未知命令'错误的命令名'，按 F1 查看帮助"。

　　由于完整命令相对难记，所以一般情况下，用户使用菜单命令、工具按钮或功能区面板上的按钮。此处，编者建议用户使用"从命令行中输入命令缩写"的方法，可能刚开始时速度有些慢，但使用到一定程度后，就自然能体会到这种方法的优势。

1.5.2　命令提示信息

　　在命令行中输入命令后，按回车键让 AutoCAD 软件确认并处理用户输入的信息，即执行输入的命令，系统会出现一些提示信息，告诉用户 AutoCAD 执行此命令时反馈回来的一些信息，或需要用户输入一些命令的参数，如输入坐标、等待用户选择对象、提供多个选择项目让用户选择其中之一等等。因此我们在使用命令时，一定要重视命令提示信息，因为它引导着用户对此命令的使用执行过程。

　　下面我们以绘制一水平长为 10 的直线为例，让我们来初步了解命令提示信息：

命令：L↙　　　　　　　　　　　//在命令提示符后，输入直线命令的命令缩写 L
LINE 指定第一点：10,50↙　　　 //使用绝对坐标方法，根据提示，输入直线的起始点
指定下一点或［放弃(U)］：20,50↙ //使用绝对坐标方法，根据提示，输入直线的终止点
指定下一点或［放弃(U)］：↙　　 //停止执行此命令，此处使用的回车键方法停止
　　　　　　　　　　　　　　　　//直线命令的执行
命令：?　　　　　　　　　　　　//AutoCAD 等待用户输入下一个命令

此例直线命令的操作过程中,在第一个"指定下一点或［放弃(U)］:"信息提示出现时,我们还有其他的输入方法,用户可在后面的章节中学习使用。

再次强调:只有在"命令:"后输入命令的信息作为命令处理,其他除透明命令外都不作为命令处理。

1.5.3　命令执行过程中的终止(或退出)

有些 AutoCAD 命令在用户执行时,会一直等待用户进行下一步操作,而不会自行终止命令的执行过程,这时可使用回车键(或空格键、或在绘图区中按鼠标右键,在出现的浮动菜单上选择"确认"项)停止命令的执行,如直线命令;而有些命令则是按照操作次序进行到下一步后自动停止,即进入无命令状态,等待用户输入下一命令,如打断命令;另外,有时在执行命令过程中,用户想终止本命令,执行其他的命令时,可以按键盘左上角的"ESC"键来终止正在执行的命令(也可在绘图区中按鼠标右键,在出现的浮动菜单(如图 1.25 所示)上选择"取消"项)。

**图 1.25　终止命令
执行浮动菜单**

1.5.4　透明命令初识

AutoCAD 中的许多命令在使用时,可以使用透明命令,即执行一个命令的过程中,可使用的另一个命令叫透明命令。透明命令经常用于更改设置或显示选项,有时也用于公式的计算,例如:GRID、ZOOM、SELECT、CAL 命令。

在其他命令的执行过程中,我们可单击工具栏或功能区面板中的工具按钮,或在命令行上正在执行的命令过程中输入"单引号(')接命令名",在命令行中,会出现双尖括号(＞＞),提示用户正在执行透明命令过程,完成透明命令后,将恢复执行原命令。

在下例子中,我们绘制直线时打开,使用透明命令公式来求解计算要输入的一数据:

命令:l↙

LINE 指定第一点:　　　　　　　　　　//用鼠标点击任一点作为起点

指定下一点或［放弃(U)］:'cal↙　　　//输入透明命令 cal

＞＞＞＞ 表达式:sqrt(102)－2↙　　　//输入表达式

正在恢复执行 LINE 命令。

指定下一点或［放弃(U)］:8.0995049383621　　//产生的表达式运算结果

指定下一点或［放弃(U)］:8.0995,2↙　　//输入绝对坐标数据

指定下一点或［闭合(C)/放弃(U)］:↙　　//结束直线命令

命令:

另外,如果使用透明命令设置新的环境参数或变量参数等时,其设置结果要等到被中断的命令执行结束后才能生效。

1.5.5　重复执行命令

在用 CAD 绘制图形中,往往需要再次执行刚刚执行过的命令,这样就出现了操作过程

中的命令重复执行,为了方便操作,AutoCAD 提供了快捷的重复执行最近一次执行的命令方法,即:

（1）回车键；

（2）空格；

（3）鼠标右键,执行弹出的浮动菜单的最上面一个菜单项。

此处可以见到这三者的操作结果是相同的,在执行中接受确认信息时,三者也是一致的。

如果想重复执行最近使用的 20 个命令之一,可以在命令行上按"向上方向箭头"键,调出刚才执行的命令,也可以在绘图区使用鼠标右键,在弹出的浮动菜单（如图 1.26 所示）中,选择"最近输入"菜单项中列出的相关命令。

图 1.26   最近输入的 20 个命令

1.5.6   选择方式

在执行 AutoCAD 命令时,用户会经常看到命令行中出现"选择对象"的提示信息,这时会要求用户选择相应的操作对象,一个称为"对象选择目标框"或"拾取框"的小框将取代图形光标上的十字光标（如图 1.27 所示）。

另外,当执行 SELECT 命令,在选择对象时输入问号（?）,会在命令行上出现如下的内容:

命令：select ↙

选择对象：? ↙   //输入问号

＊无效选择＊

对象选择光标

图 1.27   选择对象时的光标

需要点或窗口（W）/上一个（L）/窗交（C）/框（BOX）/全部（ALL）/栏选（F）/圈围（WP）/圈交（CP）/编组（G）/添加（A）/删除（R）/多个（M）/前一个（P）/放弃（U）/自动（AU）/单个（SI）/子对象（SU）/对象（O）

选择对象：↙

命令：

实际上,在执行其他命令时,只要在命令行中出现"选择对象："的提示（或是在对话框中出现"选择对象"的按钮,点取此按钮,也会在命令行中出现"选择对象："的提示,如"阵列"对话框）,用户在其后输入"?",命令行中都会出现各种选择方法的提示信息。

在此,用户还可以从上面看到对象选择方法有许多种:窗口、框选、窗交、栏选、全部、编组等。在此只对常用的几种选择方法作介绍:

1）点选

点选法在选择方法中未列出,只要在光标变成"对象选择光标"状态下,用户就可使用此方法,也就是用户依次点取对象的方法。

2）窗口

选择矩形（由两点定义）中的所有对象,无论从左到右还是由右到左,都是只选择包含于此窗口中的对象。

操作举例如下（选择对象过程及结果如图 1.28 所示）:

命令：e ✔　　　　　　　　　　　　　　　//执行删除命令

ERASE

选择对象：w ✔　　　　　　　　　　　　//窗口选择方式缩写字母 w

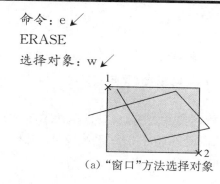 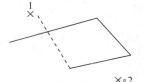

（a）"窗口"方法选择对象　　　　　　（b）"窗口"方法选择后的结果

图 1.28

指定第一个角点：指定对角点：找到 1 个　　//点取点 1、2，两点先后次序可以颠倒

选择对象：✔

命令：

3）窗交

选择区域（由两点确定）内部或与之相交的所有对象。窗交显示的方框为虚线且高亮度方框，这与窗口选择框不同。从左到右从右到左，都是窗交选择。

操作举例如下（选择对象过程及结果如图 1.29 所示）：

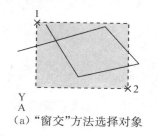 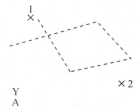

（a）"窗交"方法选择对象　　　　　　（b）"窗交"方法选择后的结果

图 1.29

命令：e ✔　　　　　　　　　　　　　　　//执行删除命令

ERASE

选择对象：c ✔　　　　　　　　　　　　//窗交选择方式缩写字母 c

指定第一个角点：指定对角点：找到 4 个　　//点取点 1、2，两点先后次序可以颠倒

选择对象：✔

命令：

4）框选

选择矩形（由两点确定）内部或与之相交的所有对象。如果矩形的点是从右至左（反向选择）指定的，则框选与窗交选择方法等效。否则，点由左向右（正向选择）时，框选与窗口选择方法等效。

操作举例如下（此处使用的是由右向左选择方式）：

命令：e ✔　　　　　　　　　　　　　　　//执行删除命令

ERASE

选择对象：✔

选择对象：指定对角点：找到 0 个　　　　//鼠标点取点 2

选择对象：指定对角点：找到 4 个 　　　　　　//鼠标点取点 1

选择对象：↙

命令：

这种对象选择方法使用得最多，通常的记忆规则为：**正向包含、反向交叉**。

5）栏选

选择与选择栏相交的所有对象。"栏选"方法与"圈交"方法相似，只是栏选不闭合，并且"栏选"方法中选择栏间可以自交。另外"栏选"方法不受"PICKADD"系统变量的影响。

操作举例如下（选择对象过程及结果如图 1.30 所示）：

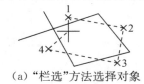 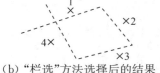

（a）"栏选"方法选择对象　　　　　　（b）"栏选"方法选择后的结果

图 1.30

命令：e↙ 　　　　　　//执行删除命令

ERASE

选择对象：f↙ 　　　　　　//栏选选择方式缩写字母 f

指定第一个栏选点： 　　　　　　//依次点取四个点的位置

指定下一个栏选点或［放弃(U)］：

……

指定下一个栏选点或［放弃(U)］：↙ 　　　　　　//用回车键或空格键停止栏选方式

找到 4 个

选择对象：↙ 　　　　　　//用回车键或空格键停止选择对象

命令：

6）圈选（圈交）

选择多边形（通过在待选对象周围指定点来定义）内部或与之相交的所有对象。该多边形可以为任意形状，但不能与自身相交或相切。

圈选时将绘制多边形的最后一条线段，所以该多边形在任何时候都是闭合的。另外圈选时不受 PICKADD 系统变量的影响。

操作举例如下（选择对象过程及结果如图 1.31 所示）：

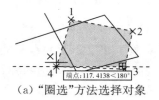

（a）"圈选"方法选择对象　　　　　　（b）"圈选"方法选择后的结果

图 1.31

命令：e↙ 　　　　　　//执行删除命令

ERASE

选择对象：cp↙ 　　　　　　//圈选选择方式缩写字母 cp

第一圈围点： 　　　　　　//依次点取四个点的位置

指定直线的端点或［放弃（U）］：

……

指定直线的端点或［放弃（U）］：✓　　　　//用回车键或空格键停止圈选方式

找到 10 个

选择对象：✓

命令：

7）全选（全部选择）

选择模型空间或当前布局中除冻结图层或锁定图层上的对象之外的所有对象。有些命令在执行时会出现默认提示信息为"全部选择"，这时用户可以直接按回车、空格或鼠标右键即可全部选择，如修剪命令 trim；有些则要用户自己输入单词 ALL 才能全部选择，如见下面的举例（删除如图 1.31 中的四条直线）：

命令：e✓　　　　　　　　　　　　//执行删除命令

ERASE

选择对象：all✓　　　　　　　　　　//全部选中，输入单词 all

找到 4 个

选择对象：✓　　　　　　　　　　　//用回车键或空格键停止选择

命令：

当然，还有其他一些选择方法，用户可自己参照帮助文件学习掌握。

1.6　状态栏中的绘图辅助工具

在绘制图形过程中，往往难以使用光标准确的定位，这时可以使用状态栏中的绘图辅助工具中的栅格、捕捉、对象捕捉、正交等辅助功能来帮助定位。下面来逐个学习它们的使用方法。

1.6.1　栅格与捕捉

栅格是点（视觉样式为二维线框时）或线（视觉样式为二维线框之外的样式时）的矩阵，通常栅格的界限为当前的绘图界限，用户也可以设置成遍布整个屏幕区域。使用栅格类似于在图形下面放置一张坐标纸，利用栅格可以直观地显示对象之间的距离，打印图形或图纸时，栅格不会被打印。

捕捉模式用于限制十字光标，使其按照用户指定的间距移动，有利于精确定位点。通常用户设置栅格间距与捕捉间距相同，此时，在捕捉模式下，光标移动会限定或附着在可见或不可见的栅格点上。

用户可对栅格与捕捉调整间距或其他参数，打开它们的调整对话框的方法有：

（1）菜单"工具"→"草图设置"；

（2）在状态栏的"捕捉"或"栅格"上，按鼠标右键，在其上弹出的菜单中选择"设置"菜单项；

（3）在命令行中输入"DS"或"DSETTINGS"。

执行此操作后，系统会弹出"草图设置"对话框（如图 1.32 所示），在此对话框中，有五个

选项卡,这里我们要了解的是"捕捉和栅格"选项卡中的一些参数含义为:

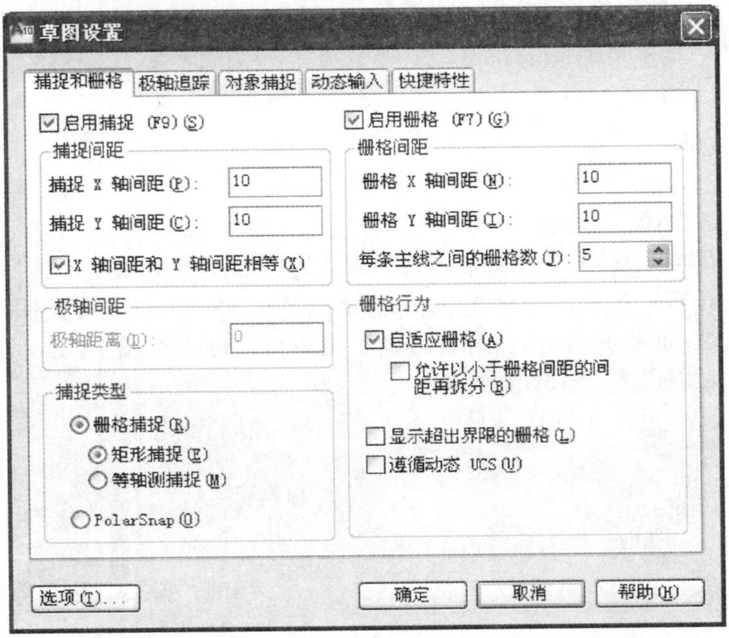

图 1.32　"草图设置"对话框之捕捉和栅格

（1）捕捉间距数值设置和栅格间距数值设置

此两组的数值必须为正实数,即可为非负小数,用于指定 X、Y 方向上的间距,这两组数据可以不相同,且同一组中的两个数据之间也可不相同。

捕捉间距的数值只有在捕捉类型为"栅格捕捉"选中时才能设置。

栅格间距的"每条主线之间的栅格数"则主要考虑的是视觉样式为二维线框之外的样式,在二维线框视觉样式且处于默认的两组数据设置下,启用捕捉模式后,如果视口缩放较小,则也会出现栅格两相邻点间还有 4 个捕捉点,只是此时这些点没显示出来;如果要将这些点显示出来,可滚动鼠标中键将视口放大,然后执行菜单"视图"→"重生成"即可。

（2）极坐标下的捕捉

请参照本节中的极轴追踪与极轴捕捉。

1.6.2　正交模式

移动光标至状态栏中的"正交"上,按鼠标右键,选择浮动菜单中的"启用"项,可启用正交模式;用户也可按键盘功能键 F8 启用或关闭正交模式;或从命令行中输入 ORTHO 来设置。

在正交模式下,使用光标只能水平或垂直方向移动,此时如要绘制直线,只要移动好光标的方向后,输入直线的长度即可。

正交模式是今后快速绘图的常用辅助工具,请用户一定要注意对它的灵活运用。

1.6.3　极轴追踪与极轴捕捉

启用"极轴追踪"时,光标按指定的极轴角度进行增量移动,移动光标时,在旁边会自动有工具提示信息产生。极轴角与当前用户坐标系（UCS）的方向和图形中基准角度约定的设置相关,极轴角的设置如图 1.33 所示。

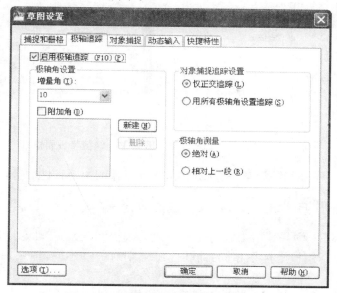

图 1.33　"草图设置"对话框之极轴追踪

如此时设置增量角为 10,启用"极轴",在绘图区中绘制直线,点下第一点后,移动鼠标,会发现其工具栏提示信息自动按增量 10 的数值变化(如图 1.34 所示),命令结束时,工具栏提示信息自动消失。

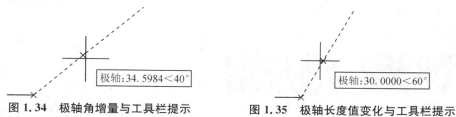

图 1.34　极轴角增量与工具栏提示　　　　图 1.35　极轴长度值变化与工具栏提示

当捕捉模式为"极轴捕捉"(图 1.32 中的"PolarSnap")时,光标将按指定的极轴增量进行移动。此时选中"极轴捕捉","捕捉间距"自动停止设置,"极轴间距"自动允许设置,此时如将极轴距离设置为 5,则光标将会从第一点处,自动沿当前的极轴角度向前延伸捕捉 0、5、10、15、20 等长度,它经常与极轴追踪配合使用,此时启用了状态栏的"捕捉"和"极轴"辅助工具,用此方式我们绘制直线,会看到极轴工具栏提示信息中的长度项以 5 的倍数在变化,操作时如图 1.35 所示。

1.6.4　线宽

对于初学者来说,要求一般情况不调整线宽,而是使用其默认状态,在后面绘制剖面图及部分详图时,将会设置线宽。此处可打开线宽设置对话框(如图 1.36 所示),从此处可了解默认单位为"毫米",默认线宽状态为"ByLayer"(按图层)。

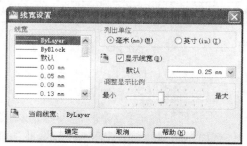

图 1.36　"线宽设置"对话框

1.6.5　快捷特性面板

用户自行在状态栏上
的快捷特性"QP"上按鼠
标右键，打开其设置对话
框，观察其中的各个参数
设置。

当状态栏上的快捷特
性"QP"启用时，我们用鼠

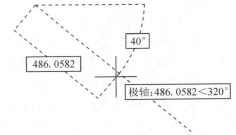

图 1.37　快捷特性面板

标选中绘图区中的任一对象，如某一直线，会出现此对象的快捷特性面板，如图 1.37 所示。

1.6.6　"动态用户坐标系 DUCS"及动态输入

"动态用户坐标系 DUCS"在状态栏上是一个开关控制按钮。"动态用户坐标系 DUCS"
在二维平面状态下与用户坐标系相同，而在三维下则有一些不同，请用户参看三维部分相
关内容。

"动态输入"的设置对话框如图 1.38 所示。当启用"动态输入"时，在用户执行命令过程
中，工具栏提示将在光标附近为用户提示当前光标的位置、相对于前一点的长度等信息内
容（如图 1.39 所示）。

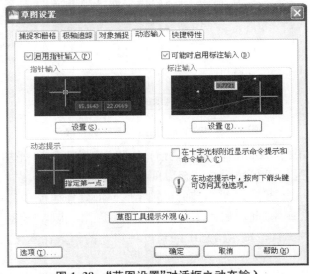

图 1.38　"草图设置"对话框之动态输入

图 1.39　"动态输入"启用下的信息提示

1.6.7　对象捕捉

使用对象捕捉可指定对象上的精确位置。例如，使用对象捕捉可以绘制到圆心或多段
线中点的直线。

不论何时提示输入点，都可以指定对象捕捉。默认情况下，当光标移到对象的对象捕
捉位置时，将显示标记和工具提示，此功能称为 AutoSnap™（自动捕捉），提供了视觉提示，
指示哪些对象捕捉正在使用。

"对象捕捉"功能能否实现,还跟"选项"对话框的"草图"选项卡中的一些选项设置密切相关,如图1.40所示,其中的"标记"、"吸磁"、"显示自动捕捉工具提示"、"自动捕捉标记大小"等内容,用户可以在后面的练习中自己设置并观察有何不同。

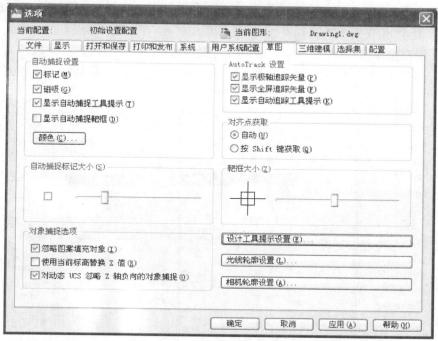

图 1.40　"选项"对话框之"草图"选项卡中的相关捕捉设置

对象捕捉模式设置的方法有:

(1) 打开"草图设置"对话框(本节前面已讲过打开方法,此处不再赘述),选择其中的"对象捕捉"选项卡(如图1.41所示),我们可选择其中的对象捕捉模式中各个复选框来设置选择方式,这样设置后,以后的操作中仍然使用此对象捕捉模式;

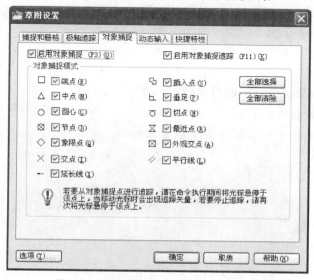

图 1.41　"草图设置"对话框之对象捕捉

（2）也可以在状态栏中的"对象捕捉"按钮上，按鼠标右键，在出现如图 1.42 所示的浮动菜单中选择相关的对象捕捉模式，它等同于在图 1.41 中选择相应的复选框；

（3）用户在绘图区中，按住键盘中的 Ctrl 或 Shift（最好使用左下角的两个键）不放，再按鼠标右键，这时会弹出如图 1.43 所示的浮动菜单，用户可选择相应的捕捉模式，但它是一种临时捕捉模式，仅仅对本次捕捉有效；

（4）在用户操作过程中，按鼠标右键，在出现的浮动菜单中（如图 1.44 所示），选中"捕捉替代"，会出现下级菜单，用户可从中选择相应的捕捉模式，它也是临时捕捉模式，仅对本次捕捉有效。

图 1.42　"对象捕捉"按钮上　　　　图 1.43　绘图区中按住 Ctrl 或　　　图 1.44　绘图区中操作进行
　　　　按鼠标右键　　　　　　　　　Shift 不放后按鼠标右键　　　　　　　过程中按鼠标右键

当然，用户也可在 AutoCAD 经典环境中，打开对象捕捉工具栏。本书编者习惯于绘制图形时使用第一种方式下的"全部选择"形式，个别需要变化时，再去调整操作。

用户可练习绘制图 1.45，掌握对象捕捉的使用。提示：（a）图为任意手绘五角星；（b）图为正交下绘制的水平垂直线，然后捕捉中点及垂足。

（a）　　　　　　　　　　　　（b）

图 1.45

1.7　视图与文件保存

1.7.1　视图平移与缩放

1）平移视图

导航工具中的手形按钮工具是用于视口平移的，就好像一张在眼前平移经过的图像，它是实时平移,也可执行菜单"视图"→"平移"→"实时"命令,或在命令行中执行 PAN(命令缩写 P)命令,或执行"视图"功能面板中的"导航"功能选项板中的"平移"按钮,这些都可实现视口的上下左右平移。结束 PAN 命令时,可按 Esc 或 Enter 键退出,或单击右键显示快捷菜单(如图 1.46 所示)。

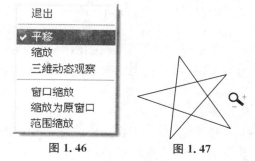

图 1.46　　　　　　　　图 1.47

2) 缩放视图

在图 1.46 状态下,如选择"缩放"菜单项,变成如图 1.47 所示的形状,此时按住鼠标左键向负号方向拖动,则缩小视口;反之,向正号方向拖动则放大视口。

当然,用户也可使用状态栏导航工具中的"缩放"按钮,对其进行实时缩放,其操作过程如下:

命令: '_ZOOM

指定窗口的角点,输入比例因子(nX 或 nXP),或者[全部(A)/中心(C)/动态(D)/范围(E)/上一个(P)/比例(S)/窗口(W)/对象(O)]＜实时＞:↙　//按回车或空格键,接受默认选项

按 Esc 或 Enter 键退出,或单击右键显示快捷菜单。↙　　　//结束命令

命令:

但编者更建议用户使用鼠标中间的滚轮键进行缩放,向内滚动时缩小,向外滚动时放大,缩放时以当前光标为中心。

3) SteeringWheels 导航控制盘

SteeringWheels 是追踪菜单,只是显示的样式有点变异,它被称作全导航控制盘,且被划分为不同部分(称作按钮),如图 1.48 所示,其具体使用详见三维部分。如果在二维平面之下使用了其中的"动态观察",而不能返回到原来的平面状态下时,可使用"视图"功能面板中的"视图"功能按钮下拉三角的"俯视"按钮还原。

图 1.48

1.7.2　鸟瞰视图与整图缩放

这两个命令都可实现整体观察图形,但使用上各有优点。

1) 鸟瞰视图

鸟瞰视图主要在大型图形中使用,可以在显示全部图形的窗口中快速平移和缩放。在绘图时,如果"鸟瞰视图"窗口保持打开状态,则无需中断当前命令便可以直接进行缩放和平移操作。还可以指定新视图,而无需选择菜单选项或输入命令。

鸟瞰视图可从菜单"视图"→"鸟瞰视图"中打开窗口(如图 1.49 所示),可用工具条上的最右一个全局显示,点取光标找到目标位置后,按鼠标右键停止缩放,这里 CAD 绘图区中显示的就是目标区域。

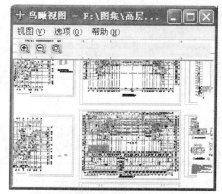

图 1.49　"方向控制"对话框

2）整图缩放

在绘制图形时,有时会超出视图界限之外,当使用鼠标滚轮还不能全部显示出绘制的图形内容,可使用整图缩放命令,其命令行操作过程如下:

命令:z↙   //可使用命令全称 ZOOM 或命令简写格式 Z

指定窗口的角点,输入比例因子（nX 或 nXP）,或者［全部（A）/中心（C）/动态（D）/范围（E）/上一个（P）/比例（S）/窗口（W）/对象（O）］＜实时＞:a↙

正在重生成模型。

命令:

整图缩放后,用户可将光标移动到需要观察或修改的位置后,使用鼠标滚轮放大相应位置的视图,再进行有关操作。

1.7.3 图形新建、打开与保存

1）新建文件

用户可点击左上角的"应用程序菜单图标"→"新建"→"图形"打开"选择样板"对话框（如图 1.50 所示,或直接点击左上角的"新建"图标按钮打开此对话框）,通常用户绘制二维图形时不选择图形样板,即直接点击"打开"按钮,选择"无样板打开—公制"后,系统为用户打开新图形。

图 1.50 "选择样板"对话框

图 1.51 "选择样板"对话框

当然,AutoCAD 2010 也保持了图形向导形式新建新图形,用户用此方法操作时,首先在命令行输入变量 STARTUP 后按回车键,设置此变量值为 1,然后再点击"新建"图标（或从菜单操作）,会出现如图 1.51 所示的对话框,用户可按此对话框中的提示信息进行操作。

一般情况下,用户使用默认设置创建图形,默认的设置有两种:英制和公制。英制指的是基于英制单位系统创建的图形,默认的图形边界为 12 英寸×9 英寸;而

公制是基于公制单位系统创建新图形,其默认的边界为 420 mm×297 mm。

　　如果许多图形使用相同的设置,那么使用样板文件(扩展名为.dwt)开始一张新图就会显得比较快捷。样板图形文件包含标准设置,如单位类型和精度、标题栏、边框和徽标、图层名、捕捉、图形界限、标注样式、文字样式和类型等。

　　2) 打开文件

　　图形的打开与微软其他软件的打开样式类似,此处更应关注的是打开时的字体样式,如果图形文件打开时,会出现指定字体选择替代窗口,提示用户选择相应的字体来替换当前图形中没有的字体,通常选择 hztxt.shx(汉字首拼音+"txt")替代相应的字体,如图 1.52所示。

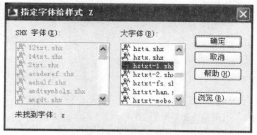

图 1.52　指定字体对话框

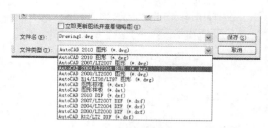

图 1.53　"另存为"对话框中的文件类型

　　3) 文件保存

　　执行"保存"或"另存为"时,都会出现"图形另存为"对话框,保存路径及文件名由用户自己确定,此处还应关注文件类型。有时,用户会将自己保存的文件与他人交流,而他人的计算机中的 AutoCAD 为 2005 或 2007 版本,则要求用户选择文件样式为 AutoCAD 2004图形样式(对应 2005 版本)或 AutoCAD 2007 图形样式(对应 2007 版本),如图 1.53 所示。

1.7.4　文件恢复

　　1) 备份文件恢复

　　当对保存过的某文件打开并进行了一些操作,同文件名同目录下再次保存之后,会在当前位置出现另一个相同文件名且扩展名为".bak"的文件,即人们所说的备份文件,将此文件复制到另一边,将其扩展名改为".dwg",再次打开后,会发现此文件的内容是未进行打开操作之前的内容。

　　备份文件中的图形只是前一次保存的内容,因此,用户最好勤于执行保存命令(即勤用鼠标点击磁盘图形按钮)。

　　2) 临时文件恢复

　　临时文件的保存与"选项"对话框中的"打开和保存"选项卡中的设置密切相关(如图1.54所示)。如果启用了"自动保存"选项,将以指定的时间间隔保存图形。默认情况下,系统为自动保存的文件临时指定名称为 filename_a_b_nnnn.ac$,其中 filename 为当前图形名,a 为在同一工作任务中打开同一图形实例的次数,b 为在不同工作任务中打开同一图形实例的次数,nnnn 为随机数字。

　　这些临时文件在图形正常关闭时自动删除,但出现程序故障或电压故障时,不会删除这些文件。要从自动保存的文件恢复图形的早期版本,请通过使用扩展名".dwg"代替扩展名".ac＄"来重命名文件,然后再关闭程序。

　　有时 CAD 系统会出现一些错误而关闭,CAD 重启时,也是根据这些临时文件系统自动提示是否恢复图形。

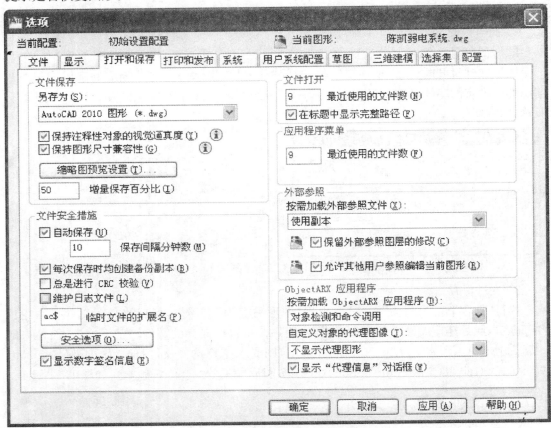

图 1.54　"选项"对话框之打开和保存

1.8　基本帮助及帮助窗口

　　有道是"授人以鱼不如授人以渔"。用户在学习软件的使用时不可能不遇到问题,而书上也不可能把所有问题的答案全部写上,只有尽可能详尽,但授你以"渔"会教你遇到问题使用系统的帮助系统来解决问题。

1.8.1　基本帮助

　　在 AutoCAD 中,用户如果对某一个命令按钮的使用不十分清楚,可将鼠标移动到其上并停留一段时间后,会自动出现工具栏提示信息,它是与其相关的一些基本说明,如图 1.55所示。

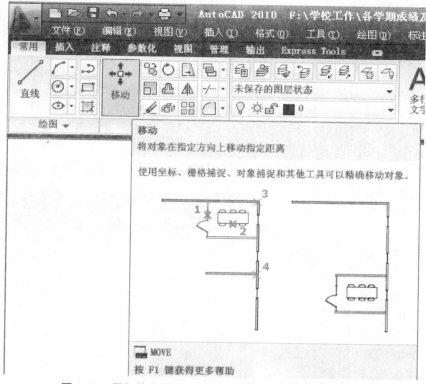

图 1.55　鼠标停留在某一按钮上出现与它相关的基本帮助

1.8.2　帮助窗口

打开 AutoCAD 2010 的帮助窗口(如图 1.56 所示)有如下方法:

图 1.56　AutoCAD 2010 帮助

（1）按 F1 键；

（2）按窗口右上角的"问号"图标；

（3）显示菜单后，执行菜单"帮助"→"帮助"命令；

（4）命令行中输入"?"或"help"。

打开窗口分成左右两大部分，左边窗口当中有目录、索引、搜索三个选项卡。目录里面罗列了 AutoCAD 2010 各个内容项目，如命令参考、用户手册等，用户可以双击标题展开下一级目录，也以按"＋"键打开下一级目录（凡是"＋"下面必包含着下一级目录），这时右边窗口中将显示子目录标题下的详细内容；也可按"－"折叠目录。

索引选项中，用户可以按关键字索引相关的详细内容，下面举例说明。如图 1.57 所示，窗口左边显示有"输入要查找的关键字"，在下面的文本框中输入"help"，则左边窗口将显示 help 的相关目录，从左边窗口中用鼠标双击"help命令"，则右边窗口将显示相关的"help"的详细内容，它包含

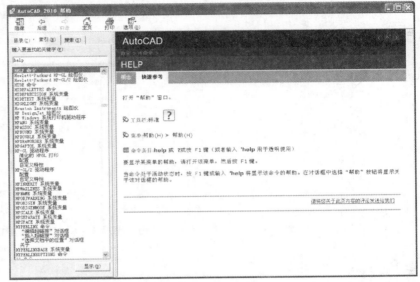

图 1.57　AutoCAD 2010 帮助

"概念"和"快速参考"两个选项卡。用户可以参照其中的内容进行操作。

搜索选项中，提供用户搜索一些主题。操作方法同索引方式相同，只需输入要查找的单词，就可列出相关主题或显示相关的详细内容。

在"帮助"窗口的上方还有隐藏、后退、前进、主页、打印等几个按钮，这几个按钮主要用于浏览帮助内容时用的。"隐藏"按钮用来显示或隐藏左边窗口的内容；"后退"按钮用来浏览前一次浏览过的内容；"前进"是在用过"后退"按钮再生效，主要用来回到目前浏览的内容；"主页"则是回到帮助窗口的第一页显示的内容；"打印"按钮用来打印浏览的内容。"选项"按钮中包含前面几个按钮的内容，以及帮助窗口的一些常用设置。

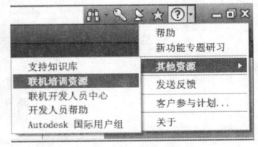

图 1.58　帮助中的其他资源

"帮助"窗口罗列了 AutoCAD 2010 的全部操作指导，如果用户觉得还需要些例子，还可以点击右上角的帮助图标旁的向下三角形，在出现下拉菜单中选择"其他资源"中的相关选项，从网络上找到更多更生动的内容。

实验一　AutoCAD 2010 认识

一、实验目的

1. 认识 AutoCAD 2010 绘图界面、菜单、功能区面板、状态栏；
2. 学会灵活使用键盘中的空格键、回车键和鼠标右键；
3. 认识命令提示，学会对象捕捉的使用；
4. 常用功能键的使用；
5. AutoCAD 2010 的启动与关闭及文件的保存、新建、打开等操作。

二、操作内容

1. 启动 AutoCAD 2010。

写出至少两种方法启动 AutoCAD 2010

方法 1：_____

方法 2：_____

2. 在实验图 1.1 中的空白处标注栏中填写 AutoCAD 2010 界面内的各部分名称。

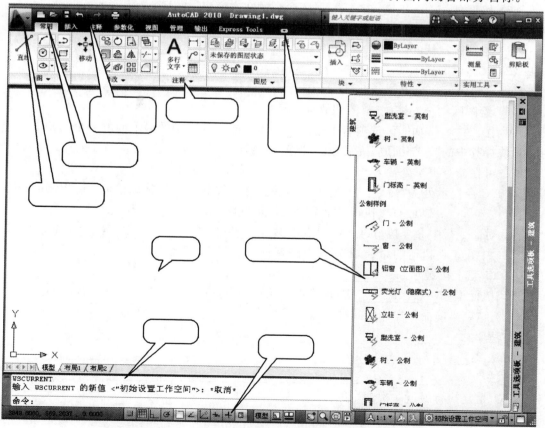

实验图 1. 1　AutoCAD 2010 初始设置工作空间用户界面

3. 请用户显示和隐藏菜单栏,并说出操作方法。

4. 功能区操作:

(1) 将功能区完全显示、缩小为标题、缩小为选项卡;

(2) 将功能区浮动,然后再拖动还原到原位置,注意还原时的功能区标题栏处按鼠标右键出现的浮动菜单上的一个关键选项,即_____处于选中状态;

(3) 拖动功能区中的各选项卡名,观察其变化;

(4) 显示功能区上任一按钮的基本帮助内容:用鼠标选中"常用"功能区选项卡,将鼠标放置在"直线"功能按钮上不动,停留一段时间后会显示此命令的基本帮助内容。

5. 命令行的认识

(1) 命令行上处于"命令:"提示时,用户可以执行命令;

(2) 将鼠标光标放在命令行左侧的灰色区域,会出现一个关闭标志,点击此标志,会关闭命令行窗口;如果要再次显示此命令行窗口,按键Ctrl+9;鼠标光标在左侧的灰色区域时,按住鼠标左键不放,拖动鼠标,命令行窗口会被拖动出来;请用户再将命令行窗口拖回(当然,用户可以拖动命令行靠左或靠右边停放);

(3) 命令行窗口的提示区域较小时,可移动光标至相应位置后,光标变成_____形状时,可按住鼠标左键时拖动放大命令行窗口;

(4) 命令行窗口最多能显示的是最近执行的_____个命令提示信息;//20

(5) 按键盘_____键,会显示/关闭命令的文本窗口。//F2

6. 绘图区相关内容认识:

(1) 绘图区默认的区间为_____(公制);

(2) 状态栏中显示的三个数据分别表示为当前光标的_____数值;它们之间用英文半角号分隔开;

(3) 绘图区中全部缩放(整图缩放)

A. 按_____功能区选项卡中的_____功能区面板中的最下面的一个三角形下拉按钮,选择其中的"全部缩放"按钮外;//视图　导航

B. 可在命令提示处输入_____✓_____✓;//Zoom　A

(4) 命令提示处为"命令:"状态下,在绘图区单击鼠标左键后拖动鼠标,会产生矩形框,此时可按_____键或直接执行其他命令可取消此状态。

7. 对命令行中命令执行过程的初步认识:

(1) 中止正在执行的命令,采用的方法有:

A. 键盘上按键_____;//ESC

B. 鼠标上按_____键,出现浮动菜单后,选择_____S;//右,取消

(2) 结束当前命令操作的三种方法

方法1:_____

方法2:_____

方法3:_____

(3) 重复执行最近一次命令的方法:

方法1:_____

方法2:_____

方法 3：_____

8. 写出下列功能键的功能作用：

F1：_____　　F2：_____

F3：_____　　F6：_____

F7：_____　　F8：_____

F9：_____　　F10：_____

F11：_____　　F12：_____

9. 对命令区域各种符号和操作上的一些约定：

按 F2 或拉大命令区域，观察文本内容中，有符号"/"、"<>"、"()"等符号，CAD 中对于它们的约定如下：

（1）"/"：分隔符号，_____，"()"号内的为选项缩写方式；

（2）"<>"：小括号，此括号内为_____（通常为默认值或 CAD 所记忆的刚才执行该命令项时的数值）或当前要执行的选项，如不符合用户绘图的要求，用户可输入新值。

10. 状态栏上常用辅助绘图工具的认识：

（1）对象捕捉

A. 打开"草图设置"窗口中的"对象捕捉"选项卡的方法

在绘图区按_____可出现"对象捕捉"浮动菜单，选择相应的对象捕捉类型；

B. 在状态栏的"对象捕捉"按钮上按鼠标右键，会出现浮动菜单，可选择相应的对象捕捉类型；

C. 在状态栏的"对象捕捉"按钮上按鼠标右键，会出现浮动菜单，选择其中的"设置"，会出现对话框，在其中的"对象捕捉"选项卡上选择相应的对象捕捉类型。

（2）正交，按功能键_____可实现切换。

（3）利用对象捕捉、正交和直线命令，绘制实验图 1.2 和 1.3。

实验图 1.2　　任意五角星　　　　　　　　　实验图 1.3

11. 有关浮动菜单：

在绘图区按_____可出现含有"剪切、复制、平移"的浮动菜单。

12. 对于透明命令（用户可使用帮助在索引中查找相关说明）在输入时，需在命令前加_____符号。

13. 将当前的 CAD 图形保存为 AutoCAD2007 格式，则在"另存为"对话框中，将文件类型选择为_____。

14. 写出至少三种关闭 AutoCAD 的方法：

方法 1：_____

方法 2：_____

方法 3：_____

三、练习提高

1. 使用菜单"绘图"→"直线"任画一些图形后，设置捕捉"中点"和"端点"后，捕捉直线段的中点画出若干直线段，并注意比较"中点"和"端点"捕捉时目标捕捉的模式。

2. 练习画直线的命令完成后重复执行命令。

3. 练习画直线时中途退出。

4. 练习画直线时使用 ZOOM 透明命令。

5. 在 D 盘上新建一个文件夹，练习保存自己所绘的图形至 D 盘新建的文件夹中，文件名为自己的姓名。

实验二　坐标系统与直线命令

一、实验目的

1. 绝对坐标与相对坐标、直角坐标与极坐标的灵活运用；
2. 直线命令提示信息中各选项的使用；
3. 状态栏上正交模式的使用、对象捕捉的灵活运用；
4. 平移与缩放、整图缩放；
5. 透明命令及对象选择方法的使用。

二、操作内容

1. 利用直线命令按不同的要求绘制实验图 2.1。

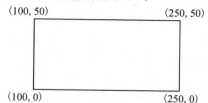

实验图 2.1　利用直线及不同坐标形式绘矩形

（1）用绝对坐标的形式依次确定四个点绘制。

第一点：＿＿＿＿＿＿＿＿＿＿　　　　　下一点：＿＿＿＿＿＿＿＿＿＿
下一点：＿＿＿＿＿＿＿＿＿＿　　　　　下一点：＿＿＿＿＿＿＿＿＿＿
下一点：＿＿＿＿＿＿＿＿＿＿（闭合选项）

（2）用绝对坐标确定某一个起始点后，其余用相对直角坐标形式绘制。

第一点：＿＿＿＿＿＿＿＿＿　　　　　下一点：@＿＿＿＿，＿＿＿＿
下一点：@＿＿＿＿，＿＿＿＿　　　　　下一点：@＿＿＿＿，＿＿＿＿
下一点：@＿＿＿＿，＿＿＿＿

（3）用绝对坐标确定某一个起始点后，其余用相对极坐标形式绘制。

第一点：＿＿＿＿＿＿＿＿　　　　　下一点：@＿＿＿＿＜＿＿＿＿
下一点：@＿＿＿＿＜＿＿＿＿　　　　　下一点：@＿＿＿＿＜＿＿＿＿
下一点：@＿＿＿＿＜＿＿＿＿

（4）用绝对坐标确定某一个起始点后，其余用相对直角坐标和相对极坐标的混合形式绘制。

第一点：＿＿＿＿＿＿＿＿　　　　　下一点：＿＿＿＿＿＿＿＿
下一点：＿＿＿＿＿＿＿＿　　　　　下一点：＿＿＿＿＿＿＿＿
下一点：＿＿＿＿＿＿＿＿

（5）用绝对坐标确定某一个起点后，利用正交模式拖动鼠标后，输入长度绘制。

命令：L✓ LINE 指定第一点：100,0✓

指定下一点或［放弃(U)］：　＜正交 开＞150✓　　　　//按 F8 打开正交模式，

　　　　　　　　　　　　　　　　　//并向右拖动光标(远离一点),输入线段的长度

指定下一点或[放弃(U)]:50↙　　　　　//向上拖动光标后,输入线段的长度

指定下一点或[闭合(C)/放弃(U)]:150↙　//向左拖动光标后,输入线段的长度

指定下一点或[闭合(C)/放弃(U)]:50↙　//向____拖动光标后,输入线段的长度

指定下一点或[闭合(C)/放弃(U)]:↙　　//结束命令

命令:

2. 利用极坐标绘制实验图 2.2,观察并按下面步骤练习,体会并掌握其做法。

命令:L↙

_line 指定第一点:　　　　　　　　　　//任点一点作为起点

指定下一点或[放弃(U)]:<45↙

角度替代:45

指定下一点或[放弃(U)]:25↙　　　　//拖动光标至此角度后输入长度

指定下一点或[放弃(U)]:<−45↙

角度替代:315

指定下一点或[放弃(U)]:25↙　　　　//拖动光标到其反向角度后输入长度

指定下一点或[闭合(C)/放弃(U)]:　<正交 关><45↙

角度替代:45

指定下一点或[闭合(C)/放弃(U)]:25↙　//拖动光标到其反向角度后输入长度

指定下一点或[闭合(C)/放弃(U)]:<−45↙

角度替代:315

指定下一点或[闭合(C)/放弃(U)]:25↙　//拖动光标至相应角度后输入长度

指定下一点或[闭合(C)/放弃(U)]:↙

命令:

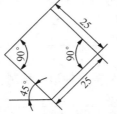

实验图 2.2　倾斜 45 度的正方形

实验图 2.3　等边三角形

3. 利用上面的方法绘制实验图 2.3、实验图 2.4 和实验图 2.5。

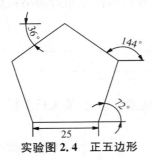

实验图 2.4　正五边形

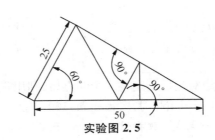

实验图 2.5

4. 平移与缩放的使用

(1) 平移

A. 利用状态栏上的手形图标,执行平移命令,将刚才绘制的图形平移出当前视图区域;

B. 退出平移命令的执行状态方法:

方法 1:_____　//ESC

方法 2:_____　//按鼠标右键

方法 3:_____　//空格键或回车键

(2) 缩放

A. 滚动鼠标滚轮,会发现视图会以光标所在位置为中心,向内滚动时视图缩小,向外滚动时视图放大。

B. 利用状态栏上的放大镜图标,执行缩放视图命令:

命令:′_ZOOM

指定窗口的角点,输入比例因子 (nX 或 nXP),或者[全部(A)/中心(C)/动态(D)/范围(E)/上一个(P)/比例(S)/窗口(W)/对象(O)]＜实时＞:

　　　　　　　　//在绘图区点击鼠标,得到矩形对角点的一个点

指定对角点:　//在绘图区点击鼠标,得到矩形对角点的另一个点,视

　　　　　　　　//图以此两对角形的矩形区域为中心放大

命令:

C. 整图缩放

方法 1:

命令:Z↙　　　//ZOOM 的简写命令

ZOOM　　指定窗口的角点,输入比例因子 (nX 或 nXP),或者[全部(A)/中心(C)/动态(D)/范围(E)/上一个(P)/比例(S)/窗口(W)/对象(O)]＜实时＞:a↙　　//全部选项 a

命令:

方法 2:

执行功能区的_____功能选项卡→_____功能区面板→"范围"下拉功能按钮中的_____按钮。

5. 透明命令的初步认识与使用,下面命令执行的内容为实验图 2.6。

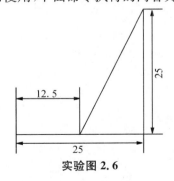

实验图 **2.6**

命令:L↙

LINE 指定第一点:　　　　　　　　　　//任意指定一点为起始位置后,光标水平右移

指定下一点或［放弃(U)］：25 ↙　　　　　　//回车确认输入
指定下一点或［放弃(U)］：25 ↙　　　　　　//调整光标位置后输入数值
指定下一点或［闭合(C)/放弃(U)］：'ds ↙　　//打开"对象捕捉"对话框,选择"中点",
　　　　　　　　　　　　　　　　　　　　　//点击"确定"按钮后,进入恢复直线命令

正在恢复执行 LINE 命令。
指定下一点或［闭合(C)/放弃(U)］：　　　　//点取中点
指定下一点或［闭合(C)/放弃(U)］：↙
命令：

6. 对象选择方式(此处讲点选和框选)

(1) 通常使用的有框选、点选、全选、栏选等,一般选择单个对象时,使用＿＿＿＿＿
选。//点

(2) 框选时,正向(由左上到右下)选择是包含于其中的对象被选中,即正向包含;反向
(由右下向左上)选择时,包含于此框中及与此框相交的对象都被选中,即反向交叉。

(3) 使用点选和框选方法,选择前面绘制的图形中的各对象,并按键盘 delete 键执行删
除操作。

第 2 章　基本图形的绘制和编辑

　　对于图形绘制来说,绘图、编辑和标注这三组是基石,"工欲善其事,必先利其器",只有对它们理解并灵活运用,才能更好地绘制实际工程图形。

　　本章主要介绍基本绘制和编辑命令的使用方法。在此建议用户先了解各命令的使用,可以参照书上讲的内容来熟悉各个绘图命令和编辑命令,并通过实例和练习思考题对各命令加以巩固提高,直至能灵活运用。用户实际操作时,注意快捷键和鼠标的灵活运用,对图形最好重复做三五遍,并尝试思考有没有更好的方法绘制,做到这些,你总有一天会成为他人心中的高手的。

　　修改命令与绘图命令在执行方式上有一个明显的区别:绘图命令必须先输入命令才能进行操作,而修改命令可以先输入命令再选操作对象,也可以先选操作对象再输入命令。

2.1　绘制和编辑命令的启用方法

　　在 AutoCAD 2010 中,绘制图形和编辑图形的命令的启用方法有 3 种:

　　(1) 使用菜单命令:"绘图"菜单包括所有的绘图命令,如直线、圆、多边形和多段线等。"修改"菜单包括所有的编辑命令,如复制、修剪、延伸、阵列等。这种方法与 AutoCAD 2004 基本相同。

　　(2) 单击工具栏按钮:单击右下角的"切换工作工间",切换为"AutoCAD 经典"空间,在屏幕左侧和右侧各出现"绘图"工具栏和"编辑"工具栏。可以通过单击工具栏上的各命令按钮来执行操作。

　　(3) 使用命令行:无论在"AutoCAD 经典"空间还是"二维草图与注释"空间,在屏幕的下方都存在命令行,可以使用键盘来输入 AutoCAD 命令。

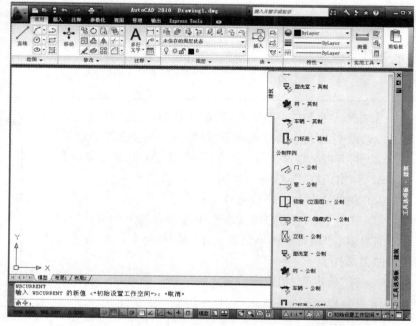

图 2.1

命令行方法是任何 AutoCAD 的版本中通用的方法,也是绘图人员普遍使用的绘图方法。这种方法比其他方法节省时间,但需要熟记各个命令,本章涉及的命令都使用命令行方法讲述。

(4) 单击功能区面板上的按钮:单击右下角的"切换工作工间",切换为"二维草图与注释"空间(如图 2.1 所示),在屏幕上方的"常用"功能区面板上,出现"绘图"和"修改"选项卡,各包含了多个按钮。

本章的所有命令都是在"二维草图与注释"空间中执行的,使用的命令都是快捷命令的简写格式,请用户也切换到同一空间操作练习,尽量使用快捷命令,假以时日,定会提高绘图速度。

2.2 基本图形的绘制和编辑

2.2.1 绘制点、修改点样式、等分点

1) 绘制点及修改点样式

在绘图过程中,点起到辅助工具的作用,点可以作为捕捉对象的节点。

用　　途	绘制点
调用命令方式	"绘图"菜单"点"命令 命令行:po 或 point 功能区——绘图面板——"多点"按钮
帮助索引关键字	point
操作说明	(1) 启动此命令后,系统会反复提示"指定点:",可以单击左键在当前位置绘制点或通过输入 X,Y 的平面二维坐标在坐标指定的位置来绘制点; (2) 绘制点结束后,系统仍会提示"指定点:",用户可以按 Esc 键来结束此命令

系统默认的点是一个小点,看起来或找起来都不太容易,这时可以修改点的大小和外观,使点符合用户的要求。方法如下:

(1) 打开"格式"菜单下的"点样式"选项(或输入命令 DDP-TYPE),弹出点样式对话框,如图 2.2 所示;

(2) 在对话框上选择点的外观;

(3) 在"点大小"右边的文本框中输入点的大小百分比,在输入之前可以在"相对于屏幕设置大小"和"按绝对单位设置大小"之间做出选择。

(4) 按"确定"按钮退出设置。

2) 等分点

(1) 定数等分

图 2.2 "点样式"对话框

用　　途	是将点对象或块沿对象的长度或周长等间隔排列
调用命令方式	"绘图"菜单"点"——"定数等分"命令 命令行:DIVIDE 功能区——绘图面板——"点"按钮后的三角形,下拉子菜单 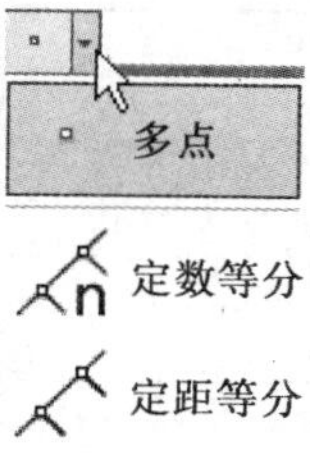 　□　多点 　n　定数等分 　　定距等分
帮助索引关键字	DIVIDE

例 2.1　在一条直线上绘出五等分。

① 设置点样式为图 2.2 所示;

② 在绘图区绘制一条水平的直线;

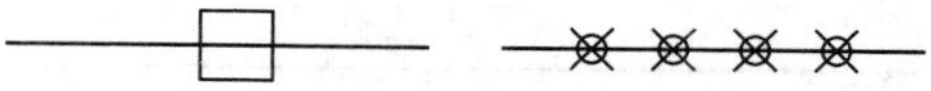

③ 选择"绘图"菜单下的"点"→"定数等分";

④ 系统提示"选择要定数等分的对象:",选取画好的直线,如图 2.3 所示;

⑤ 系统提示"输入线段数目或 [块(B)]:",输入 5,回车结束命令,完成图如图 2.3 所示。

图 2.3　选取直线和点分直线图

(2) 定距等分

用　　途	是将点对象或块在对象上按指定的间隔进行绘制
调用命令方式	"绘图"菜单"点"——"定距等分"命令 命令行:MEASURE 功能区——绘图面板——"点"按钮后的三角形,下拉子菜单 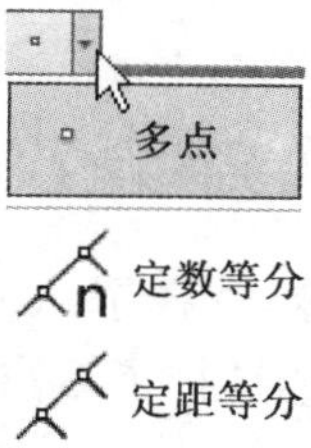 　□　多点 　n　定数等分 　　定距等分
帮助索引关键字	MEASURE

例 2.2　将一段任意长的水平线每隔 200 放置一个等分点,如图 2.4 所示。

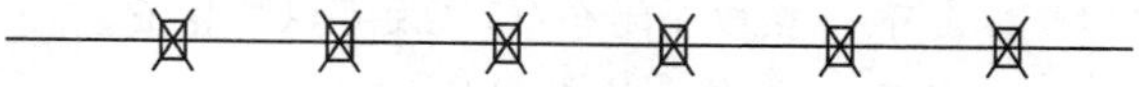

图 2.4　定距等分图

//先设置好点的样式

命令:__measure

选择要定距等分的对象:

//鼠标在水平线上单击

指定线段长度或 [块(B)]:200↙　//输入间隔距离 200,从左侧起每隔 200 绘制一个

　　　　　　　　　　　　　　　　//等分点,最右侧因不足 200,命令结束

2.2.2　绘制直线

使用直线工具可以绘制一段指定长度的直线,也可以执行一次命令就创建出由多条线段首尾相连的直线组,其中每条线段都是一个单独的直线对象,彼此独立。

用　　途	绘制直线
调用命令方式	"绘图"菜单"直线"命令 命令行:L 功能区——绘图面板——"直线"按钮 
帮助索引关键字	line
操作说明	（1）若指定两点画出一条直线后,没有结束当前命令,则可继续指定下一点画出以第一条直线的结束点为起点,以下一点为终点的直线; （2）如果在提示"指定第一点"后面输入具体坐标,则可以指定固定点画直线

例 2.3　用 line 命令绘制图 2.5 所示的三角形(屏幕上已有三个点)。

//绘制之前,打开自动捕捉,并设置其捕捉节点

命令:L↙

命令:_line 指定第一点:　　　　　　//拾取 A 点

指定下一点或 [放弃(U)]:　　　　　//拾取 B 点

指定下一点或 [放弃(U)]:　　　　　//拾取 C 点

指定下一点或 [闭合(C)/放弃(U)]:c↙

图 2.5　三角形图

命令中的关键字介绍:

A. 闭合:以绘制的第一条线段的起点作为最后一条线段的终点,形成一个闭合的线段环,在绘制出了两条或两条以上的线段以后可以使用此选项。

B. 放弃:删除线段序列中最后绘制的线段。

同样,以图 2.5 三角形 ABC 的绘制为例,说明"放弃"选项的使用。

命令提示如下:

命令:_line 指定第一点:　　　　　　//拾取 A 点,选择了 A 点为直线 AB 的起点

指定下一点或 [放弃(U)]:　　　　　//拾取 B 点,选择了 B 点作为 AB 直线的终点

指定下一点或 [放弃(U)]:

//不小心错点 D 点当成 C 点,选择了 D 点作为直线 BD 的终点,如图 2.6 所示

指定下一点或 [闭合(C)/放弃(U)]:u↙　//输入选项 U,放弃线段 BD

指定下一点或 [放弃(U)]:　　　　　//重新选择 C 点,如图 2.7 所示

指定下一点或 [闭合(C)/放弃(U)]:c↙

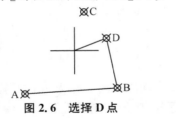

图 2.6　选择 D 点

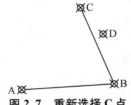

图 2.7　重新选择 C 点

2.2.3 绘制射线和构造线

射线是一个由一指定点开始,沿某一方向无限延伸的线。构造线是一个沿着某一角度两端无限延伸的线。这两种线主要用作作图时的辅助线。

由于这两种线都是无限长的,因此它们不能被当作全部图形的一部分进行计算或延伸,但是可以对之进行移动、复制、偏移、旋转等操作;而且,如果有需要,可以将其随图形一齐打印输出。

1) 射线

用 途	绘制射线
调用命令方式	"绘图"菜单"射线"命令 命令行:ray 功能区——绘图面板——"射线"按钮
帮助索引关键字	ray
操作说明	(1) 启动此命令后,系统会提示"指定起点:",即确定射线的起点。 (2) 指定起点后,系统提示"指定通过点",则通过起点和这一通过点确定一条射线,系统继续提示"指定通过点",则指通过原起点和新通过点确定的第二条射线,依据提示,继续指定新通过点,则会以起点和新通过点确定新的射线

2) 构造线

用 途	绘制构造线
调用命令方式	"绘图"菜单"构造线"命令 命令行:xl 功能区——绘图面板——"射线"按钮
帮助索引关键字	xline
操作说明	命令选项介绍 (1) 默认是指定两点确定一条构造线。 (2) 水平(H):创建通过指定点的水平构造线,用鼠标在工作区中点击指定点或用键盘输入坐标确定点。可创建多条水平构造线。 (3) 垂直(V):创建通过指定点的垂直构造线,用鼠标在工作区中点击指定点或用键盘输入坐标确定点。可创建多条垂直构造线。 (4) 角度(A):按指定的角度创建构造线,可以直接输入构造线的角度再指定通过点,还可以指定构造线与某条参照直线的夹角,再指定通过点。 (5) 二等分(B):创建一条构造线,它经过选定的角顶点,并且将选定的两条线之间的夹角平分。 (6) 偏移(O):创建平行于另一个对象的构造线。构造线与选定对象的距离可以指定,选定的对象可以是直线、多段线、射线或构造线

例 2.4 如图 2.8 所示,将任一夹角二等分。

命令:xl↙   //发出构造线命令

XLINE 指定点或[水平(H)/垂直(V)/角度(A)/二等分(B)/偏移(O)]:b↙

//输入二等分参数 b

指定角的顶点：　　//打开对象捕捉,捕捉角的顶点,如图 2.8(a)所示
指定角的起点：　　//捕捉角的起点,如图 2.8(b)所示
指定角的端点：　　//捕捉角的端点,如图 2.8(c)所示,则最后结果如图 2.8(d)所示
指定角的端点：　　//按下回车键,结束命令

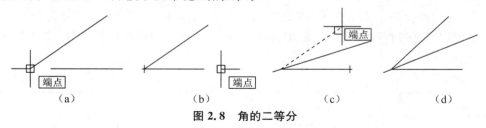

　　　(a)　　　　　　　　　　(b)　　　　　　　　(c)　　　　　　　　(d)

图 2.8　角的二等分

2.2.4　绘制圆

　　圆也是 AutoCAD 中的常用对象。创建圆的默认方式是指定圆心和半径。在 Auto-CAD 中,一共提供了六种绘制圆的方法。用户可根据已知条件的不同,来选用相应的方法来画出圆形。

用　途	绘制圆
调用命令方式	"绘图"菜单"圆"命令 命令行:c 功能区——绘图面板——"圆"按钮
帮助索引关键字	circle
操作说明	命令选项介绍 　　(1) 默认是指定圆心、半径的方法。先单击左键确定圆心,再按提示输入半径长度或选择参数"D",输入直径长度; 　　(2) 三点(3P):指定不在同一直线上的三个点来确定圆形。这三点也可以是三个切点; 　　(3) 两点(2P):指定两点绘制圆形,这两点一定是圆的直径的两个端点; 　　(4) 切点、切点、半径(T):指定两个切点和半径长度来确定圆形

　　例 2.5　用圆心、半径方式绘圆,绘制半径为 200 的圆(圆心位置任意)。

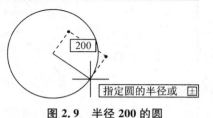

图 2.9　半径 200 的圆

　　命令:c↙
　　指定圆的圆心或［三点(3P)/两点(2P)/切点、切点、半径(T)］：　//执行绘圆命令,单击任一点作为圆心
　　指定圆的半径或［直径(D)］:200↙
　　// 输入圆的半径 200,如图 2.9 所示,按回车键结束命令

　　例 2.6　用圆心、直径方式绘圆,画出如图 2.10 所示的半径为 200 的圆形。
　　命令:c↙
　　指定圆的圆心或［三点(3P)/两点(2P)/切点、切点、半径(T)］:
　　//执行绘圆命令,单击任一点作为圆心
　　指定圆的半径或［直径(D)］<200.0000>:d↙

//输入参数"D",表示使用圆心、直径的方法绘圆

指定圆的直径 <400.0000>：400 ↙

//输入图 2.10 所示的圆的直径 400,如图 2.10 所示

注意:用这种方式绘圆,如果在指定半径时直接按回车键,则使用尖括号里的默认值作为半径值或直径值。也就是使用刚刚画完的那个圆的半径值或直径值作为现在所绘圆的半径值或直径值。

图 2.10　直径 400 的圆

例 2.7　用三点的方法绘圆

用这种方式绘圆,要求用户输入圆周上的任意 3 个点。如图 2.11 所示,命令提示如下:

命令:c ↙

指定圆的圆心或 [三点(3P)/两点(2P)/相切、相切、半径(T)]:3P ↙

图 2.11　三点绘圆

//输入选项 3P,选择三点绘圆方式

指定圆上的第一个点://指定圆上的第一个经过的点,指定时打开对象捕捉

指定圆上的第二个点://指定圆第二个经过的点

指定圆上的第三个点://指定圆第三个经过的点,如图 2.11 所示

例 2.8　用两点的方法绘圆

用这种方式绘圆,要求用户确定直径上的两个端点。如图 2.12 所示,命令提示如下:

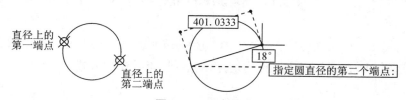

图 2.12　两点绘圆

命令:c ↙

指定圆的圆心或 [三点(3P)/两点(2P)/相切、相切、半径(T)]:2P ↙

//输入选项 2P,选择两点绘圆方式

指定圆直径的第一个端点:　　　//指定圆直径的第一个端点

指定圆直径的第二个端点:　　　//指定圆直径的第二个端点

例 2.9　用相切、相切、半径方式绘圆

如图 2.13 所示,求作与圆、圆弧均相切的半径为 50 的圆。(用这种方式绘圆,要求用户先确定与圆相切的两个对象及圆的半径值)

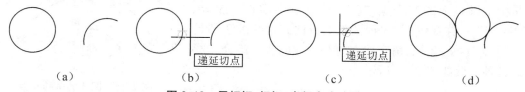

（a）　　　　　　（b）　　　　　　（c）　　　　　　（d）

图 2.13　用相切、相切、半径方式绘圆

命令提示如下：

命令：c↙

指定圆的圆心或［三点(3P)/两点(2P)/相切、相切、半径(T)］：T↙

//输入选项 T，选择相切、相切、半径绘圆方式

指定对象与圆的第一个切点： //打开自动捕捉，设置捕捉切点，鼠标在圆上任意处移动，在出现相切符号后单击，如图 2.13(b)所示

指定对象与圆的第二个切点：

//鼠标在圆弧上任意处移动，在出现相切符号后单击，如图 2.13(c)所示

指定圆的半径 ＜67.4850＞：50↙

//指定圆的半径为 50，回车结束命令，画出的圆如图 2.13(d)所示

注意：用这种方式绘圆，如果圆的半径值太小，则无法画出满足与两圆相切的条件的圆形。

例 2.10 用相切、相切、相切方式绘圆(三点方式)

用这种方式绘圆，可以画出三个对象的公切圆，要求用户确定公切圆和这三个对象的相切点。如图 2.14(a)所示，求作与圆、圆弧、直线均相切的圆，结果如图 2.14(e)所示。

（a） （b） （c） （d） （e）

图 2.14 用相切、相切、相切方式绘圆

命令：c↙

指定圆的圆心或［三点(3P)/两点(2P)/切点、切点、半径(T)］：3p↙

//输入选项 3P，选择三点也可称为切点、切点、切点的绘圆方式

指定圆上的第一个点：

//打开自动捕捉，设置捕捉切点，鼠标在直线上任意处移动，在出现相切

//符号后单击，如图 2.14(b)所示

指定圆上的第二个点：

//鼠标在圆弧上任意处移动，在出现相切符号后单击，如图 2.14(c)所示

指定圆上的第三个点：

//鼠标在圆上任意处移动，在出现相切符号后单击，如图 2.14(d)所示

2.2.5 绘制圆弧

圆弧是圆的一部分。绘制圆弧的方法有多种，默认方式是指定圆弧上的三个点：起点、第二点和端点。AutoCAD 2010 一共提供了 11 种圆弧的方法。这些画法都是基于圆心、半径、弦长、角度和方向等参数的各种组合。圆弧的各种参数如图 2.15 所示。

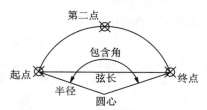

图 2.15 圆弧的各种参数

用　途	绘制圆弧
调用命令方式	"绘图"菜单"圆弧"命令 命令行：a 功能区——绘图面板——"圆弧"按钮 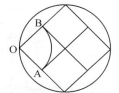
帮助索引关键字	arc
操作说明	命令执行方法介绍 　（1）默认是指定起点、第二点和端点的方法。单击左键依次确定的三个点分别是圆弧的起点、第二点和端点。这三点确定了圆弧的方向、大小和形状。 　（2）起点、圆心、端点：注意起点和端点的选择，如图2.16所示，若按顺时针方向选择起点、端点，即AB，则画出如图2.16的圆弧。若按逆时针方向选择起点、端点，即BA，则画出如图2.17的圆弧。这两个圆弧互补。 　（3）其他方式（参见菜单命令）

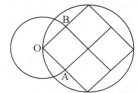

图 2.16　A 为起点 B 为端点的圆弧　　　　**图 2.17　B 为起点 A 为端点的圆弧**

在画弧的过程中，有几个选项可供选择，这些选项实际上就是圆弧的各种参数，所以只要根据实际情况确定圆弧的这几个参数，就能确定所画的圆弧。下面依次就圆弧命令执行过程中出现的选项作介绍：

（1）圆弧的起点：表示首先要确定圆弧的起点，然后再根据系统的提示，分别确定圆弧的第二点、圆心或端点来确定圆弧。

（2）圆心：指定圆弧所在圆的圆心，确定圆心后，系统提示"指定圆弧的起点"，这时需要确定圆弧的起点，起点确定后系统提示"指定圆弧的端点或［角度（A）/弦长（L）］"，可以通过确定圆弧的端点、角度或弦长三种方法来确定圆弧。

（3）圆弧的第二个点：绘制圆弧需要使用圆弧周线上的三个指定点之一。第一个点为起点，第三个点为端点，第二个点是圆弧周线上的一个点。

（4）端点：指定圆弧端点，也称之为终点，如图2.15所示。

（5）弦长：指基于起点和端点之间的直线距离绘制劣弧或优弧。如果弦长为正值，AutoCAD从起点逆时针绘制劣弧。如果弦长为负值，AutoCAD逆时针绘制圆弧。

（6）方向：绘制圆弧在起点处与指定方向相切。这将绘制从起点开始到端点结束的任何圆弧，而不考虑是劣弧、优弧还是顺弧、逆弧。AutoCAD将从起点确定该方向。

　如用户对各种选项的选择觉得麻烦，可以直接选择菜单"绘图"→"圆弧"下的下级菜单项。如果在弹出的子菜单中选择"继续"，则会在刚刚绘制的圆弧处再绘制另一个圆弧，该圆弧与已有圆弧沿切线方向相连，如图2.18所示。

图 2.18　用"继续"的圆弧

例 2.11　用起点、圆心、角度方式绘制圆弧

如果存在可以捕捉到的起点和圆心点，并且已知包含角度，可以使用这种方法绘制圆弧，但是三点不能在同一直线上，如图 2.19 所示。

命令：a✓

指定圆弧的起点或［圆心(C)］：

//指定圆弧的起点

指定圆弧的第二个点或［圆心(C)/端点(E)］：c✓

指定圆弧的圆心：

指定圆弧的端点或［角度(A)/弦长(L)］：a✓

指定包含角：38✓

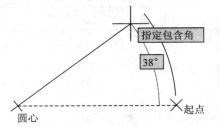

图 2.19　用起点、圆心、角度方式绘制圆弧
//选择圆心参数 C，指定圆心

//选择圆弧角度参数 a，指定角度
//输入角度 38°，画出指定的圆弧

例 2.12　用起点、圆心、长度方式绘制圆弧

如果存在可以捕捉到的起点和圆心点，并且已知弦的长度，可以使用这种方法绘制圆弧，圆弧的弦长决定包含角度，如图 2.20 所示。

命令：a✓

指定圆弧的起点或［圆心(C)］：

//指定圆弧的起点

指定圆弧的第二个点或［圆心(C)/端点(E)］：c✓

//选择圆心参数 C，指定圆心

指定圆弧的圆心：

指定圆弧的端点或［角度(A)/弦长(L)］：l✓

//选择圆弧弦长参数 L，指定弦长

指定弦长：200✓

//输入弦长 200，画出指定的圆弧

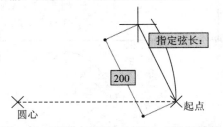

图 2.20　用起点、圆心、长度方式绘制圆弧

2.2.6　绘制椭圆

椭圆是由长轴、短轴和中心点确定的。如图 2.21 所示，AB 为长轴，CD 为短轴，O 为中心点。

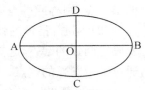

图 2.21　椭圆示意图

用　　途	绘制椭圆
调用命令方式	"绘图"菜单"椭圆"命令 命令行：EL 功能区——绘图面板——"椭圆"按钮 ⊕ ▪
帮助索引关键字	ellipse
操作说明	命令选项介绍 一般使用以下三种方法绘制椭圆： (1) 指定中心、两轴端点绘制椭圆的方法，如图 2.22 所示。 (2) 指定一个轴的两个端点，再定义另一轴的长度的方法，如图 2.23 所示。 (3) 定义长轴以及椭圆转角绘制椭圆，如图 2.24 所示

例 2.13　通过定义中心点和两轴端点绘制椭圆

椭圆的中心点确定后,椭圆的位置就确定下来了,这时,只需再为两轴各确定一个端点,便可确定椭圆形状,如图2.22所示。

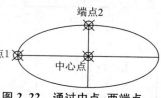

图 2.22　通过中点、两端点绘制椭圆

命令:el↙

指定椭圆的轴端点或［圆弧(A)/中心点(C)］:C↙

//选择选项 C,选择先确定椭圆的中心点

指定椭圆的中心点:

指定轴的端点:

指定另一条半轴长度或［旋转(R)］:

例 2.14　通过确定两轴绘制椭圆

用这种方式绘制椭圆,可以先确定椭圆一个轴上的两个端点,再确定另一个轴的半长,如图 2.23所示。

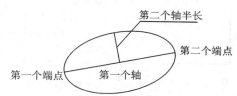

图 2.23　通过确定两轴绘制椭圆

命令:el↙

指定椭圆的轴端点或［圆弧(A)/中心点(C)］:

//确定椭圆一个轴上的第一个端点

指定轴的另一个端点:

//确定这个轴上的第二个端点

指定另一条半轴长度或［旋转(R)］:

//确定椭圆另一个轴的一半长度

例 2.15　通过定义长轴以及椭圆转角绘制椭圆

用这种方式绘制椭圆,可以先确定椭圆长轴上的两个端点,再确定椭圆绕该轴旋转的角度,从而确定椭圆的位置及形状。

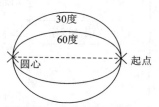

图 2.24　输入不同旋转角度绘制椭圆

命令:el↙

指定椭圆的轴端点或［圆弧(A)/中心点(C)］:

//指定轴的一个端点

指定轴的另一个端点:

//指定轴的另一个端点

指定另一条半轴长度或［旋转(R)］:R↙

//输入选项 R,选择确定旋转角度

指定绕长轴旋转的角度:

对于同一轴长,旋转角度不同,画出的椭圆也不相同,如图 2.24 所示。大家可以自己试一试。

2.2.7　绘制椭圆弧

椭圆弧是椭圆的一部分,绘制椭圆弧的方法与椭圆相似,先确定椭圆弧所在的椭圆,再确定椭圆弧的起始点和终止点,如图 2.25 所示。

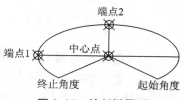

图 2.25　绘制椭圆弧

用　途	绘制椭圆弧
调用命令方式	"绘图"菜单"椭圆"——"圆弧"命令 命令行：EL 功能区——绘图面板——"椭圆"按钮
帮助索引关键字	ellipse
操作说明	命令选项介绍 （1）发出椭圆命令后输入参数"圆弧（A）"，则开始绘制椭圆弧。否则，只会画出椭圆。如果直接点击椭圆弧按钮，则默认输入参数"圆弧（A）"，绘制椭圆弧。 （2）指定起始角度和指定终止角度决定了椭圆弧的大小。 （3）与绘圆弧命令一样，画相同角度的椭圆弧同样存在顺时针和逆时针的问题

2.2.8　绘制正多边形

正多边形是由多条等长边的封闭线段构成的。使用正多边形命令可以方便的画出等边三角形、正方形等。

用　途	绘制正多边形
调用命令方式	"绘图"菜单"正多边形"命令 命令行：pol 功能区——绘图面板——"正多边形"按钮
帮助索引关键字	polygon
操作说明	命令选项介绍 注意：根据不同情况选择正多边形"内接于圆（I）"或者"外切于圆（C）"参数。如图 2.26 所示。 可以使用以下三种方法画正多边形： （1）中心点、内接圆半径 （2）中心点、外切圆半径 （3）指定正多边形的边长 图 2.26 正多边形的各个选项图解

例 2.16　绘制内接多边形，如图 2.27 所示。

这个例子是我们学习多个绘图命令以来，第一次将几个命令综合在一起的图形。画这种图形，大家可以先观察思考图形的组成及各个部分的关系，由此确定画图使用的命令及具体选用的参数。

比如对图 2.27 观察并思考：

……

（1）此图是由圆形、正五边形、直线组成的；

（2）直线的起点和终点分别是正五边形的五个顶点，而正五边形又内接于圆形，所以直线由正五边形的大小决定，正五边形的大

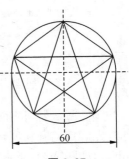

图 2.27

小又由圆形的大小决定,本图给出了圆形的直径是 60;

（3）由于各图形之间的制约关系,所以绘制圆内图形前,一定要先绘制出圆形,再绘制正五边形,最后各顶点连接绘制出直线。

实际绘制时要注意"正交"和"对象捕捉"的灵活运用。

命令:L↙　　　//绘制水平、垂直两直线,步骤略

……

命令:c↙　　　　　　　　//使用圆心、半径的方法画出半径为 30 的圆形

指定圆的圆心或[三点(3P)/两点(2P)/切点、切点、半径(T)]:

//以水平、垂直两直线交点为圆心

指定圆的半径或[直径(D)]<30.0000>:30↙

命令:pol↙

输入边的数目<5>:↙　　　//画出内接于圆形的正五边形

指定正多边形的中心点或[边(E)]:　　//捕捉圆心

输入选项[内接于圆(I)/外切于圆(C)]<I>:↙

指定圆的半径:30↙　　　　//内接圆的半径为 30

命令:L↙　　　//直线连接正五边形的各个顶点

　　　　　　　//画出五角星

　　　　　　　//改变水平、垂直两直线的线型为虚线,此处
　　　　　　　对此操作现可不作要求

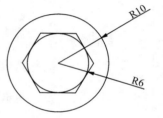

例 2.17　绘制外切正多边形,如图 2.28 所示。

观察图 2.28,由大小两个同心圆和一个外切于小圆的正六边形组成。已知两圆的半径,小圆的大小决定了正六边形的大小,所以先画出两圆形,再画正六边形。

图 2.28

此图留给用户练习。

例 2.18　由边长确定正多边形,如图 2.29 所示。

观察图 2.29,由正三角形、正方形、正五边形、正六边形组成,它们有一个共边,共边长 40。

命令:pol↙

输入边的数目<4>:3↙　　　　//画正三角形

指定正多边形的中心点或[边(E)]:e↙　　　//选择边的方法,输入参数 e

图 2.29

指定边的第一个端点:指定边的第二个端点:40↙

//正交打开,指定水平边的起点和端点的距离为 40,则画出边长为 40 的正三角形

命令:POLYGON　　　　　　　　//按鼠标右键重复刚才执行的命令

POLYGON 输入边的数目<3>:4↙

指定正多边形的中心点或[边(E)]:e↙

指定边的第一个端点:指定边的第二个端点:

//捕捉正三角形的水平边的两端点作为正四边形的水平边的两端点

……//图形中其余部分方法相同,只是边数不同,留给用户练习

2.2.9 绘制矩形

AutoCAD 2010 提供的绘制矩形的命令,不仅可以绘制一般意义上的矩形,选择相应的选项还可以对绘制的矩形进行倒角、圆角和线定加宽处理。

用　途	绘制矩形
调用命令方式	"绘图"菜单"矩形"命令 命令行:rec 功能区——绘图面板——"矩形"按钮
帮助索引关键字	rectang
操作说明	命令选项介绍 (1) 默认用指定对角线上两个角点画矩形,矩形的大小由两个角点的横向、纵向距离决定。如图 2.30(a)所示,即指定 A、C 两点或 B、D 两点画矩形。 (2) 倒角(C),指定矩形的第一个和第二个倒角距离,即可以画出如图 2.30(b)所示的矩形。 (3) 圆角(F),指定圆角的半径,然后再选择矩形两角点绘制出的矩形,如图 2.30(c)所示。 (4) 标高(E),标高是指一个三维点已有了 X 值和 Y 值后,所使用的 Z 值,此选项主要是指在三维绘图中矩形所使用的 Z 坐标。在二维图中一般不使用此选项。 (5) 厚度(T),厚度设置了二维对象被 AutoCAD 向上或向下拉伸后上下边线的距离。正值表示沿 Z 轴正方向拉伸,而负值表示沿 Z 轴负方向拉伸。 (6) 宽度(W),输入矩形的线宽,然后再选择第一个角点和另一个角点,绘制出的矩形如图 2.30(d)所示。 注意: 在设置倒角距离、圆角半径、矩形线宽时,这些数值不能大于矩形本身的大小,否则是画不出矩形的。如果绘制矩形时选择了倒角、圆角或宽度来画矩形,那么在下次再使用此矩形命令时,系统会默认原来的倒角距离,圆角半径和宽度,而用户又不需要这些默认值时,可以根据需要系统提示输入"0"来清理原来的默认值

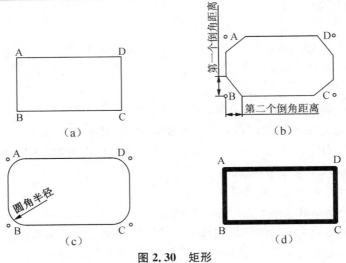

图 2.30　矩形

2.2.10　绘制多段线

　　多段线可以是由若干直线和圆弧连接而成的不同宽度的曲线或折线构成的一个整体（不像 line 命令画出的都是独立的线段），所以对于多段线的修改也非常容易。

　　基于此便利特点，多段线在建筑行业中使用比较多。我们会通过后面的一些练习反映出来。

用　途	绘制多段线
调用命令方式	"绘图"菜单"多段线"命令 命令行:pl 功能区——绘图面板——"多段线"按钮
帮助索引关键字	pline
操作说明	命令选项介绍 　　(1) 宽度(W),表示指定多段线的宽度,系统将提示输入起点宽度和端点宽度,起点宽度和端点宽度可以不同。而且在不改变宽度以前,后续的多段线将保持此宽度不变。 　　(2) 半宽(H),表示指定多段线的半宽。 　　(3) 长度(L),表示绘制一定长度的直线段,如果前一段绘制的是圆弧,那么系统会从该圆弧末端作为起点绘制新直线线段。 　　(4) 放弃(U),表示删除线段序列中最近绘制的线段或圆弧,此选项与 line 中放弃选项用法相同。 　　(5) 闭合(C),表示在当前位置与多段线起点之间绘制一条直线段并闭合该多段线。图 2.31 显示了多段线闭合和不闭合状态的不同效果。左图为捕捉多段线的起点作为最后一段直线的终点画出的多段线。右图为输入 close 闭合命令画出的多段线的最后一段直线。 　　(6) 圆弧(A),表示以当前点为起点绘制圆弧,此时系统继续提示如下:"指定圆弧的端点或角度(A)/圆心(CE)/闭合(CL)/方向(D)/半宽(H)/直线(L)/半径(R)/第二个点(S)/放弃(U)/",用户可根据这些选项对即将绘制的圆弧进行各种操作,以绘制出符合要求的圆弧。 　　在选择圆弧(A)选项绘制完圆弧后,此时默认可以继续绘制圆弧,若希望绘制直线,选择直线(L)选项,则回到画直线状态。 　　(7) 闭合(CL),表示在当前位置与多段线起点之间绘制一条圆弧以闭合该多段线

图 2.31　闭合与否的效果（左为不闭合）

图 2.32　分解与否效果图（右为已分解）

　　值得注意的是,如果使用"修改"菜单的"分解"命令或在功能区的"修改"面板选项卡中的"分解"按钮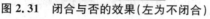,可以将多段线分解成多个单独的直线段或圆弧对象,与此同时,自动取消原多段线的宽度。如图 2.32 所示,一条多段线的分解效果图。

　　例 2.19　绘制如图 2.33 所示的图形。

　　命令:pl ↙

指定起点：

//并在屏幕上单击一点作为起点

当前线宽为 0.0000　　　　//当前默认线宽为 0

指定下一个点或［圆弧(A)/半宽(H)/长度(L)/放弃(U)/宽度(W)］：10↙

图 2.33　多段线例题图

//在水平方向从左到右画一条长度为 10 的细水平线

指定下一点或［圆弧(A)/闭合(C)/半宽(H)/长度(L)/放弃(U)/宽度(W)］：w↙

//要画小箭头，所以要先改变多段线的宽度

指定起点宽度＜0.0000＞：1↙　　　　//设定起点宽度为1，即图中箭头左端宽为1

指定端点宽度＜1.0000＞：0↙　　　　//设定端点宽度为0，即图中箭头右端宽为0

指定下一点或［圆弧(A)/闭合(C)/半宽(H)/长度(L)/放弃(U)/宽度(W)］：3↙

//指定这个箭头的长度为3，即这个起点宽为1，终点宽为0的直线长度为3

指定下一点或［圆弧(A)/闭合(C)/半宽(H)/长度(L)/放弃(U)/宽度(W)］：a↙

//绘制右边的圆弧，要先改变当前直线的绘制状态为圆弧绘制状态

指定圆弧的端点或［角度(A)/圆心(CE)/闭合(CL)/方向(D)/半宽(H)/直线(L)/半径(R)/第二个点(S)/放弃(U)/宽度(W)］：@5＜-90↙　　//使用极坐标的方法确定圆弧的端点。

指定圆弧的端点或［角度(A)/圆心(CE)/闭合(CL)/方向(D)/半宽(H)/直线(L)/半径(R)/第二个点(S)/放弃(U)/宽度(W)］：l↙

//输入 L 参数，将当前绘圆弧状态改为绘制直线状态

指定下一点或［圆弧(A)/闭合(C)/半宽(H)/长度(L)/放弃(U)/宽度(W)］：w↙

//设置将要画出的直线宽度

指定起点宽度＜0.0000＞：1↙　　　　//为起点终点同宽，宽度为1的直线

指定端点宽度＜1.0000＞：1↙

指定下一点或［圆弧(A)/闭合(C)/半宽(H)/长度(L)/放弃(U)/宽度(W)］：13↙

//水平方向的直线长度为13

指定下一点或［圆弧(A)/闭合(C)/半宽(H)/长度(L)/放弃(U)/宽度(W)］：c↙

//将多段线闭合

2.2.11　编辑多段线

可以通过 pedit(多段线编辑命令)闭合和打开多段线，以及移动、添加或删除单个顶点来编辑多段线。可以在任何两个顶点之间拉直多段线，也可以切换线型以便在每个顶点前或后显示虚线。可以为整个多段线设置统一的宽度，也可以分别控制各个线段的宽度。还可以通过多段线创建线性近似样条曲线。

用　　途	编辑多段线
调用命令方式	"修改"菜单"对象"——"多段线"命令 命令行：pe 功能区——修改面板——"编辑多段线"按钮

帮助索引关键字	pedit
操作说明	命令选项介绍 （1）多条(M)：表示可以选择多个对象进行操作。 （2）闭合(C)/打开(O)：如果多段线是打开的，则提示为闭合(C)，如果多段线是闭合的，则提示为打开(O)，选择闭合，则原来未闭合的多段线会增加一段连接始末端点的直线，形成闭合的多段线；选择打开，则原来闭合的多段线会被打断。 （3）合并(J)：用于2D多段线，可将其他的直线、圆弧等连接到已有的多段线上，并从曲线拟合多段线中删除曲线拟合，要将对象合并至多段线，其端点必须接触。 （4）宽度(W)：为整个多段线指定新的统一宽度，也可以使用"编辑顶点"选项中的"宽度"选项修改单段线的线宽。 （5）编辑顶点(E)：提供一组子选项，可以编辑顶点及与顶点相邻的线段。 （6）拟合(F)：创建圆弧，拟合多段线。 （7）样条曲线(S)：生成由多段线顶点控制的样条曲线，样条类型和分辨率由系统变量控制。 （8）非曲线化(D)：删除圆弧拟合或样条曲线拟合多段线插入的其他顶点并拉直多段线的所有线段。 （9）线型生成(L)：生成通过多段线顶点的连续图案线型。此选项关闭时，将生成始末顶点处为虚线的线型

例2.20 将三条直线合并成一条多段线，如图2.34所示。

命令：pe↙

PEDIT 选择多段线或 [多条(M)]：

//点选任一条直线

选定的对象不是多段线

图2.34 将三条直线合并成一条多段线

是否将其转换为多段线？ <Y> ↙　　//默认选项是"Y"，按回车表示转换成多段线

输入选项 [闭合(C)/合并(J)/宽度(W)/编辑顶点(E)/拟合(F)/样条曲线(S)/非曲线化(D)/线型生成(L)/反转(R)/放弃(U)]：j↙　//选择合并参数J

选择对象：指定对角点：找到3个　　//选中三条要合并的直线

选择对象：↙　　//停止选择

多段线已增加2条线段

输入选项 [闭合(C)/合并(J)/宽度(W)/编辑顶点(E)/拟合(F)/样条曲线(S)/非曲线化(D)/线型生成(L)/反转(R)/放弃(U)]：↙　//按回车键完成命令的执行过程

例2.21 把多个对象合并成一条多段线，如图2.35所示。

（a）合并前　　　　　　　　　　　　　　（b）合并后

图2.35 将四线段合并成一条多段线

命令：pe↙

选择多段线或 [多条(M)]：m↙

选择对象：找到 1 个　　　　　　　　　//用点选法依次单击各条线

……

选择对象：✓　　　　　　　　　　　//或单击右键表示四个对象选取完毕

输入选项

［闭合(C)/打开(O)/合并(J)/宽度(W)/拟合(F)/样条曲线(S)/非曲线化(D)/线型生成(L)/放弃(U)］:j✓　　　　　　　//执行合并选项

合并类型 = 延伸

输入模糊距离或［合并类型(J)］<0.0000>:100✓

//系统默认模糊距离为 0，如果这四个对象首尾相连，则采用这个系统默认值。

//但图 2.35 中的对象不相连，所以输入一个较大的距离值 100

多段线已增加 3 条线段

输入选项

［闭合(C)/打开(O)/合并(J)/宽度(W)/拟合(F)/样条曲线(S)/非曲线化(D)/线型生成(L)/放弃(U)］:✓　　　　　　　//按下回车键，结束命令的执行

2.2.12　绘制多线

绘制多线又称之为绘制平行线，多线由1～16条平行线（或多线元素），每条线的颜色和线型可以相同，也可以不同。它经常用来绘制建筑制图中的墙体线和窗户线。跟多段线一样，用多线命令绘制的平行线是一个整体，可以通过"分解"命令分解成几个单独的线段对象。

1) 创建多线

用　途	绘制多线
调用命令方式	"绘图"菜单"多线"命令 命令行：mline
帮助索引关键字	mline
操作说明	命令选项介绍 　　(1) 对正(J)：控制绘制多线时相对于光标所在位置或者基准线采用何种偏移，上(T)即多线最上面的线与光标对齐，下(B) 即多线最上面的线与光标对齐，无(Z)［zero,零］即居中对齐。系统会保留最近一次的对齐方式。 　　(2) 比例(S)：设置多线的绘制比例。比例数值要与实际绘制时计算出。 　　(3) 样式(ST)：设置多线的线型

2) 设置或创建多线样式

平行线有多种样式，可以打开"多线样式"对话框来设置和加载多线样式。

用　途	设置、创建多线样式
调用命令方式	"格式"菜单"多线样式"命令 命令行：mlstyle
帮助索引关键字	mlstyle
操作说明	命令选项介绍 输入命令后，将打开多线样式对话框。 注意：预览窗口的多线样式即为将要使用的多线样式

在多线样式对话框上面的显示的"多线样式"选项组,此选项组主要用来定义多线样式,包括显示多线样式的名称,建立当前样式,从文件中加载样式,保存、添加或重命名样式,还可以创建或编辑样式说明。

2.2.13 编辑多线

多线绘制好后,可以通过编辑多线来对多线进行修改。

用 途	绘制多线
调用命令方式	"修改"菜单"对象"——"多线"命令 mledit
帮助索引关键字	mledit
操作说明	命令选项介绍 输入命令后,弹出多线编辑工具对话框,如图 2.36 所示。 (1)"十字闭合":要注意选择多线的顺序。顺序不同,生成的图形也不同,如图 2.37 所示。 (2)"十字打开"和"十字合并":修改的多线与选择多线的顺序无关,如图2.38所示。 (3)"T 型闭合":要注意选择多线的顺序。顺序不同,生成的图形也不同,如图 2.39 所示。 (4)角点结合:将多线修剪或延伸到它们的交点处。不分选择的先后顺序,如图 2.40 所示。 (5)添加顶点:向多线上添加一个顶点,如图 2.41 所示。 (6)删除顶点:从多线上删除一个顶点,如图 2.42 所示。 (7)单个剪切:将多线的选定边进行剪切(只剪切这一条边),如图 2.43 所示。 (8)全部剪切:将选定的多线进行整个打断剪切,如图 2.44 所示。 (9)全部接合:将已被剪切的多线重新接合起来,如图 2.45 所示

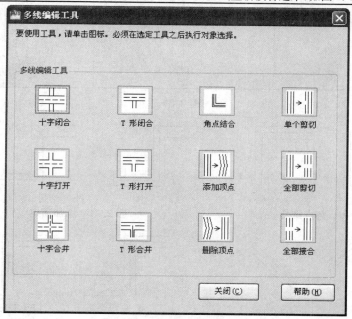

图 2.36 多线编辑工具对话框

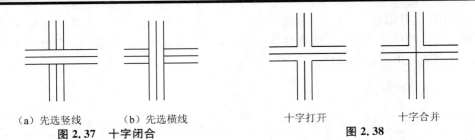

（a）先选竖线   （b）先选横线   十字打开   十字合并
图 2.37   十字闭合   图 2.38

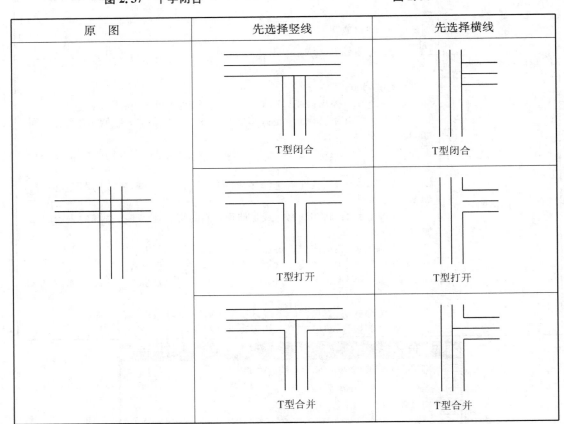

原　　图	先选择竖线	先选择横线
	T型闭合	T型闭合
	T型打开	T型打开
	T型合并	T型合并

图 2.39

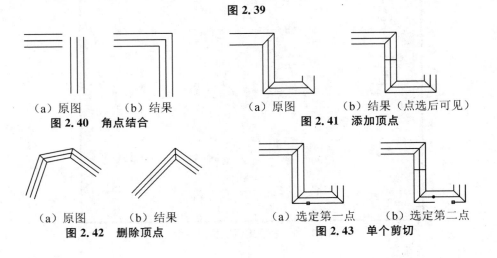

（a）原图   （b）结果   （a）原图   （b）结果（点选后可见）
图 2.40   角点结合   图 2.41   添加顶点

（a）原图   （b）结果   （a）选定第一点   （b）选定第二点
图 2.42   删除顶点   图 2.43   单个剪切

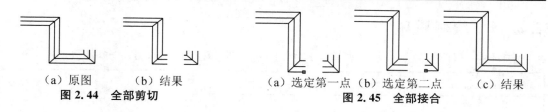

（a）原图　　（b）结果　　　　　　　（a）选定第一点（b）选定第二点　　（c）结果

图 2.44　全部剪切　　　　　　　　　　　　图 2.45　全部接合

2.2.14　绘制样条曲线

样条曲线是一组由点定义的光滑曲线，一般用来创建形状不规则的曲线，如实体轮廓、地形等高线等。

用　途	绘制多线
调用命令方式	"绘图"菜单"样条曲线" 命令行：spl 功能区——绘图面板——"样条曲线"按钮 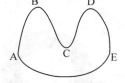
帮助索引关键字	spline
操作说明	命令选项介绍 （1）对象（O）：选择此选项可以将一条多段线拟合成样条曲线。 （2）闭合（C）：将最后一点定义为与第一点一致，并且两个点的切线方向相同，这样能闭合样条曲线。 （3）拟合公差（F）：选择此选项表示修改当前样条曲线的拟合公差。如果公差设为 0，则样条曲线通过拟合点，输入大于 0 的公差将使样条曲线在指定的范围内通过拟合点。可以重复修改拟合公差，但这样做会修改所有控制点的公差，不管选定的是哪个控制点。 （4）起点切向：可以给定起点的切线方向，方向不同，样条曲线的形状也有区别

例 2.22　绘制样条曲线，如图 2.46 所示。

命令：spl ↙

指定第一个点或［对象（O）］：　　//单击 A 点

指定下一点：　　　　　　　　　　//单击 B 点

指定下一点或［闭合（C）/拟合公差（F）］＜起点切向＞：
　　　　　　　　　　　　　　　　//单击 C 点

图 2.46　绘制样条曲线

指定下一点或［闭合（C）/拟合公差（F）］＜起点切向＞：　//单击 D 点

指定下一点或［闭合（C）/拟合公差（F）］＜起点切向＞：　//单击 E 点

指定下一点或［闭合（C）/拟合公差（F）］＜起点切向＞：c ↙

指定切向：　　//给出切点方向按回车键

绘制完样条曲线后，可以用鼠标拖动夹点对样条曲线的形状进行修改。在绘制样条曲线时，应适当增加点的数量，以便于后期对形状的修改。如图 2.47 所示，左图共有 5 个点，右图有 12 个点，相比之下，右图更容易将样条曲线修改到满意的形状。

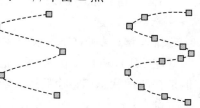

图 2.47　样条曲线上面点的多少

2.2.15 绘制圆环

圆环由一对同心圆组成。创建圆环时要指定内外直径和中心,且一次可以创建多个。

用　途	绘制圆环
调用命令方式	"绘图"菜单"圆环" 命令行:do 功能区——绘图面板——"圆环"按钮◎
帮助索引关键字	donut
操作说明	命令选项介绍 (1) 如果圆环内径为 0 的话,将画出一个填充的实心圆形。 (2) 命令 FILL 可控制圆环是否填充

例 2.23　创建如图 2.48 所示的圆环。

命令:_donut↙

指定圆环的内径 <0.0000>:30↙　　　　　　　　//指定圆环的内径

指定圆环的外径 <30.0000>:50↙　　　　　　　//指定圆环的外径

指定圆环的中心点或 <退出>:　　　　　　　　//指定圆环的中心点

指定圆环的中心点或 <退出>:↙

命令:DONUT↙

指定圆环的内径 <30.0000>:0↙　　　　　　　　//指定圆环的内径

指定圆环的外径 <50.0000>:↙　　　　　　　　//圆环的外径为默认的 50

指定圆环的中心点或 <退出>:　　　　　　　　//指定圆环的中心点

指定圆环的中心点或 <退出>:↙

命令:

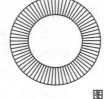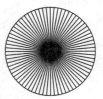

　　　　　　　图 2.48　　　　　　　　　　　　　　　图 2.49

另外,利用命令 FILL 可控制圆环的填充与否。在命令栏输入命令 FILL,提示如下:

命令:fill↙

输入模式 [开(ON)/关(OFF)] <开>:off↙

在 FILL 和 ON 状态时填充如图 2.48 所示,处于 OFF 状态时,则是图 2.49 的状态。但是在两种状态相转换后还要输入命令 REGEN 重新生成图形才会生效,命令如下:

命令:regen↙

正在重生成模型。

其实,利用 FILL 命令也可控制多段线的封底与否,方法跟圆环显示方法一致。

2.2.16　修订云线

在检查或用红线圈阅图形时,可以使用修订云线功能亮显标记以提醒用户注意。修订云线用于创建由连续圆弧组成的多段线以构成云线对象。

用　途	绘制修订云线
调用命令方式	"绘图"菜单"修订云线" 命令行:revcloud 功能区——绘图面板——"修订云线"按钮
帮助索引关键字	revcloud
操作说明	命令选项介绍 (1) 弧长(A):输入参数 A,还可以为修订云线的弧长设置默认的最小弧长和最大弧长。绘制修订云线时,可以使用拾取点选择较短的弧线段来更改圆弧的大小。也可以通过调整拾取点来编辑修订云线的单个弧长和弦长。 (2) 对象(O):输入参数 O,可以将闭合对象(例如圆、椭圆、闭合多段线或闭合样条曲线)转换为修订云线。 (3) 样式(S):输入参数 S,可以选择圆弧样式"普通(N)"/"手绘(C)"

2.2.17　放弃和重做

1) 放弃

当在绘图过程中出现了错误操作或者画出的图形不符合要求时,除了使用 windows 下的 Ctrl+Z 可撤销外,CAD 中还专门设置了"放弃"命令来取消刚刚的一步或多步错误操作。

用　途	取消刚刚的操作
调用命令方式	"标准"工具栏上的"放弃"按钮 "编辑"菜单编辑——放弃命令 命令行:u
帮助索引关键字	undo
操作说明	取消多步操作时,可以多次单击该按钮或单击该按钮右侧的倒三角按钮,从弹出的菜单中直接选择要返加到以上操作中的哪一步

2. 重做

"重做"命令可以恢复"放弃"命令所取消的一步或多步操作。

用　途	恢复刚刚取消的操作
调用命令方式	"标准"工具栏上的"重做"按钮 "编辑"菜单编辑——重做命令 命令行:redo
帮助索引关键字	redo
操作说明	重做多步操作时,可以多次单击该按钮或单击该按钮右侧的倒三角按钮,从弹出的菜单中直接选择要恢复到以上操作中的哪一步

2.2.18 删除命令

执行该命令可将不再需要的图形删除。

用　途	删除不再需要的图形
调用命令方式	"修改"菜单"删除" 命令行：e 功能区——修改面板——"删除"按钮 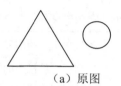
帮助索引关键字	erase
操作说明	（1）先输入删除命令，当系统提示选择对象时，可以选择一个也可以同时选择多个对象，然后单击右键将它们删除。 （2）也可以先选择对象，然后按键盘上的 Delete 键进行删除

2.2.19 移动命令

该命令用于将选定的对象移动到指定位置，可以一次选择多个对象一起移动，但一次操作只能移动到一个指定位置，注意移动时的基点位置。

用　途	移动选定的对象到特定位置
调用命令方式	"修改"菜单"移动" 命令行：m 功能区——修改面板——"移动"按钮
帮助索引关键字	move
操作技巧	命令选项介绍 （1）默认是通过指定基点来移动对象。可以指定对象的圆心、顶点、中点等关键点作为基点来移动对象。 （2）位移(D)：可以通过输入位移，使对象沿某一直线方向移动准确的位置。在选择参数 D 后，命令行提示指定位移，并要求给出(X,Y,Z)三个坐标，即相对于原点(0,0,0)的坐标。 （3）位移(D)：也可以通过输入相对距离来移动对象。在选择参数 D 后，输入移动的距离，即可以使对象发生相对位移。在输入相对距离时，需要包含@标记

例 2.24 移动图 2.50 中的圆形，使圆心移到三角形的顶点，如图所示。

命令：m↙

选择对象：找到 1 个

//鼠标单击要移动的对象

选择对象：↙

//单击鼠标右键或按空格键或回车键，表示要移动的对象已经选择完毕

指定基点或位移：

//鼠标移至圆心附近，出现黄色小圆形的圆心标记时单击左键，表示指定基点为圆心

（a）原图　　　　　（b）目标图

图 2.50

指定位移的第二点或 <用第一点作位移>：

//鼠标移至三角形附近,捕捉三角形顶点,将三角形顶点作为目标点

2.2.20　旋转命令

用　途	将选定的对象以某一点为轴旋转
调用命令方式	"修改"菜单"旋转" 命令行:ro 功能区——修改面板——"旋转"按钮 ↻
帮助索引关键字	rotate
操作技巧	旋转角度可以用键盘来输入,也可以利用捕捉对象特性点为基点来旋转对象

例 2.25　给出图 2.51(a),通过修改命令使它如图 2.51(b)所示。

命令:ro↙

UCS 当前的正角方向：　ANGDIR = 逆时针　ANG-BASE=0

选择对象：指定对角点：找到 5 个

//用框选选择相应的对象

选择对象：　　　　//单击空格、回车或鼠标右键,表示选取完毕

指定基点：

//打开对象捕捉,捕捉对象上的某一端点时,旋转时会以此基点为轴心旋转

指定旋转角度或 [复制(C)/参照(R)] <0>:180↙

　　　　　　　　　　　　　　　　　　　　(a) 原图　　　　(b) 目标图

　　　　　　　　　　　　　　　　　　　　　　图 **2.51**

2.2.21　缩放命令

此命令要求能灵活使用。

用　途	按照指定的比例相对于指定的基点放大或缩小对象
调用命令方式	"修改"菜单"缩放" 命令行:sc 功能区——修改面板——"缩放"按钮 ▱
帮助索引关键字	scale
操作技巧	命令选项介绍 　(1) 比例因子:按指定的比例缩放选定对象的尺寸。大于 1 的比例因子使对象放大,介于 0 和 1 之间的比例因子使对象缩小。 　(2) 复制(C):创建要缩放的选定对象的副本。 　(3) 参照(R):按参照长度和指定的新长度缩放所选对象。 　指定参照长度 <1>:指定缩放选定对象的起始长度。 　指定新的长度或 [点(P)]:指定将选定对象缩放到的最终长度,或输入 p,使用两点来定义长度

例 2.26　如图 2.52 所示,将左图缩小为原来的一半得右图;或将右图放大 2 倍得左图。

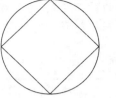

命令:sc↙

选择对象:　　　　　　//框选要选择的对象

选择对象:　　　　　　//停止选择

指定基点:

//以对象的某一特征点作为基点,如捕捉圆心为基点

图 2.52

指定比例因子或[参照(R)]:0.5↙

//输入缩放的倍数 0.5

命令:

例 2.27　绘制如图 2.53 所示的图形。

观察图 2.53,是由一个圆形和一个矩形组成。已知圆形的直径是 75,矩形的长边是短边的 2 倍。绘制此图的关键是如何确定矩形的边长。正是因为这个矩形的边长不好确定,所以只能用缩放的方法画出矩形。

因此我们可有如下思路:

(1) 绘制矩形 100×50;

(2) 用直线连接矩形的两对角点;

(3) 以对角直线的中点为圆心,与到矩形任一角点为半径绘圆;

(4) 利用"参照"参数,缩放图形。

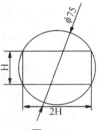

在此,我们只列出缩放命令的操作过程:

命令:sc↙

选择对象:　　　　　　//选择要缩放的对象

选择对象:↙　　　　　//停止选择

指定基点:　　　　　　//指定对角线的中点作为基点

指定比例因子或[复制(C)/参照(R)]<1.0000>:　r↙　　　//选择参数 R

指定参照长度 <1.0000>:　//捕捉圆心

指定第二点:　　　　　　//捕捉矩形的任一角点

指定新的长度或[点(P)]<1.0000>:37.5↙

　　　　　　　　//新长度是对角线缩放后的长度,即圆的半径

图 2.53

命令:

2.2.22　修剪和延伸命令

这两个命令都是用对象的某个边来对图形进行修改的命令。

1. 修剪命令

该命令需要指定剪切边,用剪切边来剪掉对象不需要的部分。

用　途	剪掉对象超出剪切边的部分
调用命令方式	"修改"菜单"修剪" 命令行:tr 功能区——修改面板——"修剪"按钮 ,点击按钮旁边的三角形,可以切换为延伸按钮

帮助索引关键字	trim
操作技巧	（1）选择要被修剪的对象时，鼠标必须单击要被剪掉的部分； （2）可以同时选中不相关的多个修剪边和多个被修剪的对象，用一个修剪命令同时对它们进行修剪； （3）在首次提示"选择对象"时，按空格、回车或鼠标右键表示为全部选中

例如，将图 2.54(a)修剪成图 2.54(b)。

命令：tr↙

当前设置：投影＝UCS,边＝无

选择剪切边...

选择对象或 ＜全部选择＞:↙

//按空格表示全部选中

选择要修剪的对象，或按住 Shift 键选择要延伸的对象，或［栏选(F)/窗交(C)/投影(P)/边(E)/删除(R)/放弃(U)］：

//依次用鼠标左键点取两线中间的位置

选择要修剪的对象，或按住 Shift 键选择要延伸的对象，或［栏选(F)/窗交(C)/投影(P)/边(E)/删除(R)/放弃(U)］:↙　　　　　//结束操作

2. 延伸命令

该命令用于将对象延伸到另一对象的边界上。

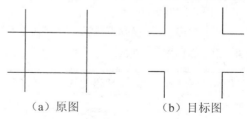

(a) 原图　　　　(b) 目标图

图 2.54

用　途	将对象延伸到另一对象的边界上
调用命令方式	"修改"菜单"延伸" 命令行：ex 功能区——修改面板——"延伸"按钮，点击按钮旁边的三角形，可以切换为修剪按钮
帮助索引关键字	extend
操作技巧	（1）命令行中出现提示"选择对象"时，是指选择延伸边，即选择延伸到的边界。 （2）可以同时选中不相关的多个延伸边和多个要被延伸的对象，用一个延伸命令同时对它们进行延伸。 （3）必须用鼠标在延伸边或被延伸的对象上单击，才能选中延伸边或被延伸对象

例如，修改图 2.55(a)，使它变成图 2.55(b)所示的样子。

命令：ex↙

当前设置：投影＝UCS,边＝无

选择边界的边...

选择对象或 ＜全部选择＞:↙　　　//全选

选择要延伸的对象，或按住 Shift 键选择要修剪的对象，或［栏选(F)/窗交(C)/投影(P)/边(E)/放弃(U)］：　　　　//点取水平线右端

选择要延伸的对象，或按住 Shift 键选择要修剪的对象，或［栏选(F)/窗交(C)/投影(P)/边(E)/放弃(U)］:↙　　　　//结束操作

(a) 原图　　　　(b) 目标图

图 2.55

2.2.23　复制、偏移、镜像和阵列命令

这四个命令都是由一个已有图形生成多个图形的命令。对于形状相同，位置不同的几个图形，就可以只画一个图形，其他的图形用这里的某一条命令做出来，但要注意偏移命令执行后，产生的图形会有变形现象。掌握这几个命令，在操作中会大大提高绘图的速度。

1) 复制命令

该命令用于将选中的一个或多个对象复制，生在一份或多份大小、形状完全相同的图形，并放到指定位置。

用　途	将选中的一个或多个对象复制
调用命令方式	"修改"菜单"复制" 命令行：co 功能区——修改面板——"复制"按钮
帮助索引关键字	copy
操作技巧	(1) 打开对象捕捉进行复制，可使生成的图形准确的放在指定位置； (2) 位移(D)：使用位移方式确定复制位移量； (3) 注意基点的选择，并注意适当总结所有使用到基点的相关命令； (4) 本版本的 CAD 中加入了多重复制的功能，即复制模式是多个

例 2.28　绘制如图 2.56。

观察图 2.56，它是由两个完全相同的图形组成，我们可以先画下面一个对象，再用复制的方法复制一个并且放在下面图形的端点处。绘制本图的关键是，基点确定后，复制时第二点的确定。

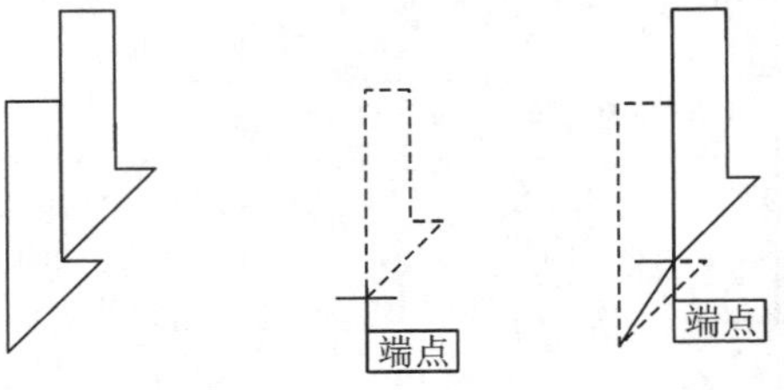

命令：co↙

选择对象：　　//框选

指定对角点：找到 5 个

选择对象：↙　//停止选择

当前设置：　复制模式 = 多个

指定基点或［位移(D)/模式(O)］<位移>：
//捕捉过程 1 中的端点

指定第二个点或 <使用第一个点作为位移>：　　//捕捉过程 2 中的端点，作为原基点复制后的新位置，即目标点

(a) 目标图　　(b) 过程1　　(c) 过程2

图 2.56

在实际做图中，复制一个对象，多个对象，还是一组对象的复制，是要根据实际情况灵活掌握的。所以，在拿到图时不要急着画，而是要先观察全图，考虑一种最简单，最省时的方法，这样会大大节省时间，日积月累，将会提高绘图技巧。

2) 偏移命令

该命令对于选定的封闭对象可以进行同心复制，对于不闭合对象进行平行复制，复制出的图形与原图形有一个由用户设置的偏移距离。

用　途	对选定的对象进行同心复制或平行复制
调用命令方式	"修改"菜单"偏移" 命令行：o 功能区——修改面板——"偏移"按钮
帮助索引关键字	offset
操作技巧	（1）偏移距离：是指同心或平行复制出的对象与源对象之间的距离。默认使用偏移距离的方法； （2）通过（T）：是以通过指定点的方式进行偏移，偏移生成的图形必须通过这个点，效果如图2.57所示。 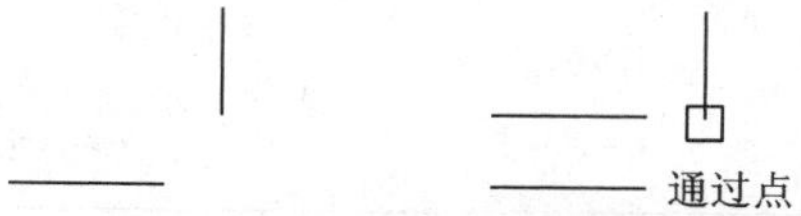 （3）指定点以确定偏移所在一侧：是要指出偏移生成的图形所在位置，是在源图形的内侧还是外侧，或是在源图形的上侧还是下侧

图 2.57　选择"通过"选项偏移直线

例 2.29　对图2.58中的图形进行偏移，要求偏移距离分别为100，生成对象在源对象的外侧或上侧（如图2.59）。（注意：图中圆形的半径必须大于100，即大于偏移距离，否则不能向内偏移）

命令：o↙

命令：o OFFSET

当前设置：删除源＝否　图层＝源　OFFSETGAPTYPE＝0

指定偏移距离或［通过（T）/删除（E）/图层（L）］＜通过＞：　100　　//给出偏移距离

选择要偏移的对象，或［退出（E）/放弃（U）］＜退出＞：　　　//点取要偏移的对象

指定要偏移的那一侧上的点，或［退出（E）/多个（M）/放弃（U）］＜退出＞：

//点取要偏移后的方位

……　　　　　　　　　//依次点取其他要偏移的对象并偏移

选择要偏移的对象，或［退出（E）/放弃（U）］＜退出＞：↙　　//结束操作

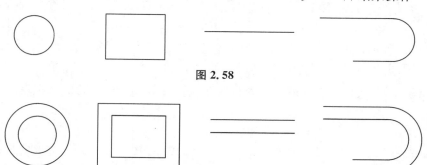

图 2.58

图 2.59

3）镜像命令

该命令用于将选定的一个或多个对象根据镜像线即某条直线进行复制，生成的图形与源图形依照镜像线对称。也就像物体照镜子一样，依照镜子表面这条直线在镜子里边生成与物体完全对称的图形。

用　途	依照镜像线复制与选中图形完全对称的图形
调用命令方式	"修改"菜单"镜像" 命令行：mi 功能区——修改面板——"镜像"按钮
帮助索引关键字	mirror
操作技巧	（1）镜像线的第一点和第二点：即通过指定两点确定一直线（镜像线）； （2）镜像线可以是源对象的一条边也可以是与源对象有一定距离且任意角度的一条直线； （3）镜像后如果需要删除源对象，则输入"Y"，否则按回车键

例如，画出图 2.60。

观察目标图，它是由两个对称的图形组成，所以我们可以先画出右边的一半，然后用镜像的方法镜像出左边的另一半。它的镜像线就是对象本身的一条竖线。

假设我们已经画出了右边一半的图形，下面介绍左边图形的过程。

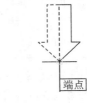

（a）原图　　　　（b）过程　　　　（c）目标图

图 2.60

命令：mi ↙

选择对象：　　　　　//选择源对象，用框选方法选择对象

指定对角点：找到 5 个

选择对象：↙　　　　　　　　　　//单击右键停止选择

指定镜像线的第一点：　　　　　　　//打开对象捕捉，捕捉到源对象左上角的端点

指定镜像线的第二点：　　　　　　　//捕捉到源对象左下角的端点

是否删除源对象？〔是（Y）/否（N）〕＜N＞:↙

我们也可以不用源对象的边作为镜像线，而是随意指定一条直线作为镜像线。做出的图如图 2.61所示。

如图 2.62 所示，如果被镜像的对象中包括文字，默认下镜像出来的文字是能正常显示。如果只希望文字能够反相，我们可以通过在命令行修改系统变量 mirrtext 的值来实现。

图 2.61

mirrtext=1　　　　　　　　　　　mirrtext=0

图 2.62

修改系统变量 mirrtext 的方法：

命令：mirrtext ↙

输入 mirrtext 新值 ＜0＞:1

然后再执行镜像命令。

4）阵列命令

该命令用于将选定的对象按矩形或环形的方向进行多个复制。矩形阵列后的每个对象之间的水平间距离相同，垂直间距离相同。环形阵列后的每个对象平均分布于一个圆上或一个指定角度的圆弧上。

用 途	将选定的对象按矩形或环形的方向进行多重复制
调用命令方式	"修改"菜单"阵列" 命令行：ar 功能区——修改面板——"阵列"按钮
帮助索引关键字	array
操作技巧	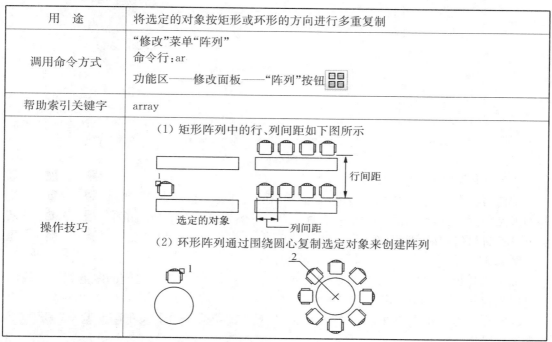 （1）矩形阵列中的行、列间距如下图所示 （2）环形阵列通过围绕圆心复制选定对象来创建阵列 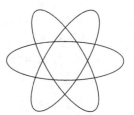

（1）环形阵列

例 2.30 绘制图 2.63。

观察图 2.63，它由三个相同大小，围绕椭圆中心旋转不同角度的椭圆组成。我们根据以前学过的内容，可以用复制且旋转的方法把它们画出来，但这样做，每次只能复制一个椭圆然后对其进行旋转，比较浪费时间。如果使用环形阵列，则可一次生成。

首先画出一个水平的椭圆形。然后对它进行阵列。

命令：ar ↙

//输入阵列命令然后回车，屏幕上弹出如图 2.64 所示对话框，选择"环形阵列"；

//鼠标移至"选择对象"前面的 按钮上并单击后，阵列对话框隐藏，选择椭圆；

选择对象：找到 1 个

选择对象：↙

// 停止选择，返回对话框

//对话框中，用鼠标点击"中心点"右边的图标按钮：

图 2.63

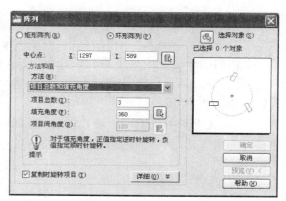

图 2.64

//打开对象捕捉,用鼠标捕捉椭圆中心

//其余设置如图 2.64,最后点击"确定"按钮。

以上我们做了一个选中"复制时旋转项目"的阵列图形,如果不选这一项,即阵列的同时不对阵列对象进行旋转,操作的结果如图 2.65 所示。

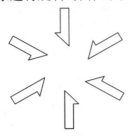 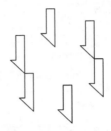

选中"复制时旋转项目"的阵列图形　　　不选"复制时旋转项目"的阵列图形

图 2.65

(2) 矩形阵列

默认情况下,行偏移如果是负值,则偏移出的行在源对象的下面;列偏移如果是负值,则偏移出的列在源对象的左边。下例先画出左下角的单个图形,所以行、列的偏移都是正值。

图 2.66

例 2.31　绘出一组柱子,如图 2.66 所示。

观察图 2.66,它是由一组三行四列的方形组成,列与列,行与行之间的距离相同。我们可以用复制的方法完成,但用矩形阵列的方法更加简单。

首先我们先画出左下角的一个正方形并为它填充黑色。

命令:ar↙

//在弹出阵列对话框中选择"矩形阵列";

//然后点击如图 2.67 所示对话框第一行右边的"选择对象"按钮;

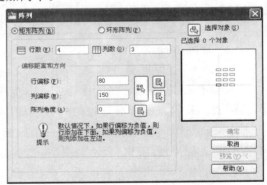

选择对象:

//框选黑色正方形

指定对角点:找到 2 个

选择对象:↙

//停止选择,返回对话框

图 2.67

//其余设置如图 2.67,最后点击"确定"按钮。

上面的例子是生成了不旋转的矩形阵列,如果在"阵列角度"后面输入某个角度,则阵列后的图形将会按这个角度旋转。如图 2.68 所示。

注意:从上图中我们可以看出,矩形阵列中的旋转只是使整个阵列旋转,而里面的对象并不旋转,这一点与圆形阵列不同。

图 2.68　输入阵列角度 45°,
阵列与水平线的夹角为 45°

2.2.24　圆角及倒角命令

1）圆角命令

该命令可以通过一个指定半径的圆弧光滑地将两个不相互生产平行且不相连的对象连接起来，也可以对夹角进行圆角处理。

用　途	对夹角进行圆角处理，或使不相连的对象用圆角连接
调用命令方式	"修改"菜单"圆角" 命令行：f 功能区——修改面板——"圆角"按钮，如果单击圆角按钮后面的三角形，可换为倒角按钮
帮助索引关键字	fillet
操作技巧	（1）多段线(P)：对选中的一条多段线的各个顶点处做圆角； （2）半径(R)：修改当前系统默认的圆角半径值，按照提示输入新值； （3）修剪(T)：是否修剪选定的边使其延伸到圆角端点，一般系统默认为修剪； （4）多个(U)：表示一次可以对多个选定对象同时进行圆角操作，否则一次只能做一个圆角

2）倒角命令

该命令是在两条直线上分别取一点并将这两个点用直线连接，连线组成的角就是倒角。两条平行线不能做倒角。

用　途	对两条直线的夹角进行倒角处理
调用命令方式	"修改"菜单"倒角" 命令行：cha 　　功能区——修改面板——"倒角"按钮，如果单击倒角按钮后面的三角形，可换为圆角按钮
帮助索引关键字	chamfer
操作技巧	（1）多段线(P)：输入 P 后回车，系统将对选中的一条多段线的各个顶点处做倒角，与圆角命令相同。 （2）距离(D)：输入 D 后回车，表示可以修改当前系统默认的倒角距离，按照提示输入新值即可，倒角距离如图 2.69 所示。 （3）角度(A)：表示可以选择输入倒角长度和倒角角度的方法做出倒角，如图 2.70 所示。 （4）修剪(T)：与圆角命令相同，可参照圆角的修剪方式，默认为修剪模式。 （5）方式(E)：该选项用来控制是以距离还是以角度来作为倒角的默认方式

指定第一个倒角距离<当前>：
指定第二个倒角距离<当前>：

指定第一条直线的倒角长度<当前>：
指定第一条直线的倒角角度<当前>：

距离相等

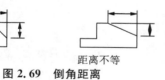
距离不等

图 2.69　倒角距离

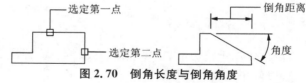

图 2.70　倒角长度与倒角角度

注意：如果将两个距离都设置为零，AutoCAD 将延伸或修剪相应的两条线以使二者终止于同一点。

2.2.25 打断对象

1）打断命令

该命令可以在对象上按指定的间隔将其分成两部分，并将指定的那部分间隔对象删除掉，使源对象上出现一定的间距。

用　途	在选定的两点之间打断指定对象
调用命令方式	"修改"菜单"打断" 命令行：break 功能区——修改面板——"打断"按钮
帮助索引关键字	break
操作技巧	（1）可以在第一个打断点选择对象，即在点选打断对象时这一点也是选择的第一个打断点，然后指定第二个打断点； （2）输入 F，回车后，也可以先选择对象，然后分别指定两个打断点

2）打断于点

该命令与打断命令相似，一样可以将一个对象打断为两个对象。但打断的对象之间没有间隙。

用　途	将选定的对象打断
调用命令方式	命令行：break 功能区——修改面板——"打断于点"按钮。
帮助索引关键字	break
操作技巧	默认先选择对象，然后点选一点作为打断点

2.2.26 合并对象

用　途	将相似的对象合并为一个对象
调用命令方式	"修改"菜单"合并" 命令行：join 功能区——修改面板——"合并"按钮
帮助索引关键字	join
操作技巧	（1）使用合并工具可合并圆弧、椭圆弧、直线、多段线、样条曲线等； （2）可以将打断于点的对象使用合并对象命令再次合并为一个对象

2.2.27 分解命令

该命令用于将矩形、正多边形、多段线、块、标注等对象分解成由多个直线，圆弧组成的对象，以便于对它的操作。

用　途	将一个整体对象分解成由直线和圆弧等单独对象组成的对象
调用命令方式	"修改"菜单"分解" 命令行:x 功能区——修改面板——"分解"按钮
帮助索引关键字	explode
操作技巧	（1）输入命令后,只要把要分解的对象选定后单击鼠标右键即可; （2）可以选择多个对象一起进行分解; （3）如果对多段线执行分解命令,则有一定宽度的多段线的宽度将变为 0; （4）分解标注或图案填充后,将失去其所有的关联性,标注或填充对象被替换为单个对象; （5）如果使用属性分解块,属性值将丢失,只剩下属性定义。分解的块参照中的对象的颜色和线型可以改变

2.2.28　拉伸和拉长命令

1）拉伸命令

该命令实际应用中比较灵活,它源于对单个夹持点的操作,而将对单个夹持点转化成多个夹持点。

该命令用于将对象在某个方向上按指定的尺寸变形。执行该命令时,需要指定基点和位移的第二个点。这个命令和移动命令的提示相似,当选中整个对象进行拉伸时,就会移动这个对象。

用　途	可以调整对象大小使其在一个方向上或是按比例增大或缩小
调用命令方式	"修改"菜单"拉伸" 命令行:s 功能区——修改面板——"拉伸"按钮
帮助索引关键字	stretch
操作技巧	（1）选择拉伸对象一定要用右框选,并且只能框住要拉伸的顶点; （2）如果选中整个对象拉伸,或使用点选,就变成了移动这个对象

如对图 2.71 中两个顶点拉伸,结果如图 2.72 所示。

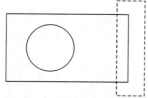

图 2.71　拉伸命令选择矩形
右边的两个顶点

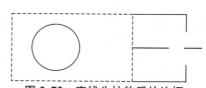

图 2.72　实线为拉伸后的边框,
虚线为原有边框

如果,选中了全部图形,拉伸的结果也就是移动对象。

2）拉长命令

该命令用于拉长和缩短对象,但它与延伸命令不同。延伸命令用于将对象延伸到指定边,而拉长命令可以把对象拉长到任意长度。

用　途	拉长和缩短对象
调用命令方式	"修改"菜单"拉长" 命令行：len 功能区——修改面板——"拉长"按钮 
帮助索引关键字	lengthen
操作技巧	（1）增量（DE）：表示通过输入长度增加量或角度增加量来拉长对象； （2）百分数（P）：通过输入新的长度或角度与原长度或角度的百分比来拉长对象； （3）全部（T）：通过输入要拉长的总长度或总角度来拉长对象； （4）动态（DY）：通过拖动对象的端点来改变对象的长度； （5）拉伸直线或圆弧时，在左端点附近单击则拉伸左端点，在右端点附近单击则拉伸右端点

例如，拉长图 2.73 左图中的直线，使它的长度变为原来的 200%，结果如右图所示。

命令：len ↙

选择对象或［增量（DE）/百分数（P）/全部（T）/动态（DY）］：p ↙

//通过百分数来拉长对象

输入长度百分数 <100.0000>：200

//输入 200，即长度是原长的二倍

选择要修改的对象或［放弃（U）］：

//在直线的下端点单击鼠标，则向下拉长直线

选择要修改的对象或［放弃（U）］：↙

图 2.73

2.2.29　夹点编辑

是一种更简单的对象修改工具，可以通过拖动夹点直接编辑对象，如拉伸、移动、旋转、缩放等。夹点是一些实心的小方框，选定对象时，对象的关键点上将出现夹点，如图 2.74 所示。

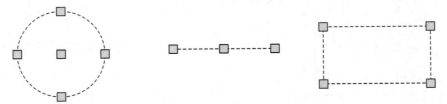

图 2.74　各类图形的夹点

用　途	修改图形对象
调用命令方式	选中对象后，对象的关键点上将出现夹点
帮助索引关键字	无

| 操作技巧 | （1）使用夹点拉伸对象：通过将选定的夹点移动到新的位置来拉伸对象。移动文字、块参照、直线中点、圆心和点对象的夹点，则是移动对象。这是移动块参照和调整标的好方法。
（2）使用夹点移动：通过选定的夹点移动对象，选定的对象被亮显并按指定的下一点位置移动一定的方向和距离。
（3）使用夹点旋转：通过拖动和指定点位置来绕基点旋转选定对象。
（4）使用夹点缩放：相对于基点缩放选定对象。通过从基夹点向外拖动并指定点位置来增大对象尺寸，或通过向内拖动减小尺寸，也可以为相对缩放输入一个值。
（5）使用夹点创建镜像：可以沿临时镜像线为选定的对象创建镜像。
（6）选择和修改多个夹点：可以使用多个夹点作为操作的基夹点。选择多个夹点时，选定夹点间对象的形状将保持原样。要选择多个夹点，请按住 Shift 键，然后选择适当的夹点 |

2.2.30　对齐

用　途	可以通过移动、旋转或倾斜对象来使该对象与另一个对象对齐
调用命令方式	"修改"菜单"三维操作"——"对齐" 命令行：al 功能区——修改面板——"对齐"按钮
帮助索引关键字	align
操作技巧	要对齐的对象与另一对象对齐的源点、目标点选择是关键

例 2.32　如图 2.75，将左侧的图形与直线对齐。

命令：align↙
选择对象：找到 1 个
//选择左侧的图形
选择对象：↙
指定第一个源点：
　　　　　　//点选左侧图形的第

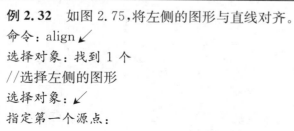

图 2.75　对齐命令执行前后的样子

1 点
指定第一个目标点：　　//点选直线的第 1 点
指定第二个源点：　　//点选左侧图形的第 2 点
指定第二个目标点：　　//点选直线的第 2 点
指定第三个源点或 ＜继续＞：↙
是否基于对齐点缩放对象？［是（Y）/否（N）］＜否＞：↙

2.2.31　面域

面域是利用闭合环形的对象创建的二维闭合区域。环可以是直线、多段线、圆、圆弧、椭圆、椭圆弧和样条曲线的组合。组成环的对象必须闭合或通过与其他对象共享端点而形成闭合的区域。

用　途	生成面域
调用命令方式	"绘图"菜单"面域" 命令行：reg 功能区——绘图面板——"面域"按钮
帮助索引关键字	region
操作技巧	也可以通过"绘图"——"边界"命令，在对话框中选择"面域"，用拾取点的方法生成面域

例 2.33 将图 2.76 中的圆形创建面域。

命令：_region

选择对象：指定对角点：找到 3 个　　　//框选三个圆形

选择对象：

已提取 3 个环。

已创建 3 个面域。

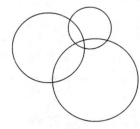

图 2.76

2.2.32　面域的布尔运算

1）并集

单击菜单"修改"→"实体编辑"→"并集"，选择面域，可以将面域合并成一个面域。如图 2.77 所示，是将图 2.76 并集后的结果。

图 2.77　并　　集　　　　　　图 2.78　交　　集

2）交集

单击菜单"修改"→"实体编辑"→"交集"，选择面域，将删除除相交面域重叠部分之外的面域。如图 2.78 所示，是将图 2.76 交集后的结果。

3）差集

单击菜单"修改"→"实体编辑"→"差集"，选择面域，则从选定面域中减去一个与之相交的面域。如图 2.79 所示，用三个面域中最大的一个减去另外两个面域，差集后的结果。

图 2.79　差集的过程和结果

实验三　基本绘图命令的使用

一、实验目的

1. 熟悉 AutoCAD 2010 的绘图工具和修改工具、各种绘图、编辑命令的几种调用方法（菜单、功能区面板、命令行等）；

2. 注意空格、回车和鼠标右键的使用；

3. 认识命令提示，灵活应用对象捕捉、正交；

4. 进一步巩固正交下的相对坐标和极坐标的使用；

5. 平时操作时，没有特殊情况下，对象捕捉模式设为"全部选择"；

6. 掌握基本绘图命令。

二、操作内容

1. 绘制零件图，如实验图 3.1 所示。

作图思路及步骤提示：

（1）用直线或多段线命令从任一点开始画起，在正交下按顺序绘制一段后，移动鼠标方向，绘制下一线段，最后闭合于起点；

（2）取两直线凹进部分线段的中点作辅助线，取交点作为圆心，绘圆形。

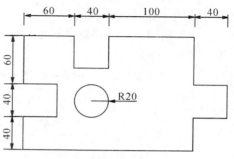

实验图 3.1

2. 作残疾人标志图，如实验图 3.2 所示。

实验图 3.2　残疾人标志图

作图思路及步骤提示：

（1）按提示的步骤来做，适当添加辅助线；

（2）头部与直线之间为相切关系，此时绘制直线时，对象捕捉只捕捉切点，直线段先点取头部一点，后点取另一端；

（3）注意圆弧的起点、端点和方向之间的关系（也可绘圆后，执行打断命令，此时要注意打断点点取的先后次序）。

3. 按要求作半径为 8 的圆，如实验图 3.3 所示。

过程如下（"正交"设置下）：

命令：l↙

指定第一点：

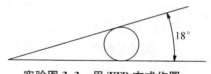

实验图 3.3　用 TTR 方式作圆

	//水平线右点为起点
指定下一点或［放弃(U)］：	//水平线左点
指定下一点或［放弃(U)］：＜18↙	//"＜"表示极坐标方式，18 为角度
角度替代：18	
指定下一点或［放弃(U)］：	//斜线右点
指定下一点或［闭合(C)/放弃(U)］：↙	//结束直线命令操作

命令：c↙
CIRCLE 指定圆的圆心或［三点(3P)/两点(2P)/切点、切点、半径(T)］：t↙
指定对象与圆的第一个切点：   //依次点取两直线
指定对象与圆的第二个切点：
指定圆的半径 ＜8.0000＞：8↙
命令：

4. 绘制实验图 3.4。

作图思路及步骤提示：

(1) 该图中有一段没有数据，其他都有相关数据，因此这一段要在确定出此线段的两端点后才能绘制；

(2) 建议使用正交下输入长度的方法绘制，角度问题可参考上一题做法。

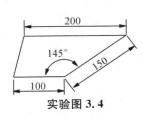

实验图 3.4

实验图 3.5

5. 绘制实验图 3.5。

作图思路及步骤提示：

(1) 最内和最外两个圆如先绘制，则中间三个圆相对较难绘制出，因此，我们先绘制中间的三个圆，再绘制最内和最外的两个圆；

(2) 最内和最外的两圆分别与其他三个圆相切，故要用三个相切方式绘圆。

6. 根据第三题和第五题的方法，绘制实验图 3.6。

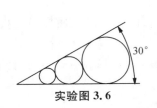

实验图 3.6

实验图 3.7

7. 绘制实验图 3.7，注意正五边形的绘制和点的捕捉。

8. 绘制实验图 3.8(a)，其关键绘制过程见 b 至 d。

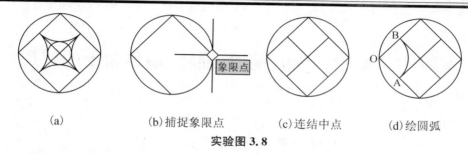

(a)　　　　　　(b)捕捉象限点　　　　(c)连结中点　　　　(d)绘圆弧

实验图 3.8

9. 绘制实验图 3.9。

（1）先绘制左下角的两个圆,绘制任意长度直线,端点作为圆心,捕捉中点得半径绘圆;

（2）然后使用相切、相切、半径的方法绘制出其他的圆(此时的半径为默认数值,如果绘制的圆与左下角的两圆半径不等,则请删除左下角一圆后,先绘制左下角一圆后,再绘制其余的圆)。

实验图 3.9　　　　　　**实验图 3.10**　　　　　　**实验图 3.11**

10. 绘制实验图 3.10 和绘制实验图 3.11,要求:

（1）使用矩形命令中调整参数方法绘制;

（2）在矩形半径为零和两直角数据为零时绘制矩形,再用倒圆角和倒直角命令得到图形结果。

12. 绘制实验图 3.12～图 3.15,注意多段线的使用。

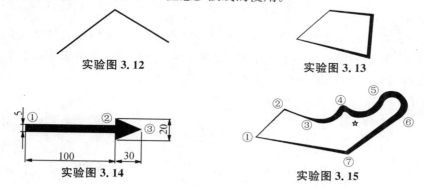

实验图 3.12　　　　　　　　　　　　　　　**实验图 3.13**

实验图 3.14　　　　　　　　　　　　　　　**实验图 3.15**

实验四　复制、移动、镜像、旋转、偏移命令的使用

一、实验目的

1. 灵活运用复制、移动、镜像、旋转、偏移等命令；

2. 能初步学习分析图形，并在绘制图形过程中适当添加辅助线；

3. 灵活运用对象捕捉和坐标系统。

二、操作内容

1. 绘制实验图 4.1（第一个图的锐角为 45°）。

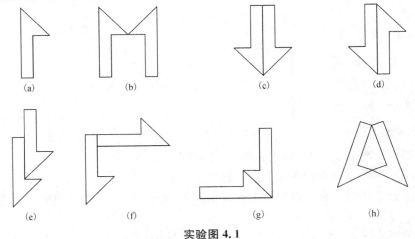

　　(a)　　　　　　　　(b)　　　　　　　　(c)　　　　　　　　(d)

　　(e)　　　　　　　　(f)　　　　　　　　(g)　　　　　　　　(h)

实验图 4.1

思路分析：

后面七个图都是在第一个图之上变化而来，除最后一图（添加垂直辅助线）使用到"对齐"命令外，其余都是对第一个图上使用复制、移动、镜像、旋转等这些基本命令获得。

2. 绘制实验图 4.2，图形左右、上下对称，线与圆相切。

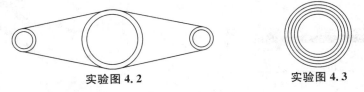

实验图 4.2　　　　　　　　　　　　　实验图 4.3

3. 绘制如实验图 4.3 所示同心圆。

4. 绘制实验图 4.4，角点在圆心上，夹角角度大小任意。

5. 绘制实验图 4.5，大小头管壁间一般使用偏移产生，但也请用户练习使用复制方法，比较它们产生的不同之处。另此图中的虚线请使用 lts（line type scale）全局比例命令适当调整。

6. 绘制实验图 4.6 所示的滑轮组，绘制时注意如下提示：

（1）两轮间的直线与圆间相切；

（2）直线上的箭头使用"对齐"命令实现；

（3）注意整体比例协调；

（4）此处对最上面的斜线不作要求，它的做法为：绘制一个矩形后，填充相应图案并调整图案的比例，执行"分解"命令，删除多余对象。

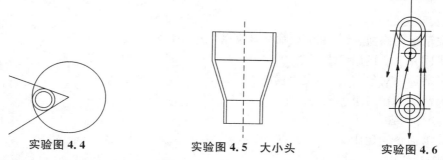

实验图 4.4　　　　　　　　实验图 4.5　大小头　　　　　　实验图 4.6

7. 绘制实验图 4.7，绘制时注意：

（1）箭头为多段线绘制产生，可使用夹持点调整带箭头的直线长短；

（2）圆弧弦长与弦上的高为 4∶1 的关系。

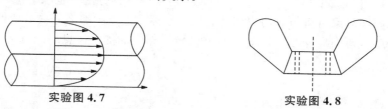

实验图 4.7　　　　　　　　　　　　　　实验图 4.8

8. 绘制实验图 4.8，两耳对称，斜线方向与圆弧为任意，但要注意整体美观。

实验五　修剪、拉伸、缩放命令和夹持点的使用

一、实验目的

1. 灵活运用修剪、拉伸和缩放命令及夹持点的使用；

2. 巩固并灵活运用已学命令；

3. 灵活运用对象捕捉、正交等辅助绘图工具；

4. 灵活运用相对坐标使用方法。

二、操作内容

1. 修剪命令的运用。

（1）图标认识：

修剪图标为<u>两相交的直线</u>，其中一直线的一部分为虚线，另一部分为实线；

（2）基本技巧：

选择"剪切边"对象时按＿＿＿＿、＿＿＿＿或＿＿＿＿（三种方法）表示全选，即全部作为剪切边对象；在剪切对象时<u>将与剪切边相交的且是鼠标左键点中那部分被剪切掉</u>。

根据此方法，请用户练习实验图 5.1，并注意操作中的提示信息。

实验图 **5.1**　修剪的基本技巧

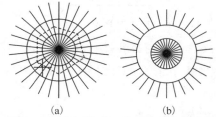

实验图 **5.2**　选择修剪对象时运用 F 选择方法

（3）技能提高：

在选择对象和选择要修剪对象时，使用 F（Fence 栏杆）与这些对象相交，如实验图 5.2 所示。

实验图 5.2(a) 中的直线为一个直线以圆心为中心点进行环形阵列方式获得；虚线是执行修剪时使用 F 选项后产生的瞬时效果。

2. 绘制实验图 5.3，注意修剪的位置。

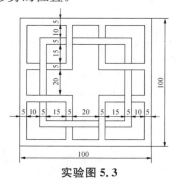

实验图 **5.3**

3. 绘制实验图 5.4,绘图的关键步骤已列出。

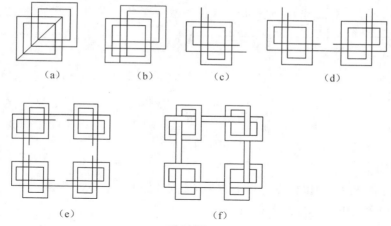

（a）　　　　　（b）　　　　　（c）　　　　　　　　（d）

（e）　　　　　　　　　　　　　　（f）

实验图 5.4

4. 利用实验图 5.3,按实验图 5.5 中的步骤,练习拉伸命令的使用。

注意:拉伸时选择方法为框选中的_____方式,如果使用正向包含的框选方法,会出现包含于框选中的内容移动的效果。

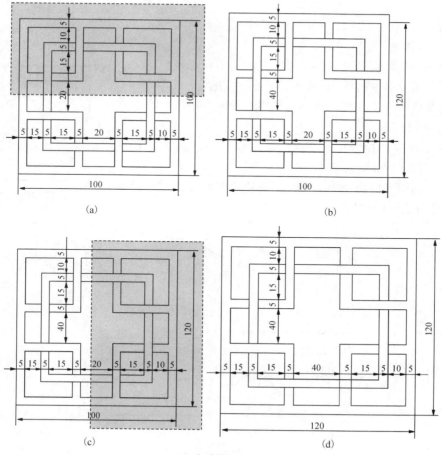

实验图 5.5

5. 夹持点的灵活运用

如实验图 5.6 所示,已知 a 图(下面三线各一端点在水平线的中点上),要实现 d 图。

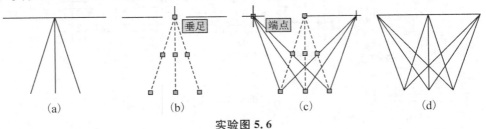

实验图 5.6

操作思路为:

(1) 三线全部选中,用鼠标点中最上方的夹持点,如 b 图;

(2) 此时命令行的提示信息及执行为:

命令:

＊＊拉伸＊＊

指定拉伸点或 [基点(B)/复制(C)/放弃(U)/退出(X)]:c↙

　　//执行 C 选项

⋯⋯

指定拉伸点或 [基点(B)/复制(C)/放弃(U)/退出(X)]:↙

命令:＊取消＊

　　//按键盘 ESC 键盘取消夹持点的选中状态

6. 基本缩放命令的使用:请参见图 2.52,并练习绘制。

7. 请参见图 2.53 的操作过程,利用缩放命令中的"参照"选项绘制实验图 5.7。

说明:执行缩放命令中的"参照"选项时,要求输入原长度时,点取 P1、P2 两点,新长度为 75。

8. 再次利用缩放命令中的"参照"选项绘制实验图 5.8,注意思考的方法及绘图的过程。

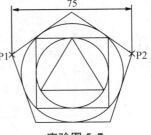

实验图 5.7

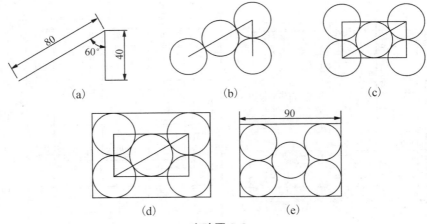

实验图 5.8

9. 按实验图 5.9 中的步骤,练习缩放操作中的"复制"选项及透明命令的使用。

命令：sc ✓

选择对象：　　　　　//选择最
外两圆弧,以下相同

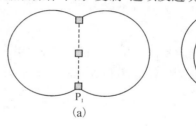

(a)　　　　　　　　　　　　　　(b)

实验图 5.9

指定对角点：找到 2 个

选择对象：✓　　　//停止选择

指定基点：　　　//以 P1 点为基
点,以下相同

指定比例因子或［复制(C)/参照(R)］<0.5000>：　c ✓

缩放一组选定对象。

指定比例因子或［复制(C)/参照(R)］<0.5000>：

'cal ✓　　　　//透明命令,calculate 计算

>>>> 表达式：sqrt(2/3) ✓//输入开平方表达式

正在恢复执行 SCALE 命令。

指定比例因子或［复制(C)/参照(R)］<0.5000>：　0.81649658092773　　　　　//系统
自动计算并替代数据

命令：sc ✓　　　　//重复执行此命令,表达式发生变化

……　　　　　　　　//选择对象与指定基点操作与上相同

指定比例因子或［复制(C)/参照(R)］<0.8165>：　c ✓

缩放一组选定对象。

指定比例因子或［复制(C)/参照(R)］<0.8165>：　'cal ✓

>>>> 表达式：sqrt(1/2) ✓

正在恢复执行 SCALE 命令。

指定比例因子或［复制(C)/参照(R)］<0.8165>：　0.70710678118655

命令：

命令：sc ✓

……

指定比例因子或［复制(C)/参照(R)］<0.7071>：　c ✓

缩放一组选定对象。

指定比例因子或［复制(C)/参照(R)］<0.7071>：　'cal ✓

>>>> 表达式：sqrt(1/3) ✓

正在恢复执行 SCALE 命令。

指定比例因子或［复制(C)/参照(R)］<0.7071>：　0.57735026918963

命令：sc ✓

……

指定比例因子或［复制(C)/参照(R)］<0.5774>：c ✓

缩放一组选定对象。

指定比例因子或［复制(C)/参照(R)］<0.5774>：'cal ✓

>>>> 表达式：sin(30) ✓

正在恢复执行 SCALE 命令。

指定比例因子或 [复制(C)/参照(R)] <0.5774>：　0.5

命令：

此处缩放过程中同时复制产生出新的对象，请用户练习，若将基点放在 a 图直线的中点下，执行此缩放过程，会产生什么样的结果。

实验六　阵列命令的使用

一、实验目的

1. 灵活使用阵列命令,要求对阵列对话框中内容养成逐行操作的习惯;
2. 注意辅助绘图工具和辅助线的使用;
3. 注意分析图形,尽可能将其分解成最细小的图形单元后,使用复制、阵列等操作。

二、操作内容

1. 绘制实验图 6.1。

思路提示:

(1) a 图夹角 45°,夹角内圆与两直线及中心圆相切。

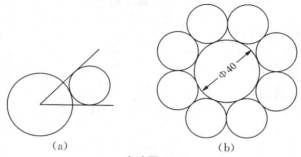

　　　(a)　　　　　　　　　　　　　　　　(b)

实验图 6.1

2. 绘制实验图 6.2。

思路提示:

(1)提示圆内的圆弧为以圆上象限点为圆心到图中圆的圆心为半径作圆后剪切后的结果;

(2)环形阵列时的项目总数为圆上的顶点数,此处顶点为 6。

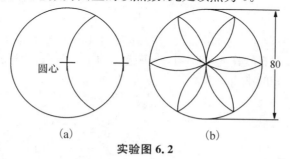

　　　(a)　　　　　　　　　　　　　　　　(b)

实验图 6.2

3. 绘制实验图 6.3。

思路提示:

(1) a 图中,三点确定一圆弧后,利用正六边形中心点阵列;

(2) b 图中,同样三点确定一圆弧后,利用正六边形中心点阵列。

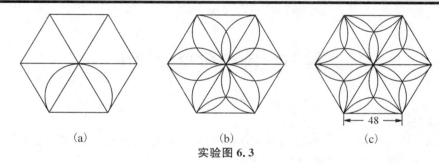

实验图 6.3

4. 绘制实验图 6.4。

思路提示：

（1）圆内接正六边形，注意正六边形的一角点与圆的上部象限点重合；

（2）圆弧阵列后修剪相应位置。

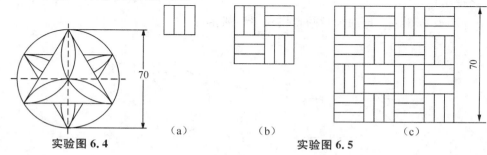

实验图 6.4   实验图 6.5

5. 绘制实验图 6.5。

思路提示：

（1）正交下，绘制水平长 70 的直线，并使用夹持点方法，拖动一端点至直线中点得半长，重复此操作，得原来的 1/4 长；同样绘制垂直上与新直线相同的长度；

（2）对新得的水平直线三等分，并将垂直和水平直线复制后产生实验图 6.5(a)图；

（3）以 a 图右下角为阵列中心点，得 b 图；

（4）以 b 图右下角为阵列中心点，得 c 图（或使用复制的方法得 c 图）。

6. 绘制实验图 6.6。

思路提示：

（1）正交下，绘制垂直上长 20 的直线，并偏移产生其他直线；然后绘制圆和水平直线；

（2）以 a 图中的水平直线作为剪切边，修剪去圆的上半部分，再删除水平直线；

（3）以直线最右上处的端点为阵列中心点，阵列产生 c 图。

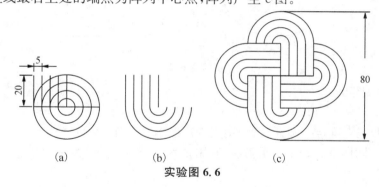

实验图 6.6

7. 绘制实验图 6.7。

思路提示：

（1）这两个图都是对另一半进行了翻转，这时最好利用阵列实现，它们的项目总数均为 2；

（2）a 图要对直径进行六等分，b 图要对半径进行 4 等分；

（3）注意 b 图中虚线的处理。

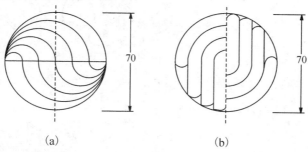

（a）　　　　　　　　　　　　　　　（b）

实验图 6.7

8. 绘制实验图 6.8 所示的树叶形图案。

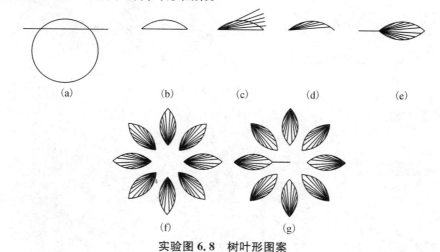

（a）　　　　　（b）　　　　　（c）　　　　　（d）　　　　　（e）

（f）　　　　　　　　　（g）

实验图 6.8　树叶形图案

9. 绘制实验图 6.9，a 图为有共同端的两直线，b 图为以共同端为中心阵列后的结果。

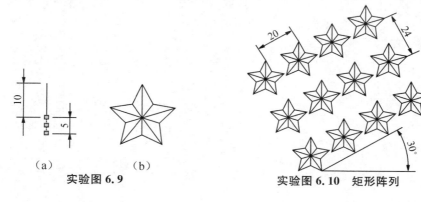

（a）　　　　　　　　（b）

实验图 6.9

实验图 6.10　矩形阵列

10. 绘制实验图 6.10,它是在实验图 6.9 之上进行矩形阵列的结果,行间距为 24,列间距为 20,角度 30°。

11. 绘制实验图 6.11。

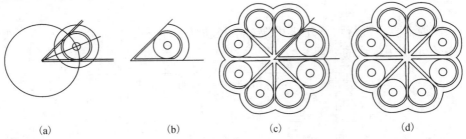

(a)   (b)   (c)   (d)

实验图 6.11

12. 绘制实验图 6.12 所示相切的树叶。

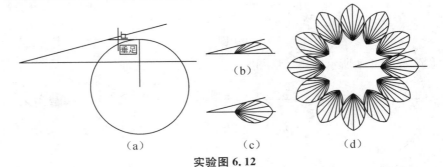

（a）   （b）   （c）   （d）

实验图 6.12

13. 绘制实验图 6.13,注意缩放命令中参照长度的量取与使用。

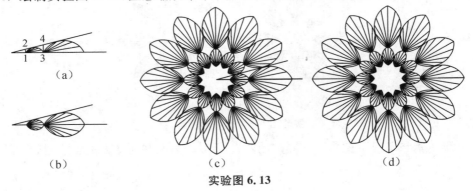

（a）   （b）   （c）   （d）

实验图 6.13

实验七　基本命令综合练习1

一、实验目的

1. 熟练运用 CAD 基本命令进行综合绘图；

2. 学会分析图形，将图形分解成一些基本图形，了解基本图形间关系；

3. 能在图形绘制需要时适当地添加辅助线等。

二、操作内容

1. 观察实验图 7.1 和实验图 7.2，它们有何共同之处？不同之处你打算用什么方法绘制？还有其他方法吗？如有可能，与周围的人讨论一下，并进行绘制比较哪个方法更便捷。

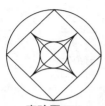
实验图 7.1

实验图 7.2

（a）

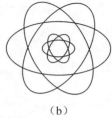
（b）

实验图 7.3

2. 观察实验图 7.3 中两图，共同之处如何实现？ b 图中里面的是如何实现的？注意利用缩放时的"复制"选项及基点位置。

3. 实验图 7.4 的做法参考实验图 6.1 的做法，请注意角度为 30°。

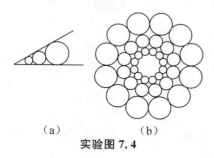
（a）　　　　　　（b）
实验图 7.4

实验图 7.5

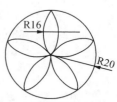
实验图 7.6

4. 绘制实验图 7.5，以圆上一个顶点作为一个单元，或在直角内各绘制半个角点。

5. 绘制实验图 7.6，要从圆心和圆最上面的象限点上作两个半径 16 的辅助圆，找到圆弧的圆心后，绘制半径 16 的圆，然后修剪得到圆弧。

6. 绘制实验图 7.7。

7. 绘制实验图 7.8，注意两个头子只要做一个，另一个沿 −45° 镜像产生。

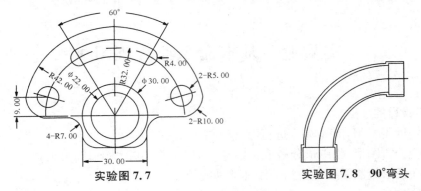

实验图 7.7   实验图 7.8 90°弯头

8. 绘制如实验图 7.9～图 7.16 所示的常见元件图形。

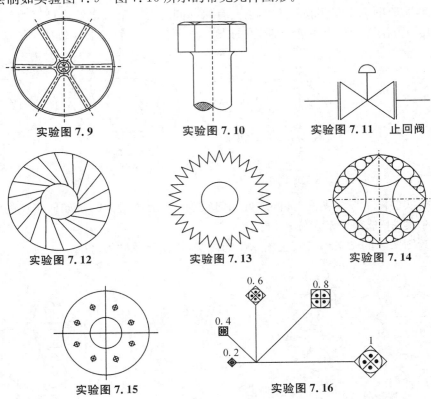

实验图 7.9   实验图 7.10   实验图 7.11   止回阀

实验图 7.12   实验图 7.13   实验图 7.14

实验图 7.15   实验图 7.16

实验八　基本命令综合练习 2

一、实验目的

1. 熟练运用 CAD 基本命令进行综合绘图；
2. 学会分析图形，将图形分解成一些基本图形，了解基本图形间关系；
3. 能在图形绘制需要时适当地添加辅助线等。

二、操作内容

1. 绘制实验图 8.1(1)和实验图 8.1(2)。

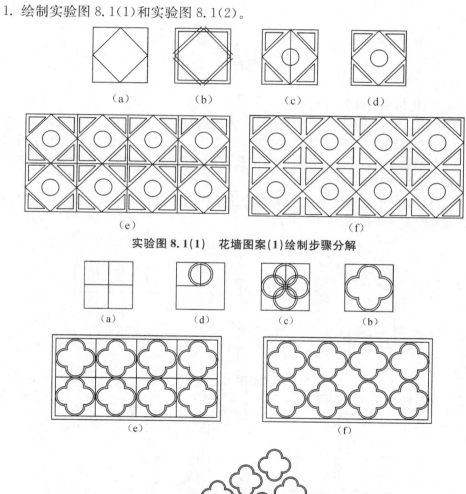

实验图 8.1(1)　花墙图案(1)绘制步骤分解

实验图 8.1(2)　花墙图案(2)绘制步骤分解

2. 练习实验图 8.2,掌握面域及布尔运算命令的使用。

差集   交集   并集   差集

实验图 8.2

3. 练习实验图 8.3,掌握边界命令生成不规则多段线或面域的方法。

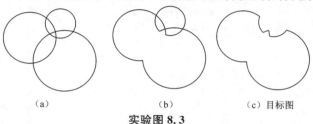

（a）   （b）   （c）目标图

实验图 8.3

思路提示:

（1）从 a 图作相应的修剪生成 b 图;

（2）在命令行上执行"bo"(boundary)命令(或执行菜单"绘图"→"边界"命令),在出现的对话框中的"对象类型"选择为"多段线"后,点击"确定"按钮,用鼠标点击生成的多段线中间空白处,此时会出现虚线样式,命令行中提示信息为"拾取内部点:",等待用户再次点取其他点,此处结束拾取点,故按空格键;

（3）执行移动命令,选择对象时,用鼠标点击生成的线框上,将生成的多段线移到一边。

4. 绘制实验图 8.4 所示的地砖图案。

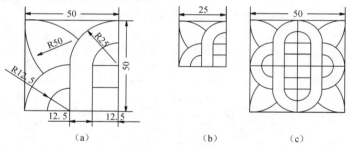

（a）   （b）   （c）

实验图 8.4

5. 绘制实验图 8.5 和实验图 8.6。

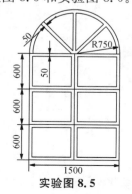

实验图 8.5

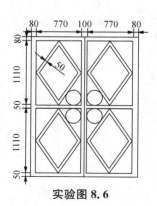

实验图 8.6

6. 绘制实验图 8.7,注意环形阵列的灵活使用。

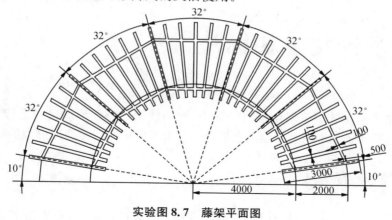

实验图 8.7　藤架平面图

第 3 章　文字和标注

图形中经常出现文字来对图形进行说明,而标注则是对图形的尺寸进行标示说明,这两个在图形中都属于基本内容。绘图者通过文字和标注向人们传递图形中的明确信息。

3.1　文字及表格

AutoCAD 虽是专业的绘图软件,但其文字编辑功能也很强大,它提供了多种创建文字的方法,如单行文字和多行或段落文字;而且,它还可对其字体、大小和颜色等特性进行设置。

3.1.1　设置文字样式

文字样式包括文字的字体、字高、文字倾角等参数。如果在创建文字之前未对文字样式进行定义,键入的所有文字将都使用当前文字样式,也即默认字体和格式设置,如果要使用其他文字样式来创建文字,可以将其他文字样式置于当前。AutoCAD 默认的是标准文字样式。

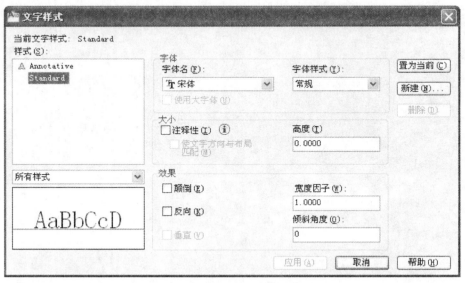

图 3.1　"文字样式"对话框

执行菜单"格式"→"文字样式"命令(或点击图标 A),会出现如图 3.1 所示对话框,该对话框中默认情况下文字样式为 Standard。在该项对话框中可对文字进行"字体"、"大小"、"效果"等设置。

1) 字体:提供了字体名称、字体样式和高度选项

（1）字体名称：在该下拉列表中选择一种字体，并通过"文字样式"对话框中的"预览"窗口对所选字体进行预览。

（2）字体样式：该选项为所选字体提供了不同的字体样式。用户可根据需要选择"常规"、"粗体"或"斜体"等字体样式。选定"使用大字体"后，该选项变为"大字体"，用于选择大字体文件。

（3）使用大字体：该选项只有在"字体名称"中选择 shx 字体文件时才可用。

2）大小：更改文字的大小

文字高度：根据输入的值设置文字高度。如果输入 0.0，则文字高度将默认为上次使用的文字高度，或使用存储在图形样板文件中的值。

3）效果：修改字体的特性，包括：颠倒、反向、垂直、宽度因子、倾斜角度

建筑图形中的字体常采用仿宋字体，且方字的宽度因子为 0.67（或 0.7）。

3.1.2　输入文字

AutoCAD 中可以使用两种方式标注文本：一种是单行标注（text），另一种多行标注文字（mtext）。单行标注是指在标注文本时每次只能输入一行文本，不自动换行（可按回车键强制换行）。多行标注是指一次可以输入多行文本。

1）单行文字输入

在命令行中执行命令 text（或菜单"绘图"→"文字"→"单行文字"），会出现要求用户输入文字样式、文字高度、对齐等提示信息。其中文字的对正方式见图 3.2 所示。

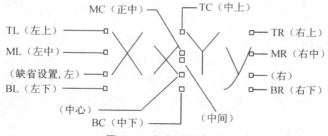

图 3.2　文字对正方式

2）多行文字输入

在命令行中执行命令 mtext（或菜单"绘图"→"文字"→"多行文字"），会出现如图 3.3 所示的文字段落编辑器，它与微软的 Word 中的段落编辑器样式相同，此时用户可输入多行文字。

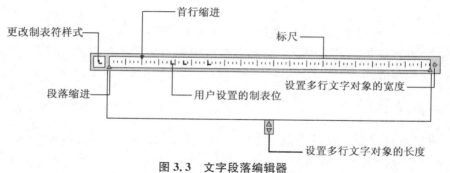

图 3.3　文字段落编辑器

多行文字输入时,文字输入区会自动默认为一个段落的形式,同时功能区面板也显示文字格式编辑器,因而可像在 Word 中一样对段落中的文字进行不同字体、字高等设置。对多行文字进行编辑时,将鼠标放在标尺右边的边界上,鼠标图标变为左右箭头,此时按住鼠标可调整多行文字的显示宽度。

图 3.4 双击后的单行文字

3) 特殊符号输入:

%%c	%%p	%%d
φ	±	°

3.1.3 编辑文字

1) 编辑单行文字

对于已经标注好的单行文字可以修改其文字特性和文字内容,修改文字内容只需要双击文字就可以在绘图区直接修改,如图 3.4 所示。

单击文字系统将弹出"特性"对话框,如图 3.5 所示,通过文字特性来修改文字的样式。

图 3.5 "文字特性"对话框

2) 编辑多行文字

修改多行文字内容可以直接双击文字,然后直接在文字编辑状态下修改文字内容;也可以先选择文字,再右击鼠标,在弹出的快捷菜单中选择"编辑多行文字"命令,使多行文字处于编辑状态;或者单击多行文字,即会出现"特性"面板,对文字进行相应的编辑和修改。

3.1.4 查找与替换

为了方便用户,AutoCAD 中也有"查找和替换"功能,能够方便查找文字。它的操作与 Word 中的查找替换类同。在此不再赘述。

3.2 表格

表格在 Office 软件里比较常用,但是在 AutoCAD 里表格是由单元矩形矩阵构成的,单元中包含注释(主要是文字、块等)。AutoCAD2010 具有智能表格对象,不用手工绘制图形表格,节省了很多时间。

3.2.1 创建表格

执行功能区选项卡"插入"下 **A** 组中的"表格"按钮,会出现如图 3.6 所示的插入表格对话框,在此对话框中设置好相应的内容后,点击"确定"按钮,会自动返回到绘图区,在绘图区中点击鼠标后,会出现表格,并等待用户输入标题。

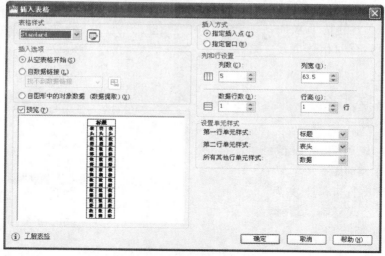

图 3.6　"插入表格"对话框

3.2.2　调整表格的行高、列宽

　　点击表格,会出现如图 3.7 所示的样式,此处出现许多夹持点,用户可拖动夹持点改变行高和列宽。调整时,请用户注意各个夹持点的不同提示信息,其内容如图 3.8 所示。

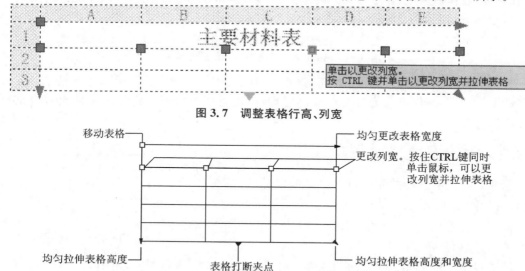

图 3.7　调整表格行高、列宽

移动表格——　　　　　　　　　　　——均匀更改表格宽度

更改列宽。按住CTRL键同时单击鼠标,可以更改列宽并拉伸表格

均匀拉伸表格高度——　　表格打断夹点　　——均匀拉伸表格高度和宽度

图 3.8　不同夹持点的相应提示信息

3.2.3　合并、删除单元格等的操作

　　1)选择多个单元连续单元的方法:

　　(1)用鼠标单击一个单元格后,并在多个单元上拖动。

　　(2)用鼠标单击一个单元格后,按住 Shift 键并在另一个单元内单击,可以同时选中这两个单元以及它们之间的所有单元。

2）合并单元格

选中单元后，单击右键，然后使用快捷菜单上的选项来插入或删除列和行、合并相邻单元或进行其他修改。

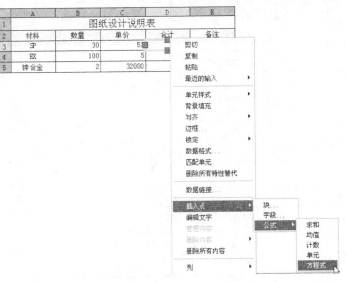

3.2.4　表格中公式的使用

在 CAD2010 中也可以像 Excel 软件一样，利用公式对单元内数值做求和、平均和计数等运算，并可进行公式复制。其操作方法如图 3.9 所示。

图 3.9　"公式"的快捷菜单

3.3　尺寸标注

对仅完成绘图工作的图形，无论采用多精确的打印比例，也不足以向生产人员传达足够的设计信息。使用尺寸标注可以清楚准确地传达绘图者的设计信息。尺寸标注是一种通用的图形注释，它可以显示对象的测量值、对象之间的距离或角度等，因而能作为数据查询。其工具条如图 3.10 所示。

图 3.10　AutoCAD 经典下的"标注"工具栏

AutoCAD 提供了完善的尺寸标注功能，具体命令功能可见菜单和标注工具栏。通过这些命令的使用，不仅可以为各类对象创建标注，而且还可以以一定格式创建出符合某行业标准的标注。

3.3.1　标注的元素

标注具有以下独特的元素：标注文字、尺寸线、箭头和尺寸界线，如图 3.11 所示。

标注文字是用于指示测量值的字符串。文字还可以包含前缀、后缀和公差。

图 3.11　标注元素

尺寸线用于指示标注的方向和范围。对于角度标注，尺寸线是一段圆弧。

箭头，也称为终止符号，显示在尺寸线的两端。可以为箭头或标记指定不同的尺寸和形状。

尺寸界线，也称为投影线或证示线，从部件延伸到尺寸线。

3.3.2　标注类型

AutoCAD 提供了四种标准的标注类型。它们分别是线性标注、半径标注、角度标注和坐标标注。另外，AutoCAD 还提供了对齐标注、连续标注、基线标注和引线标注等。通过了解这些标注,可以灵活地给图形添加尺寸标注。

标注是向图形中添加测量注释的过程。AutoCAD 提供了上述标注类型和设置标注格式的方法,可以在各个方向上为各类对象创建标注,也可以创建标注样式,快速地设置标注格式,并确保图形中的标注符合行业或项目标准。

标注显示了对象的测量值、对象之间的距离或角度或者特征距指定原点的距离。标注可以是水平、垂直、对齐、旋转、坐标、基线或连续。图3.12 中列出了几种简单的示例。

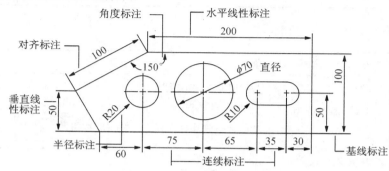

图3.12　标注类型示例

AutoCAD 将标注置于当前图层,每一个标注都采用当前标注样式,用于控制诸如箭头样式、文字位置和尺寸公差等的特性。

对标注在执行"分解"命令后,被分解成多个独立的部分,此时对标注的文字或数字的编辑与对单行文字的编辑相同。

3.3.3　线性标注

用　途	创建任两点之间的线性标注
调用命令方式	"标注"菜单 "线性" 命令行:dimlinear 功能区——注释面板——"线性"按钮
帮助索引关键字	dimlinear
操作技巧	1. 对执行命令后出现的选项中的"角度"是指文字的放置角度,0 度与 X 轴一致,逆时针旋转方向为正; 2. 标注过程中,在出现选项时,可通过鼠标点击或输入绝对坐标来确定标注后箭头所在的位置,其中水平标注时箭头位置由 Y 值确定,垂直标注时箭头位置由 X 值确定; 3. 各种类型的标注在标注结束后,箭头和文字的位置均可通过夹持点来改变位置,或通过"特性"选项板来改变

3.3.4　对齐标注

用　途	创建对齐标注
调用命令方式	"标注"菜单 "对齐" 命令行:dimaligned 功能区——注释面板——"对齐"按钮

帮助索引关键字	dimaligned
操作技巧	1. 对执行命令后出现的选项中的"角度"是指文字的放置角度，0度与 X 轴一致，逆时针旋转方向为正； 2. 一般使用对齐标注的都是对斜边的标注

3.3.5 半径标注

用 途	创建半径标注
调用命令方式	"标注"菜单 "半径" 命令行：dimradius 功能区——注释面板——"半径"按钮 ⊘ 半径
帮助索引关键字	dimradius
操作技巧	1. 使用夹持点改变圆的大小时，半径标注随之发生相应的变化。 2. 文字的位置可以通过夹持点改变。 3. 对于标注中文字对齐为"ISO 标准"下，如果半径尺寸线的角度大于水平15°，AutoCAD 将在标注文字旁一个箭头长处绘制一条钩线，也称为弯钩或着陆。 4. 其他调整可通过浮动菜单或特性来进行。 5. 使用半径标注工具标注半径尺寸时，尺寸前会自动加上"R"字母

3.3.6 直径标注

用 途	创建直径标注
调用命令方式	"标注"菜单 "直径" 命令行：dimdimameter 功能区——注释面板——"直径"按钮 ⊘ 直径
帮助索引关键字	dimdimameter
操作技巧	1. 标注样式控制圆心标记和中心线。当尺寸线画在圆弧或圆内部时，AutoCAD 不绘制圆心标记或中心线。 2. 对于标注中文字对齐为"ISO 标准"下，如果直径线的角度大于水平 15°并且在圆或圆弧的外面，那么 AutoCAD 将在标注文字旁一个箭头长处绘制一条钩线。 3. 使用直径标注工具标注直径尺寸时，尺寸前会自动加上"Φ"符号

3.3.7 角度标注

用 途	创建角度标注
调用命令方式	"标注"菜单 "角度" 命令行：dimangular 功能区——注释面板——"角度"按钮 ◹ 角度

帮助索引关键字	dimangular
操作技巧	1. 用于角度的数据测量； 2. 角度顶点可以同时为一个角度端点,如果需要尺寸界线,那么角度端点可用作尺寸界线的起点

3.3.8　坐标标注

用　途	创建坐标标注
调用命令方式	"标注"菜单"坐标" 命令行:dimordinate 功能区——注释面板——"坐标"按钮
帮助索引关键字	dimordinate
操作技巧	1. 用于图形某点的坐标标识,通常一次只标识 x 或 y 坐标； 2. 选项中角度为文字或数字的倾斜角度

3.3.9　基线标注

用　途	创建基线标注
调用命令方式	"标注"菜单"基线" 命令行:dimordinate
帮助索引关键字	dimordinate
操作技巧	1. 基线分角度基线和线性基线两种； 2. 默认情况下,AutoCAD 使用基准标注的第一条尺寸界线作为基线标注的尺寸界线原点,否则会提示用户选择基准尺寸界限； 3. 基线之间间距可通过标注样式对话框来调整

3.3.10　连续标注

用　途	创建连续标注
调用命令方式	"标注"菜单"连续" 命令行:dimcontinue
帮助索引关键字	dimcontinue
操作技巧	1. 如果在当前任务中未创建标注,CAD 将提示用户选择线性标注、坐标标注或角度标注,以用作连续标注的基准； 2. 如果基准标注是坐标标注,CAD 将显示"指定点坐标"的提示

3.3.11 快速标注

用　途	创建快速标注
调用命令方式	"标注"菜单"快速标注" 命令行：qdim
帮助索引关键字	qdim
操作技巧	使用 QDIM 快速创建或编辑一系列标注，创建一系列基线或连续标注，或者为一系列圆或圆弧创建标注时，此命令特别有用

3.3.12 引线标注

用　途	创建引线标注
调用命令方式	命令行：leader 或 qleader
帮助索引关键字	leader 或 qleader
操作技巧	1. 引线是由样条曲线或直线段的附着箭头组成的对象，在某些情况下，有一条短水平线（又称为钩线、折线或着陆线）将文字和特征控制框连接到引线上； 　　2. "格式"选项控制 CAD 绘制引线的方式以及引线是否带有箭头，引线的方式有样条曲线、直线、箭头和无四种样式

3.3.13 样式管理器

用　途	标注样式管理器
调用命令方式	"标注"菜单"标注样式" "格式"菜单"标注样式" "注释面板"——"标注样式"按钮 命令行：dimstyle
帮助索引关键字	dimstyle
操作技巧	1. 标注样式是保存的一组标注设置，它确定标注的外观。通过创建标注样式，可以设置所有相关的标注系统变量，并且控制任一标注的布局和外观； 　　2. 标注样式可以有多个具有不同设置的二级样式，可在新建样式中使用同一样式名称，然后设定不同的应用范围； 　　3. 样式中的对话框要求详细观看并练习修改，以便进一步灵活运用

3.2.14 编辑尺寸标注

用　途	创建标注后，旋转现有文字或用新文字替换，将文字移到新位置
调用命令方式	"标注"菜单"倾斜" 命令行：dimedit
帮助索引关键字	dimedit
操作技巧	1. DIMEDIT 影响一个或多个标注对象上的标注文字和尺寸界线，选项中的"默认"、"新建"和"旋转"选项影响标注文字，"倾斜"选项控制尺寸界线的倾斜角度； 　　2. 当尺寸界线与图形的其他部件冲突时，使用"倾斜"选项； 　　3. 对于尺寸标注中的内容调整，也可通过"特性"执行

实验九　文字和标注命令的使用

一、实验目的

1. 灵活使用单行和多行文字标注。
2. 灵活使用各标注命令标注尺寸。
3. 掌握标注样式的调整。

二、操作内容

1. 将前面各实验中出现的文字和标注的图形,重新绘制并标注文字和尺寸。

2. 绘制本章图 3.12,并进行尺寸标注。

3. 绘制实验图 9.1,并练习"标注样式"中一些内容的调整,使其成为实验图 9.2 所示结果。

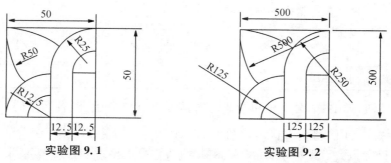

实验图 **9.1** 　　　　　实验图 **9.2**

提示:

(1) "主单位"选项卡中"比例因子"调整为 10;

(2) "调整"选项卡中"使用全局比例"调整为 3;

(3) 其余调整请用户自己练习改变,并观察调整后的图形标注改变的结果。

第 4 章　图案填充、图层

4.1　图案填充

4.1.1　创建与编辑图案填充

用　途	对封闭的区域进行图案填充,对不封闭的区域,通过选择对象来定义边界,进行图案填充
调用命令方式	"绘图"菜单"图案填充" 命令行:h 功能区——绘图面板——"图案填充"按钮
帮助索引关键字	bhatch

　　单击 按钮,弹出"图案填充和渐变色对话框"。单击对话框右下角的 "更多选项"按钮,对话框增加了"孤岛"选项,如图 4.1 所示。

图 4.1　"图案填充"对话框

　　(1) 单击"图案"的 按钮,可以进行填充图案的选择。选好后,"样例"中将后出现选择的图案样式。

　　(2) 在"角度和比例"中设置填充图案的角度和填充图案的缩放比例。

（3）在"图案填充原点"中，"使用当前原点"即：使用存储在系统变量中的设置，默认情况下，原点设置为0,0。"指定的原点"即：指定新的图案填充原点。

（4）边界

"添加：拾取点"：单击 ⊞ 按钮后，单击填充区域。即拾取一个内部点，根据构成封闭区域的选定对象确定边界。选定的区域会以虚线表示。

"添加：选择对象"：单击 ⊞ 按钮后，鼠标在边界上单击，可确定填充区域。

"删除边界"：在选择了填充区域后，单击 ⊠ 按钮，可以将已选定的填充边界删除。

"重新创建边界"：围绕选定的图案填充或填充对象创建多段线或面域，并使其与图案填充对象相关联。

"查看选择集"：退出"图案填充"对话框，并使用当前的填充设置、当前定义的边界进行查看选择集。如果未定义边界，则不可用。

"继承特性"：单击 ⊠ 按钮，可以在绘图区选择已有图案填充，并将此类型和属性设置为当前。

（5）选项

"注释性"：指定图案填充为注释性。单击信息图标以了解有关注释性对象的更多信息。

"关联"：控制图案填充的关联。关联的图案会在用户修改其边界时将会更新。

"创建独立的图案填充"：控制当指定了几个独立闭合边界时，提示创建单个图案填充，还是创建多个图案填充。

"绘图次序"：为图案填充或填充指定绘图次序。使其放在其他对象之后、之前，以及图案填充边界之后或之前。

（6）孤岛

"孤岛检测样式"：该选项组用来控制 AutoCAD 填充孤岛的方式。

A. 普通：选中该单选按钮，AutoCAD 将从外部边界向内填充，并从填充区域外部算起，填充由奇数交点分隔的区域，而不填充由偶数交点分隔的区域。

B. 外部：选中该单选按钮，AutoCAD 也是从外部边界向内填充，但在下一个边界处停止。

C. 忽略：选中该单选按钮，AutoCAD 将忽略内部边界，填充整个闭合区域。图 4.2 是使用 3 种不同的孤岛检测样式填充孤岛的效果。

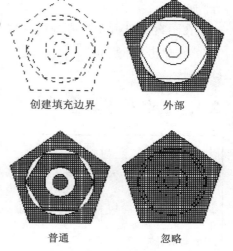

创建填充边界　　　　　　外部

普通　　　　　　忽略

图 4.2　孤岛检测样式

（7）对象类型

该选项组用来控制新边界的类型。

A. 对象类型：在该下拉列表中选择"多段线"或"面域"选项，以确定边界数据以何种类型存储。当选择"多段线"选项时，将创建一个多段线边界；当选择"面域"选项时，将创建一个面域边界。

B．保留边界：选中该复选框，AutoCAD 将对填充区域内的边界进行计算，并将其存储在图形的数据库中。

（8）边界集

在该下拉列表中默认设置为"当前视口"选项，即默认边界集为图形的当前视口。

用户也可通过"选择新边界集"按钮 🔲 新建边界集。单击该按钮，AutoCAD 自动切换到绘图区域，使用选取框选取新的边界后，按回车键即可返回到对话框。

4.1.2　编辑图案填充

生成图案填充后，有时需要对填充的图案或填充区域的边界进行修改，此时就需要编辑图案填充。在默认情况下，系统创建的都是关联图案填充，如果边界改变时，填充的图案会自动调整，以适应边界的变化。但如果移动、删除了原边界对象、孤岛或图案，就会造成图案和原边界对象间失去联系。

用　途	对填充的图案或填充区域的边界进行修改
调用命令方式	菜单："修改"菜单"对象"——"图案填充" 命令行：he 工具栏：功能区——修改面板——"编辑图案填充"按钮
帮助索引关键字	hatchedit

编辑图案填充命令的使用与图案填充命令的使用相似，可参见图案填充命令进行学习。

例题 4.1　改变图中的填充图案，如图4.3 所示。

在图案上双击左键或调用编辑图案填充命令，单击"图案"的 ⋯ 按钮，进行填充图案的选择，单击确定按钮，即可完成填充图案的修改。

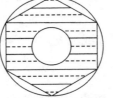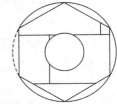

图 4.3　修改图案填充的样式

4.1.3　渐变色填充

用　途	使用渐变填充对封闭区域或选定对象进行填充
调用命令方式	"绘图"菜单 "渐变色" 命令行：Gradient 功能区——绘图面板——"渐变色"按钮
帮助索引关键字	gradient

如图 4.4 所示，渐变色填充与图案填充对话框类似，大家可参照前面讲过的图案填充方法进行渐变色填充操作。

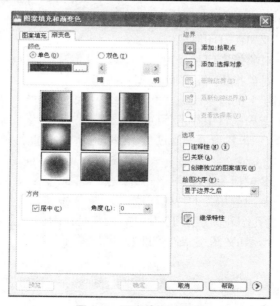

图 4.4　图案填充对话框

4.2　图层

对象的特性包括对象的图层、颜色、线型、线宽和打印样式。可以通过"图层"功能选项卡中的第一个图标"图层特性"，打开"图层特性管理器"对话框，如图 4.5 所示。

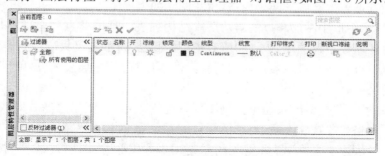

图 4.5　图层特性管理器

4.2.1　关于图层

图层用于按功能在图形中组织信息以及执行线型、颜色及其他标准。

图层相当于图纸绘图中使用的重叠图纸。图层是图形中使用的主要组织工具。可以使用图层将信息按功能编组，也可以强制执行线型、颜色及其他标准，如图 4.6 所示。

图 4.6　图层概念

通过创建图层，可以将类型相似的对象指定给同一图层以使其相关联。例如，可以将构造线、文字、标注和标题栏置于不同的图层上，然后可以控制以下各项：

- 图层上的对象在任何视口中是可见还是暗显
- 是否打印对象以及如何打印对象
- 为图层上的所有对象指定何种颜色
- 为图层上的所有对象指定何种默认线型和线宽
- 是否可以修改图层上的对象
- 对象是否在各个布局视口中显示不同的图层特性
- 每个图形均包含一个名为 0 的图层。无法删除或重命名图层 0。该图层有两种用途：
  - 确保每个图形至少包括一个图层
  - 提供与块中的控制颜色相关的特殊图层

注意：建议用户创建几个新图层来组织图形，而不是在图层 0 上创建整个图形。

下面将对如图 4.5 所示的"图层特性管理器"进行详细介绍：

1）访问方法

（1）单击"常用"标签"图层"面板中"图层特性管理器" ᇤ 按钮

（2）选菜单"格式"→"图层"

（3）命令：layer（或′layer，用于透明使用）

可以添加、删除和重命名图层，更改图层特性，设置布局视口的特性替代或添加图层说明并实时应用这些更改。无需单击"确定"或"应用"即可查看特性更改。图层过滤器控制将在列表中显示的图层，也可以用于同时更改多个图层。

2）面板介绍

图层特性管理器中有以下两个窗格：树状图和列表视图。

树状图：显示图形中图层和过滤器的层次结构列表。顶层节点（"全部"）显示图形中的所有图层。过滤器按字母顺序显示。"所有使用的图层"过滤器是只读过滤器。

展开节点以查看嵌套过滤器。双击特性过滤器以打开"图层过滤器特性"对话框，并查看过滤器的定义。

"隐藏/显示图层过滤器"按钮可控制图层特性管理器的"图层过滤器"窗格的显示。当"图层过滤器"窗格呈收拢状态时，将在图层过滤器状态文本的相邻位置显示"图层过滤器"按钮。当整个"图层过滤器"窗格呈关闭状态时，可以通过"图层过滤器"按钮访问该过滤器。

如果有附着到图形的外部参照，则一个"外部参照"节点将显示图形中所有外部参照的名称以及每个外部参照中的图层名称。不显示在外部参照文件中定义的图层过滤器。

如果存在包含特性替代的图层，则将自动创建视口替代节点并显示这些图层以及包含替代的特性。仅当从布局选项卡访问图层特性管理器时才显示视口替代过滤器。

3）开与关、冻结与解冻、锁定与解锁

用户可以根据需要建立图层，并为每个图层指定相应的名称、线型和颜色。这样可以节省存储空间，控制图形的颜色、线宽和线型等属性，并有利于图形的显示、打印等操作。一幅图中可以有任意数量的图层，但每个图层的名字不能相同，一般情况下，一个图层的实体或对象只能是一种线型，一种颜色。

各图层具有相同的坐标系、绘图界限和显示时的缩放倍数。用户还可以对图层进行开

(ON)、关(OFF)、冻结(Freeze)、解冻(Thaw)、锁定(Lock)和解锁(Unlock)等操作,来决定图层的可见性与可操作性。各种操作的含义如下:

(1) 开与关:图层打开后,图层上的图形能在显示器上显示或在绘图仪上绘出;否则,将不被显示或绘制出来。

(2) 冻结与解冻:如果图层被冻结,该图层上的图形实体将不能显示或绘制出来,而且也不参加图形之间的运算;解冻则相反。从可见性上来说,冻结和关闭图层相同,但是关闭的图层要参加图形之间的运算,所以使用冻结可以大大加快系统重新生成图形的速度。需要注意的是,用户不能冻结当前层。

(3) 锁定与解锁:锁定图层后,当前图层上的图形仍然可以显示出来,但是不能对其进行编辑操作。如果锁定当前层,用户可以在该层上作图,此外还可以改变锁定层的颜色和线型,可以使用查询命令和目标捕捉功能。

4.2.2　新建图层

默认情况下,系统会自动创建一个名为"0"的图层,如果要创建新图层,可以通过单击"图层特性管理器"上的"新建图层"按钮 来创建新图层。

单击"新建图层"按钮 即可看到在"图层特性管理器"中新建了一个图层,系统默认图层名为"图层 1",且自动被选中。当再次单击"新建图层"按钮 ,可以依次建立"图层 2"、"图层 3"等图层,如图 4.7 所示。

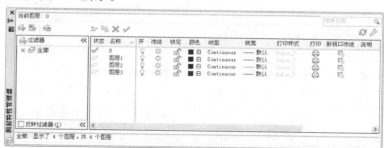

图 4.7　新建图层

1) 设置图层名称

在新建图层时,就可以直接修改图层名,图层名不能有重复,最长为 255 个字符。在图层名中,不能出现含有">＜\/';、?,＝"等符号。

要修改已经建好的图层名称,先选择该图层,使其成为高亮显示,再在该图层的"名称"选项上单击,即可修改图层名称,如图所示 4.8 所示。

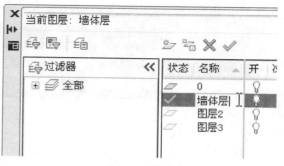

图 4.8　设置图层名称

2) 设置图层状态

在 AutoCAD 中,在"图层特性管理器"对话框或者"图层"工具栏的下拉列表中,单击特征图标可以控制图层的状态,如打开/关闭、锁定/解锁及冻结/解冻等。

3）设置图层颜色

为了能清晰区分不同的图形对象，可以设定不同的图层为不同的颜色。可以单独设置也可以在图层中设置颜色。为了便于统一管理，最好在图层中进行设置。

在"图层特性管理器"对话框中，单击图层对应的颜色小方块，弹出"选择颜色"对话框，如图 4.9 所示。

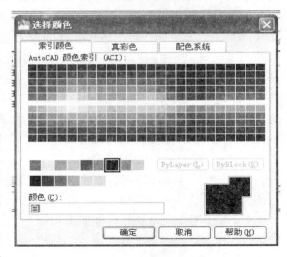

图 4.9　"选择颜色"对话框

可选择颜色色块在确定图层颜色，也可以在"颜色"文本框中输入"红色"、"RGB"或颜色"1"来设定颜色值。

如果在"特性"面板中当前颜色设置的是"随层"（ByLayer），指在该图层绘制的对象默认都会使用该图层的颜色，不过也可以指定其他的颜色。

如果在"特性"面板中当前颜色设置的是"随块"（ByBlock），则使用白色或黑色创建对象，直到将对象组合到块中，在将块插入到图形中时，采用当前图层的颜色设置。

4）设置图层线型

线型是由沿图线显示的线、点和间隔组成的图样。例如中心线、虚线、实线等，在 Auto-CAD 中，默认的线型为 Continuous（实线）。可以通过图层指定对象的线型，也可以不依赖图层而明确指定线型。

除了选择线型外，还可以设置线型比例以控制线条和空格的大小，也可以创建自定义线型。

线型也可用于区分图形中的不同元素，例如基准线或虚线等，要改变线型，可以在"图层管理器"列表中单击"线型"栏上的 Continuous 打开"选择线型"对话框，如图 4.10 所示。初次设置，"已加载的线型"中默认只有 Continuous 实线线型，如列表中没有合适的线型，则可单击 加载(L)... 按钮，打开"加载或重载线型"的对话框，如图 4.11 所示，选定好加载的线型后，"确定"后，从"选择线型"对话框中选择要设置的线型。

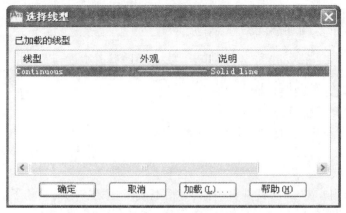

图 4.10　"选择线型"对话框

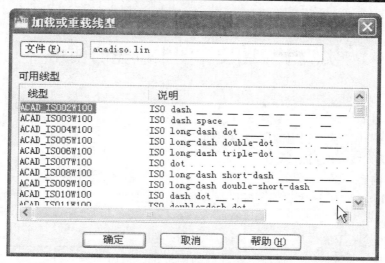

图 4.11　"加载或重载线型"对话框

5) 设置线宽

　　用户可点击相应图层的"线宽"位置,会弹出线宽对话框,一般来说,笔者不建议用户在此设置线宽,而是在打印时设置要输出的线宽。

实验十　图层和图案填充的使用

一、实验目的
1. 灵活划分图层,并利用图层表达图形。
2. 掌握图案填充的灵活运用。

二、操作内容
1. 绘制实验图 10.1,注意添加辅助线及图形的整体美观效果。

2. 绘制实验图 10.2,并进行尺寸标注,图形中如有数据未标注出,请按大致数据绘制。另要求分为图形层、标注层和图案填充层三个图层,各层颜色请用户自行设置。

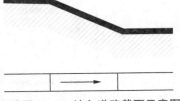

实验图 10.1　坡向道路截面示意图

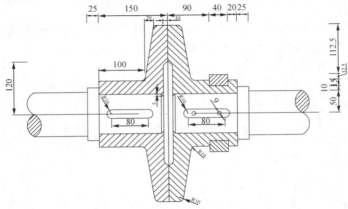

实验图 10.2　多圆盘式摩擦离合器剖面图

3. 绘制实验图 10.3,台阶踏步宽 240,高 150,要求划分图层,填充图案,并标注文字和尺寸。

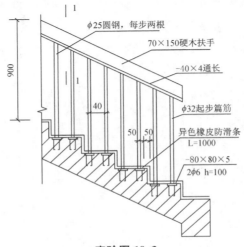

实验图 10.3

4. 根据提示绘制实验图 10.4,图分层为图形层、图案填充层。

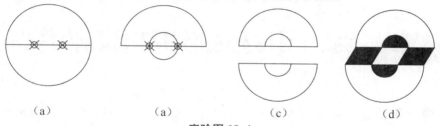

（a）　　　　　　　　（a）　　　　　　　　（c）　　　　　　　　（d）

实验图 10.4

5. 根据提示绘制实验图 10.5,小正方形的边长为 10,建议使用图案填充,图案为"solid"。

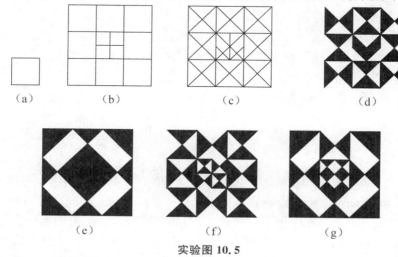

（a）　　　　　（b）　　　　　（c）　　　　　（d）

（e）　　　　　　　　（f）　　　　　　　　（g）

实验图 10.5

6. 绘制实验图 10.6,下图中有意将管道接头一个放在墙内,一个放在圆弧上,其中圆弧上的接头要使用二次对齐方法才能相对对正。其他图层和颜色请用户自行设置。

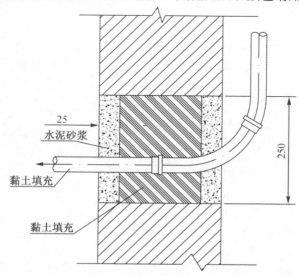

25

水泥砂浆

250

黏土填充

黏土填充

实验图 10.6　排水管道穿越基础墙详图

7. 删除无用的信息(如无用的块、层、线型、样式等有名信息),可使用命令 purge。

第 5 章　块、工具选项面板和设计中心

　　在 CAD 的图形绘制时,有时会出现图形内容重复的部分,这时可以将这部分重复内容单独作为一个图块进行组织和操作,以便重复使用,还可以节省存储空间。

　　外部参照是将已有的图形文件以参照的形式插入到当前图形文件中。如果在绘制过程中,一个图形需要参照其他图形或者图像来绘制,又不希望增加太多存储空间,就可以使用外部参照这个功能来实现。由于现在磁盘容量相对以前大了许多,目前这种方法在实际中应用极少,且它的使用方法和块类似,因此我们在这里不讲述外部参照。

5.1　图块的创建与编辑

5.1.1　图块的创建

　　块是由一个或多个对象创建成的单个对象。块也是 AutoCAD 的图形对象,因此也可以进行复制、移动和镜像等编辑操作。

　　块可以是绘制在几个图层上的不同颜色、线型和线宽特性的对象的组合。尽管块总是在当前图层上,但块参照保存了有关包含在该块中的对象的原图层、颜色和线型特性的信息。可以控制块中的对象是保留其原特性还是继承当前的图层、颜色、线型特性的设置。

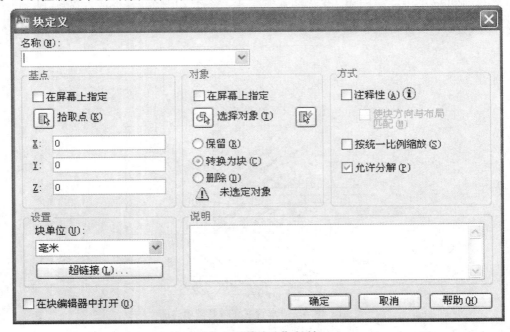

图 5.1　"块定义"对话框

用　途	把重复图形对象定义并命名为块
调用命令方式	功能区选项卡"插入"中选择"块"组中的"创建"按钮。 调用菜单"绘图"→"块"→"创建" 命令行：block
帮助索引关键字	Block
操作技巧	1. 命令方式下，除"_block"外，都会出现如图 5.1 所示的"块定义"对话框，对于该对话框中的操作有如下要点： （1）名称：用来输入要创建的块的名称（例如：窗户 1）。名称最多可以包含 255 个字符，包括字母、数字、空格，不能用 DIRECT、LIGHT、AVE_RENDER、RM_SDB、SH_SPOT 和 OVERHEAD 作为有效的块名； （2）基点：指定块的插入基点，默认值为(0,0,0)。拾取的基点将成为以后的插入点，它的基点性质类似于复制、移动等中的基点性质； （3）对象：指定新块中要包含的对象，以及创建块之后处理这些对象的三种方式，即被：原样"保留"、"转换成块"或"删除"； 快速选择按钮：系统显示"快速选择"对话框，在对话框定义选择集。 （4）方式：指定块的方式。 注释性：指定块为注释性对象。 使块方向与布局匹配：指定在图纸空间视口中的块参照的方向与布局的方向匹配。 按统一比例缩放：指定是否阻止块参照不按统一比例缩放。 允许分解：指定块参照是否可以被分解。 （5）设置：指定块的设置。 块单位：指定块参照的插入单位。 超链接：打开可设置某个超链接与块定义相关联。 2. 如在命令行下输入"_block"，则会出现利用命令行的提示来定义图块，对于此种方式的操作有如下要点： （1）提示输入块名时，可重定义已有的块名，即利用相同的块名覆盖原有的块； （2）提示输入块名时，可输入"?"后按回车键，会出现"输入要列出的块<＊>："，此时再按回车键后，将列出目前正在编辑的图形文件中已定义的块

5.1.2　图块的编辑

1. 编辑块定义

用　途	编辑在位块
调用命令方式	功能区选项卡"插入"中选择"块"组中的"编辑"按钮 调用菜单"工具"→"块编辑器" 命令行：bedit
帮助索引关键字	bedit

操作技巧	在上述命令方式下,都会出现如图 5.2 所示的"编辑块定义"对话框,对于该对话框中的操作有如下要点: （1）创建和编辑的块:指定要在块编辑器中编辑或创建的块的名称。如果选择 <当前图形>,当前图形将在块编辑器中打开。在图形中添加动态元素后,可以保存图形并将其作为动态块参照插入到另一个图形中。"确定"后在块编辑器中打开选定的块定义或新的块定义。 （2）预览:显示选定块定义的预览。如果显示闪电图标,则表示该块是动态块。 （3）显示块编辑器中的"特性"选项板的"块"区域中所指定的块定义说明

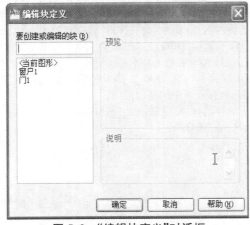

图 5.2 "编辑块定义"对话框

图 5.3 "写块"对话框

2. 图块存盘

用　　途	把图形对象或图块作为单独图形保存到图形文件当中
调用命令方式	命令行:wblock
帮助索引关键字	wblock
操作技巧	命令方式下用"wblock"会出现如图 5.3 所示的"写块"对话框,它和"块定义"对话框类似,主要区别在于对话框分割成"源"和"目标",其中"目标"就是块以图形文件的形式写入磁盘时所保存的"文件名和路径"; （1）源:指定块和对象。 块:指定要另存为文件的现有块。从列表中选择名称。 整个图形:选择要另存为其他文件的当前图形。 对象:选择要另存为文件的对象。指定基点并选择下面的对象。 （2）基点:指定块的插入基点,默认值为(0,0,0)。拾取的基点将成为以后的插入点,它的基点性质类似于复制、移动等中的基点性质; （3）对象:指定新块中要包含的对象,以及创建块之后处理这些对象的三种方式,即被:原样"保留"、"转换成块"或"删除"; 快速选择按钮 $\boxed{}$:系统显示"快速选择"对话框,在对话框定义选择集。 （4）目标:指定文件的新名称和新位置以及插入块时所用的测量单位。 文件名和路径:指定文件名和保存块或对象的路径。 单位:指定从 DesignCenter(设计中心)拖动新文件或将其作为块插入到使用不同单位的图形中时用于自动缩放的单位值。如果希望插入时不自动缩放图形,请选择"无单位"

与块定义 block 的区别	用 block 命令定义的图块保存在其所在的图形文件(后缀为 . dwg)之中,不能插入到其他的图形文件中; 用 wblock 命令则是把图块以图形文件的形式(后缀为 . dwg)写入到磁盘中,它可以在任意图形文件中插入

5.2　插入图块

5.2.1　单块插入

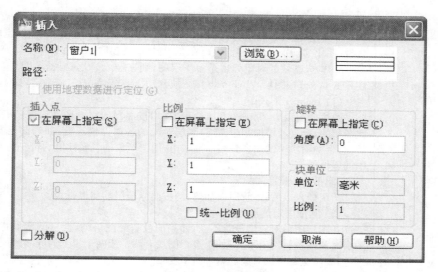

5.4　"插入块"对话框

用　途	将已定义的图块对象插入到当前图形中,其大小和角度可以调整
调用命令方式	功能区选项卡"插入"中选择"块"组中的"插入"按钮 调用菜单"插入"→"块" 命令行:insert
帮助索引关键字	insert 命令
操作技巧	1. 执行上述命令时,均会出现图 5.4 所示的对话框; (1) 名称:指定要插入块的名称,或指定要作为块插入的文件的名称。 浏览:可选择要插入的块或图形文件。 (2) 路径:指定块的路径。 找到"使用地理数据":插入将地理数据用作参照的图形。指定当前图形和附着的图形是否包含地理数据。此选项仅在这两个图形均包含地理数据时才可用。 (3) 插入点:指定块的插入点。此时也就是基点,比例缩放和旋转时都是以它为基准点; 　　X、Y、Z 三者的缩放比例可相同,也可不同,这种灵活性在建筑平面图的窗户绘制中表现较为明显;

（4）比例：指定插入块的缩放比例。如果指定负的 X、Y 和 Z 缩放比例因子，则插入块的镜像图像。

统一比例：为 X、Y 和 Z 坐标指定单一的比例值。为 X 指定的值也反映在 Y 和 Z 的值中。

（5）旋转：在当前 UCS 中指定插入块的旋转角度。

（6）块单位：显示有关块单位的信息。

单位：指定插入块的图形单位值。

比例：显示单位比例因子，它是根据块和图形单位的 INSUNITS 值计算出来的。

（7）分解：分解块并插入该块的各个部分。选定"分解"时，只可以指定统一比例因子。

2. 在命令行中输入"-insert"时，命令行中将会逐步出现相应的提示信息；

3. 插入块时可利用对话框中的"分解"选项，或在命令提示行中要求输入块名时，在块名前加上" ＊ "号，也可在插入完成后将其"炸开"；

4. 构成图块的对象如果是多图层的，则在插入时，会根据各图层自身的属性是 bylayer（按图层）、byblock（按图块）或其他选定的固定值确定，具体如下：

（1）bylayer 形式的

图块插入以后，原来在 0 层的对象，均按照当前层的属性设置；如当前没有此图层的，会自动增加相应图层，图层对象的各属性值不变；如当前已有此图层的，会合并图块中的图层到当前图层中，图层对象的各属性值均转变为当前图层中的属性值。

（2）byblock 形式的

图块插入以后，不管原来如何，均按照当前层的属性设置。

（3）其他固定值形式的

各图层图形对象的设置不变，如当前没有此图层的，会自动增加相应图层，图层对象的各属性值不变；如果多个图块有两个或两个以上的同名图层时，图层合并，图层上各自的对象的属性值不变

5.2.2 块的多重插入

用　　途	将图块以矩形阵列形式插入到当前图层中
调用命令方式	命令行：minsert
帮助索引关键字	minsert
操作技巧	1. 在插入过程中，不能像使用 insert 命令那样在块名前面使用星号来分解块对象。 2. 在指定插入点位置之前，插入点处的选项将预置块的比例和旋转角。 （1）输入块名或[?]：输入需要插入的块的名称。 （2）指定插入点或[基点(B)/比例(S)/X/Y/Z 旋转(R)]：指定插入点 （3）输入 X 比例因子，指定对角点，或[角点(C)XYZ(XYZ)/]<1>：指定 X 方向比例因子，默认比例因子为 1。 （4）输入 Y 比例因子或<使用 X 比例因子>：指定 Y 方向比例因子。 （5）指定旋转角度<0>：指定块插入时旋转角度。 （6）输入行数(－－－)<1>：指定阵列的行数。 （7）输入列数(‖ ‖)<1>：指定阵列的列数。 （8）输入行间距或指定单位单元(－－－)：指定行间距。 （9）指定列间距(‖ ‖)：指定列间距

5.2.3　块的嵌套

块的嵌套是指定义块时，所选取的图形对象当中有些本身就是一个块，并且在选择的块对象中还可以嵌套其他的块，即可以是多层嵌套。

在分解一个嵌套图块时，需要进行多次分解，才能将嵌套图块完全分解。

块重复插入时，对文件保护起一定作用，有专门的文件对"块的多重插入"进行处理。

5.3　块属性的定义与编辑

5.3.1　块的属性

块的属性指的是图块的非图形信息，它从属于图形块，随块的位置与角度的变动而变动。对于块的属性，我们举下例说明：

某一教室中有许多同学，我们用一表格填写，而每一个人都有多个共同的性质，即姓名、性别、年龄、学号等等，我们把上述每一个共同的性质用一个标签来标识，如"姓名"，而当我们指明是哪一个具体的同学时，则必须把这些标签用具体的内容来替换，这某一个标签的具体内容我们通常叫它们为"属性值"，如"姓名"属性标签的属性值为"张三"。

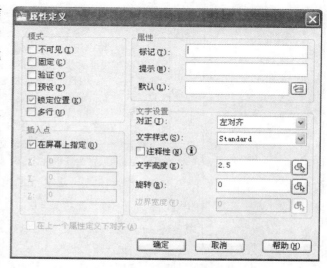

图 5.5　"属性定义"对话框

由上我们可知道一个属性由属性标签和属性值组成，一个块可以有多个属性；同一图块，插入时产生不同的具体图形内容，其同一属性标签的属性值各不相同。图块插入以后，各个属性以属性值显示出来。

5.3.2　属性定义

用　途	定义块的某一属性，执行一次只能定义一个属性
调用命令方式	功能区选项卡"插入"中选择"块"组中的"定义属性"按钮 调用菜单"绘图"→"块"→"定义属性" 命令行：attdef 或 _attdef
帮助索引关键字	attedef 命令
操作技巧	1. 使用绘图菜单及在命令行中输入"attdef"时，均会出现图 5.5 这样的对话框 　（1）模式：在图形中插入块时，设置与块关联的属性值选项。 　不可见：指定插入块时不显示或打印属性值。

	固定:在插入块时赋予属性固定值。 验证:插入块时提示验证属性值是否正确。 预设:插入包含预设属性值的块时,将属性设置为默认值。 锁定位置:锁定块参照中属性的位置。解锁后,属性可以相对于使用夹点编辑的块的其他部分移动,并且可以调整多行文字属性的大小。 多行:指定属性值可以包含多行文字。选定此选项后,可以指定属性的边界宽度。 (2)属性:设置属性数据。 标记:标识图形中每次出现的属性。使用任何字符组合(空格除外)输入属性标记。小写字母会自动转换为大写字母。 提示:指定在插入包含该属性定义的块时显示的提示。如果不输入提示,属性标记将用作提示。如果在"模式"区域选择"常数"模式,"属性提示"选项将不可用。 默认:指定默认属性值。 ⊟(插入字段):显示"字段"对话框。可以插入一个字段作为属性的全部或部分值。 (3)插入点:指定属性位置。输入坐标值或者选择"在屏幕上指定",并使用定点设备根据与属性关联的对象指定属性的位置。 在屏幕上指定:关闭对话框后将显示"起点"提示。使用定点设备相对于要与属性关联的对象指定属性的位置。 (4)文字设置:设置属性文字的对正、样式、高度和旋转。 对正:指定属性文字的对正,可在列表框中设定。 文字样式:指定属性文字的预定义样式。显示当前加载的文字样式。 注释性:指定属性为注释性。如果块是注释性的,则属性将与块的方向相匹配。 文字高度:指定属性文字的高度。输入值,或选择⟦⟧(文字高度)按钮用定点设备指定高度。此高度为从原点到指定的位置的测量值。如果选择有固定高度(任何非 0.0 值)的文字样式,或者在"对正"列表中选择了"对齐",⟦⟧(文字高度)按钮不可用。 旋转:指定属性文字的旋转角度。输入值,或选择⟦⟧(旋转)用定点设备指定旋转角度。此旋转角度为从原点到指定的位置的测量值。如果在"对正"列表中选择了"对齐"或"调整",⟦⟧(旋转)按钮不可用。 边界宽度:换行前,请指定多行文字属性中文字行的最大长度。值 0.000 表示对文字行的长度没有限制。此选项不适用于单行文字属性。 2. 在命令行中输入"-attdef"时,命令行中将会逐步出现相应的提示信息
应用示例	地面标高的属性定义　　　　　　　　　　　　　　　　　　　　　　−0.005 当一个图中的地面标高较多且数字不同时,可用此方法 (1)绘好图形; (2)使用"定义属性"命令,将此处右上角的图中数字用属性标签代替,并给出提示、输入属性值,如图 5.6 在属性定义中的设置; (3)"定义属性"确定后将光标确定属性输入位置,如图 5.7 所示; (4)运用创建块的命令,将它们先选中后定义到同一个块中,如图 5.8 所示,确定后出现如图 5.9 所示的"编辑属性"对话框,此时可输入标高值; (5)插入块到适当的位置,插入时根据提示输入属性值,如图 5.10 所示; (6)也可选择插入后的块,然后双击文字部分,修改数据

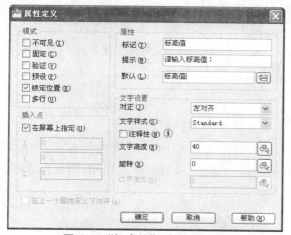

图 5.6　"标高值"属性定义设置

图 5.7　确定"定义属性"的位置

图 5.8　将"标高"设置成图块

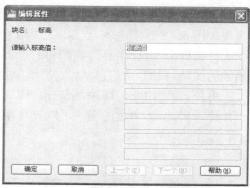

图 5.9　对"标高"图块编辑属性

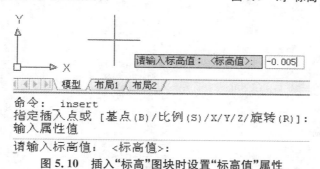

图 5.10　插入"标高"图块时设置"标高值"属性

5.4　定数等分中块的使用

用途	线性对象上按等分间距插入块
调用命令方式	单击"常用"标签"绘图"面板中"点"下拉式菜单的下拉式"定距等分" 。 命令行:measure 菜单"绘图"→"点"→"定数等分"

操作技巧	1. 在命令提示下选择"块(B)"； 2. 输入要插入的块的名称； 3. 输入 y 将块与等分对象对齐。输入 n 使旋转角度为 0 度； 4. 输入间隔长度，或指定点来指示长度

5.5　工具选项板

　　打开"视图"功能选项卡中的"选项卡"功能面板，点击其中的"工具选项板"功能按钮，会出现如图 5.11 所示内容，在此图中，有许多图块，我们可以直接插入使用，但要注意插入时适当地缩放比例，以便与周围的图形相协调。

5.6　设计中心

　　打开"视图"功能选项卡中的"选项卡"功能面板，点击其中的"设计中心"功能按钮，会出现如图 5.12 所示内容，点击左边的十字，会打开下级目录内容，其中的"DesignCenter"这个文件夹即为"设计中心"，我们可打开其中的"House Design. dwg"中的"块"，可见有许多相关的图块，我们可以直接插入使用相应的图块。

　　另外，设计中心的图块，用户也可以通过相应的操作移动或复制到工具选项板中，在此不作要求讲述，感兴趣的用户可以查找相关帮助说明。

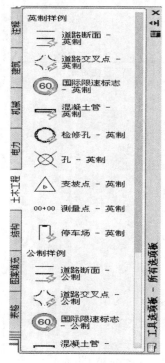

图 5.11　工具选项板

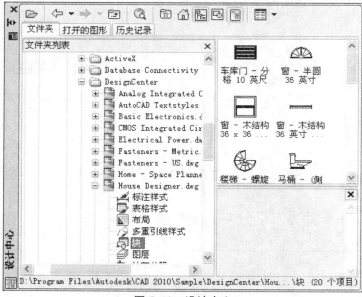

图 5.12　设计中心

5.7 应用举例

例 **5.1**   建筑图中的窗户块创建与使用,如图 5.13 所示,比例为 1∶100

本题涉及的内容:块的创建、块插入时比例的缩放。

操作过程如下:

(1) 绘制墙体

用多段线命令先将外墙按尺寸画好,墙厚度为 240,通过偏移形成内墙。再将内外墙分解,删除窗户位置的线条,如图 5.14 所示。

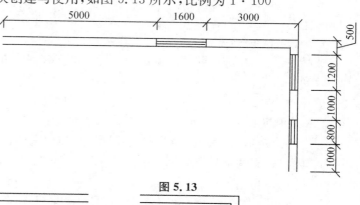

图 **5.13**

图 **5.14** 绘制墙体

命令: pl✓

指定起点: //任意点为起点,并打开正交

当前线宽为 0.0000

指定下一点或 [圆弧(A)/半宽(H)/长度(L)/放弃(U)/宽度(W)]: 50✓

指定下一点或 [圆弧(A)/闭合(C)/半宽(H)/长度(L)/放弃(U)/宽度(W)]: 16✓

指定下一点或 [圆弧(A)/闭合(C)/半宽(H)/长度(L)/放弃(U)/宽度(W)]: 30✓

指定下一点或 [圆弧(A)/闭合(C)/半宽(H)/长度(L)/放弃(U)/宽度(W)]: 5✓

//移动鼠标光标,使其在下面许多位置

指定下一点或 [圆弧(A)/闭合(C)/半宽(H)/长度(L)/放弃(U)/宽度(W)]: 12✓

指定下一点或 [圆弧(A)/闭合(C)/半宽(H)/长度(L)/放弃(U)/宽度(W)]: 10✓

指定下一点或 [圆弧(A)/闭合(C)/半宽(H)/长度(L)/放弃(U)/宽度(W)]: 8✓

指定下一点或 [圆弧(A)/闭合(C)/半宽(H)/长度(L)/放弃(U)/宽度(W)]: 10✓

指定下一点或 [圆弧(A)/闭合(C)/半宽(H)/长度(L)/放弃(U)/宽度(W)]: ✓

命令: _offset

当前设置: 删除源=否   图层=源   OFFSETGAPTYPE=0

指定偏移距离或 [通过(T)/删除(E)/图层(L)] <0.8000>: 2.4✓

选择要偏移的对象,或 [退出(E)/放弃(U)] <退出>:   //选择刚才绘制的多段线

指定要偏移的那一侧上的点,或 [退出(E)/多个(M)/放弃(U)] <退出>:✓

命令：_explode

选择对象：//选择两要多段线

指定对角点：找到 2 个

选择对象：↙

命令：_erase

选择对象：　//选择要插入窗户的位置处且已分解为直线的线段

找到 6 个

选择对象：↙

（2）绘制窗户

建立一个矩形，长为 10，宽为 2.4（图形标注时"主单位"中尺寸"比例因子"为 100），然后将其炸开后，将两根长线分别向中间偏移 0.8，如图 5.15 所示。

命令：_rectang

指定第一个角点或［倒角（C）/标高（E）/圆角（F）/厚度（T）/宽度（W）］：　　　**//任意**

一点

指定另一个角点或［面积（A）/尺寸（D）/旋转（R）］：@10,2.4 ↙

命令：_explode

选择对象：　//选择矩形

指定对角点：找到 1 个

选择对象：↙

图 5.15　绘制窗户

命令：_offset

当前设置：删除源＝否　　图层＝源　　OFFSETGAPTYPE＝0

指定偏移距离或［通过（T）/删除（E）/图层（L）］＜2.4000＞：　0.8 ↙

选择要偏移的对象，或［退出（E）/放弃（U）］＜退出＞：　　　　//点取上水平线

指定要偏移的那一侧上的点，或［退出（E）/多个（M）/放弃（U）］＜退出＞：

　　　　　　　　　　　　　　　　　　　　　　　　　　　//向下偏移

选择要偏移的对象，或［退出（E）/放弃（U）］＜退出＞：　　　　//点取下水平线

指定要偏移的那一侧上的点，或［退出（E）/多个（M）/放弃（U）］＜退出＞：

　　　　　　　　　　　　　　　　　　　　　　　　　　　//向上偏移

选择要偏移的对象，或［退出（E）/放弃（U）］＜退出＞：↙　　　//结束

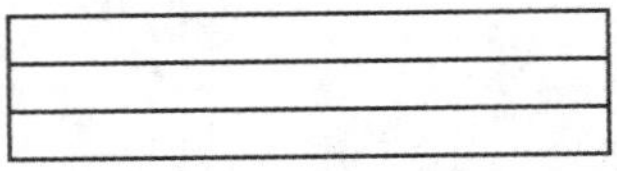

（3）将画好的窗户创建为图块

将窗户建立成一个图块，块名为 chuang1，建立图块时，本处使用的基点为窗户的左上角。

方法一：用创建块 ⊡ 创建 对话框，如图 5.16 所示设置，确定"名称"为 chuang1、"拾取点"为窗户左上角顶点，"对象"选择整个窗户图形。确定即创建了名为 chuang1 的图块。

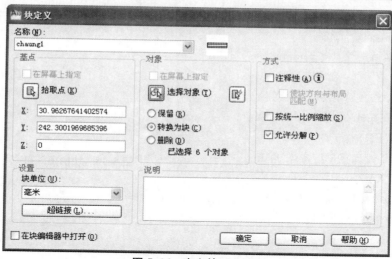

图 5.16　定义块 chuang1

方法二：

命令：_block

输入块名或［?］：chuang2↙

指定插入基点或［注释性(A)］：　　　//矩形左上角点，与后面要执行的插入点相关

选择对象：指定对角点：找到 1 个

选择对象：↙

（4）插入 chuang1 图块置于墙体中

将建好的图块 chuang1 插入墙体，注意此处的 X 比例随窗户的长度变化，而 Y 的比例保持为 1。

方法一：3 次调用插入块 对话框，如图 5.17 所示，插入 chuang1 块，"名称"中选择 chuang1，"插入点"分别指定为如图 5.18 所示的①②③位，"比例"设置 X 值分别为：1.6、1.2 和 0.8，"旋转"根据水平或垂直设定为 0 度或−90°。

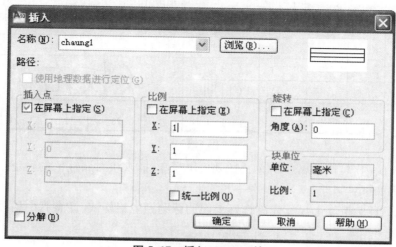

图 5.17　插入 chuang1 块

方法二：

命令：_insert ↙

输入块名或［?］＜chuang＞：

chuang1 ↙

指定插入点或［比例(S)/X/Y/

Z/旋转(R)/预览比例(PS)/PX/PY/

PZ/预览旋转(PR)］：

输入 X 比例因子，指定对角点，

或［角点(C)/XYZ］＜1＞：1.6 ↙

输入 Y 比例因子或 ＜使用 X 比例因子＞：1 ↙

指定旋转角度 ＜0＞：↙

命令：-INSERT ↙

输入块名或［?］＜chuang1＞：↙

指定插入点或［比例(S)/X/Y/Z/旋转(R)/预览比例(PS)/PX/PY/PZ/预览旋转(PR)］：

输入 X 比例因子，指定对角点，或［角点(C)/XYZ］＜1＞：1.2 ↙

输入 Y 比例因子或 ＜使用 X 比例因子＞：1 ↙

指定旋转角度 ＜0＞：-90 ↙

命令：_INSERT

输入块名或［?］＜chuang1＞：↙

指定插入点或［比例(S)/X/Y/Z/旋转(R)/预览比例(PS)/PX/PY/PZ/预览旋转(PR)］：

输入 X 比例因子，指定对角点，或［角点(C)/XYZ］＜1＞：0.8 ↙

输入 Y 比例因子或 ＜使用 X 比例因子＞：1 ↙

指定旋转角度 ＜0＞：-90 ↙

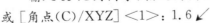

图 5.18　块的插入点

例 5.2　标题栏的制作，如图 5.19

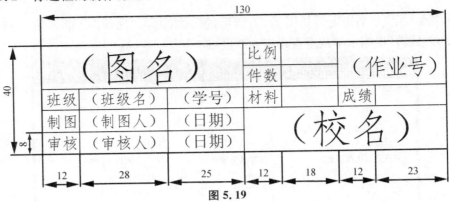

图 5.19

本题涉及的内容：块的属性定义、制作块、块写盘、插入块时属性值的确定。

操作过程如下：

(1) 在 CAD 中按如上尺寸先制作好上面的标题栏表格样式，注意其中括号内的文字此时不要写入。

本处使用到的命令有：line、dtext、offset、lp 或 rectang、trim。

（2）逐个对有括号的地方进行属性定义。

方法一，调用"属性定义"对话框，以定义"班级名"属性为例进行设置，如图 5.20 所示，设置属性，文字设置，并指定插入点。

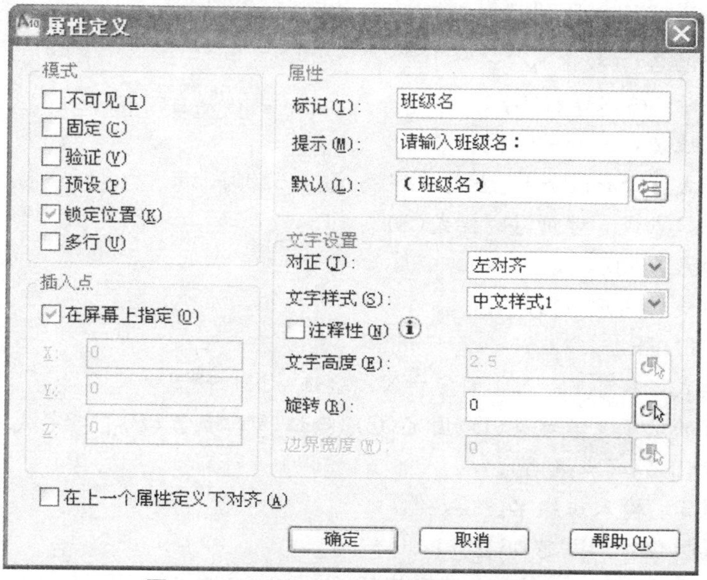

图 5.20 （班级名）属性定义设置对话框

方法二：

命令：_attdef ↙   //对"图名"处进行属性定义

当前属性模式：不可见＝N 固定＝N 验证＝N 预置＝N

输入要修改的选项 ［不可见(I)/固定(C)/验证(V)/预置(P)］＜完成＞：↙

          //不做任何选择，直接按回车

输入属性标记名：（图名）↙

输入属性提示：输入图名↙

输入默认属性值：＊＊＊图↙

当前文字样式： Standard 当前文字高度：4.5000

指定文字的起点或 ［对正(J)/样式(S)］：   //用鼠标点击文字将要放置的位置

指定高度 ＜4.5000＞：8 ↙

指定文字的旋转角度 ＜0＞：↙   //按↙回车，表示接受默认数值

命令：_ATTDEF ↙   //对"作业号"处进行属性定义

当前属性模式：不可见＝N 固定＝N 验证＝N 预置＝N

输入要修改的选项 ［不可见(I)/固定(C)/验证(V)/预置(P)］＜完成＞：↙

输入属性标记名：（作业号）↙

输入属性提示：输入作业号↙

输入默认属性值：ZT0001 ↙

当前文字样式：Standard 当前文字高度：8.0000

指定文字的起点或 ［对正(J)/样式(S)］：

指定高度 ＜8.0000＞：6 ↙

指定文字的旋转角度 <0>：↙

命令：_attdef↙

当前属性模式：不可见＝N　固定＝N　验证＝N　预置＝N

输入要修改的选项 [不可见(I)/固定(C)/验证(V)/预置(P)] <完成>：↙

输入属性标记名：(校名)↙

输入属性提示：输入学校名↙

输入默认属性值：＊＊＊学校↙

当前文字样式：　Standard　当前文字高度：　6.0000

指定文字的起点或 [对正(J)/样式(S)]：

指定高度 <6.0000>：↙

指定文字的旋转角度 <0>：↙

命令：_ATTDEF↙

当前属性模式：不可见＝N　固定＝N　验证＝N　预置＝N

输入要修改的选项 [不可见(I)/固定(C)/验证(V)/预置(P)] <完成>：

输入属性标记名：(班级名)↙

输入属性提示：输入班级名↙

输入默认属性值：工民建06↙

当前文字样式：　Standard　当前文字高度：　6.0000

指定文字的起点或 [对正(J)/样式(S)]：

指定高度 <6.0000>：4.5↙

指定文字的旋转角度 <0>：↙

命令：

其余的属性定义留给用户自己练习。

(3) 将图形用块的形式保存

命令：_block↙

输入块名或 [?]：标题栏↙

指定插入基点：　　　　　　　　　//捕捉标题栏的右下角交点

选择对象：指定对角点：找到 27 个

选择对象：↙

(4) 将已定义的块插入到当前图中

命令：_insert↙

输入块名或 [?]：标题栏↙

指定插入点或 [比例(S)/X/Y/Z/旋转(R)/预览比例(PS)/PX/PY/PZ/预览旋转(PR)]：

　　　　　　　　　　　　　　　　　//用鼠标确定插入点

输入 X 比例因子,指定对角点,或 [角点(C)/XYZ] <1>：↙

输入 Y 比例因子或 <使用 X 比例因子>：↙

指定旋转角度 <0>：↙

输入属性值

输入当前审核日期 <2005－11－15>：2004－08－01↙

　　　输入当前制图日期＜2005-11-14＞：2004-08-01✓

　　　输入学号＜s0506112＞：z0507001✓

　　　输入审核人姓名＜＊＊＊＞：王建玉✓

　　　输入制图人姓名＜＊＊＊＞：王华康✓

　　　输入班级名＜工民建06＞：工民建04✓

　　　输入学校名＜＊＊＊学校＞：省建校✓

　　　输入作业号＜ZT0001＞：ZT0004✓

　　　输入图名＜＊＊＊图＞：二层建筑平面图✓

　　命令：

执行上述步骤后结果如图5.21。

二层建筑平面图			比　　例		ZT0004	
			件　　数			
班　　级	工民建04	z0507001	材　　料		成　　绩	
制　　图	王华康	2004-08-01	省建校			
审　　核	王建玉	2004-08-01				

图5.21　插入图块

（5）将块写盘，以便于另一个CAD文件能够进行外部参照。

　　命令：_wblock✓

　　//此时系统会出现"创建图形文件"对话框，要求用户输入文件名

　　输入现有块名或［＝（块＝输出文件）/＊（整个图形）］＜定义新图形＞：标题栏✓

　　//输入块名"标题栏"

（6）用户练习新建一个CAD图形，在此执行外部参照，打开刚才进行的块写盘文件，此时用户您会看到原来定义的块属性都不见了。

实验十一 块、工具选项板和设计中心的使用

一、实验目的

1. 灵活使用块及块的属性。

2. 能利用工具选项板和设计中心插入相应的已有图块。

二、操作内容

1. （1）将下图五角星创建成一个名为 f 的块，基点选择为五角星的左顶点；

（2）插入块 f，要求缩放比例和旋转均为"在屏幕上指定"，按图标要求分别产生图 b，c，d；

（3）绘制一圆弧，利用块 f 对圆弧的定数等分。

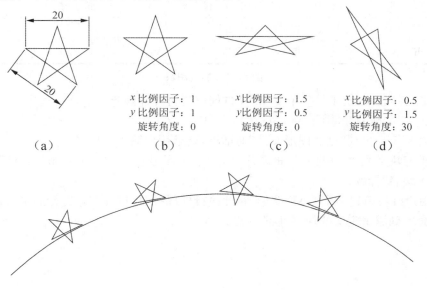

实验图 11.1

2. 绘制实验图 11.2 所示的标题栏内容，并将其定义成一个块，块名自定。

标题栏上的"XX 建筑平面图"的文字高度为 5，"二层平面图"高度为 6，其余文字高度均为 2.5，表格行高为 6，宽度自己根据实际情况自行调整；

××建筑平面图		工程名称	××建筑群		
		项目名称	××号楼		
审　定		校　对		设计号码	
复　核		设　计		图纸编号	
负责人		制　图	二层平面图	日　期	年　月　日

实验图 11.2

3. 对实验图 11.2 进行块属性定义与修改。

（1）从命令行输入 attdef 或执行菜单"绘图"中的"块"，选择"定义属性"项；

（2）在出现的对话框中，对属性框中标记、提示均输入"设计"，在"值"一栏中输入您自己的名字作为默认值；

（3）点击"拾取点"按钮，用鼠标点击"日期"右的空白单元格的左下角位置；

（4）设置日期为当前日期；

（5）同理，设置其他空白单元格中的属性；

（6）重新定义块，并练习插入该块，在插入后在该块上按鼠标右键，进入块属性修改状态。

4. 插入"设计中心"的"马桶（俯视）"图块。

5. 插入"工具选项板"中的"车辆（公制）"图块。

第 2 篇　建筑平面图形

第 6 章　　建筑平面图与部分详图的绘制方法

建筑图形在建筑行业中占有重要地位,绘制建筑图形时,除了要掌握前面所讲述的基本绘图方法与技巧之外,还要知道一些建筑图形上的规范或惯例,如下基本内容要求用户绘图时必须把握(详细内容请参照相关的标准规范):

(1) 基线标注时两者间隔大致为两到三个标注的数据高度;

(2) 中轴线为点划线或虚线;

(3) 未标注尺寸数据的门,其宽度一般为 900mm;

(4) 一般情况下,柱子的尺寸数据是 50 的倍数;

(5) 梯段改变方向时,扶手转向端处的平台最小宽度不小于梯段宽度,并不得小于 1.20m;所有走廊式、塔式住宅楼楼梯梯段净宽不应小于 1100mm;现行规范中踏步宽度不小于 260mm,高度不大于 175mm;梯井宽度以不小于 150mm 为宜;

(6) 绘制门时,斜线与水平(或垂直)方向之间的夹角为 30°、45°或 60°;

(7) 楼梯平面图中 45°或 60°折断线可绘制在任一梯段上;

(8) 以 A0、A1、A2 号图纸作为输出工程图纸大小:图名字高 7mm,标题和比例的字高 5mm、正文和房间名称的字高 3.5mm,标注数据高度 2.5mm 或 3.5mm;标高符号应以直角等腰三角形表示,标高符号的尖端应指至被注高度的位置。

建筑平面图是建筑施工业中最基本的图形,其他图形(如立面图、剖面图等)多是以它为依据派生和深化而成的。一般来讲,建筑平面图包括底层平面图、各楼层平面图、屋顶平面图、局部平面图等,各种平面图的绘制方法相同。

绘制平面图的墙体方法主要有以下三种:轴网法、多线法、多段线法。三种画法的步骤基本一样,但各有特色。

建筑平面图的绘制基本步骤如下:

(1) 设置绘图界限。

建筑平面图一般以 1∶1 的比例尺绘制,绘制后可根据要求适当按比例缩放可以根据图纸的内容来设置绘图界限。

(2) 根据图纸的内容设置各图层。

(3) 绘制定位轴网。

(4) 绘制墙线、柱子、门窗、墙洞等各种建筑图形。

(5) 绘制楼梯、台阶、室内常用设施等。

(6) 标注尺寸、标高和相关注释文字。

(7) 添加图框和标题。

(8) 保存或打印输出。

作为入门图形,图 6.1 所示(图中标准门处的垛宽未标出,其值为 120)的内容简单且易于分析,下面分别用三种方法来绘制这幅平面图,并请用户仔细分析这三种画法各自的优缺点。

6.1　实例一、一层建筑平面图的绘制

6.1.1　轴网法建筑平面图

1）设置绘图界限

仔细观察并计算,此平面图的长为14400,宽为11400,再加上尺寸标注的宽度,我们设定整张图的长和宽分别为20000和20000。

执行"直线"命令,在"正交"状态下画长度为20000的水平线和垂直线,然后执行整图缩放命令,即可呈现整个图的界限。

传统的做法是在命令行中输入法"limits"命令,设定图纸界限,现在这种方法使用得较少。

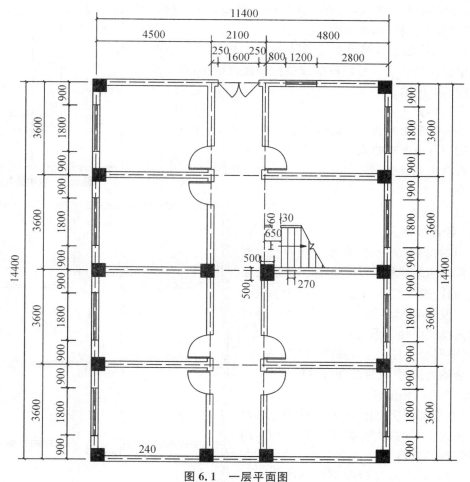

图 6.1　一层平面图

2）设置图层

整个平面图由中轴线、墙体、标注、门、窗、柱子、楼梯七部分组成,由于门窗在绘图时互不干扰,故门窗通常为一个图层。请用户按表6-1设置各图层。

表 6-1　图层

图层名	颜色	线型	图层名	颜色	线型
中轴线	红色	ACAD_IS004W100	柱子	粉红	Continus
墙	灰色 9	Continus	楼梯	黄色	Continus
标注	白色	Continus	门窗	蓝色	Continus

注意:0 层是 AutoCAD 的默认层,图层颜色是白色,用户不能重命名和删除。通常情况下,0 层是用来定义块的。在 0 层定义块,可以确保在插入块时,块自动会插入到当前图层。

3）绘制轴网

（1）在"中轴线"上绘制长为 14400 的垂直的轴线,再分别向右偏移其他中轴线,偏移距离分别为 4500、2100、4800;

（2）绘制水平的轴线,可直接连接第一根和最后一根垂直轴线,然后分别偏移 3600 四次;

（3）轴线图层的线型为虚线,可是显示的却是实线,这时在命令行中执行"lts"命令来调整虚线的全局比例因子,调整后的结果如图 6.2 所示。

命令：lts ↙

LTSCALE 输入新线型比例因子 <1.0000>：100 ↙

//用户可根据需要来调整比例因子

正在重生成模型。

命令：

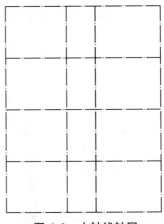

图 6.2　中轴线轴网

4）绘制墙体

（1）绘制墙体

A. 执行偏移命令,把水平直线和垂直的中轴线都向两侧偏移 120,并选择偏移后的墙线,将它们转换到墙体图层（也可边中轴线一起选择并改换到墙体图层后,再选择中轴线并将它转换到中轴线图层）;

B. 根据目标图,运用修剪和删除命令,完成对墙体的修剪,结果如图 6.3 所示。

（2）开门洞和窗洞

A. 在墙体图层上操作,在墙体的上部绘制一段长为 240 的直线,如图 6.4 所示的 P1 与 P2 点间的直线;

B. 用复制或偏移命令将此直线多个复制或偏移到需要开门洞和窗洞的位置（注意数据）,如图 6.5 所示;

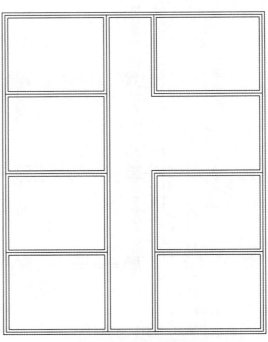

图 6.3　修剪后的墙体

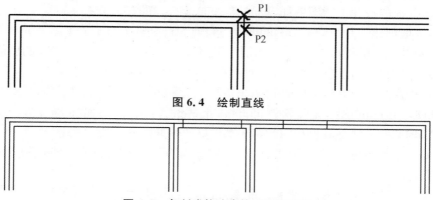

图 6.4　绘制直线

图 6.5　复制或偏移直线到门窗位置

C. 执行修剪命令后,即得到一个门洞和一个窗洞,如图 6.6 所示。

图 6.6　修剪后结果

D. 参照上述同样的操作方法,制作其他墙体门洞和窗洞,如图 6.7 所示。开门洞和窗洞需要细心和耐心,有的时候也需要一些投机取巧,仔细观察图形,可以发现有很多相同之处,可以利用复制或镜像等命令来简化工作。比如,左边做好一个窗洞后可多个复制产生左边的其他窗洞,右边的窗洞可从左边复制过来,最后再做修剪等操作。

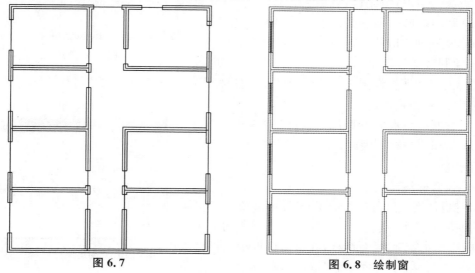

图 6.7

图 6.8　绘制窗

5) 绘制门窗

(1) 绘制窗

窗的绘制方法有多种,可以用直线来绘制,也可以用多线绘制。在本实例中,窗的尺寸都是 1800×240,可以通过画好一个窗,然后用复制的方法来实现。

有的时候窗的尺寸可能不一样,可能有 1000×240,也有可能有 1500×240 的,这时要用到"块",一般创建的是 1000×240 的窗块,这样,无论是长为 900 的窗还是 700、500 的窗,插入块时,只要在它的长度上给定一个比例值(其值为实际窗的长度与 1000 的比值)就可以得到各种尺寸的窗,而宽度比例值为 1(即墙的厚度 240 与 240 和比值)。

本实例中窗的绘制方法可以直接用画矩形的方法来画,在门窗图层中,先画一个 1800×240 的矩形,再分解矩形,删除两侧短直线,把两条长边各向内偏移 80 后就可得到一个窗。再用"复制"的方法把其他相同的窗子都做好效果如图 6.8 所示。

在图 6.8 右上还有一个水平 1200×240 的窗,请用户自己使用上面讲述的方法绘制。

(2)绘制门

图 6.1 中有两种类型的门:平开门和双开门。

A. 在门窗图层上绘制一个平开门后,制作成图块在其他相应位置插入;也可在制作出一个后,利用镜像命令产生其他平开门;

B. 双开门的斜线与水平线之间的夹角为 45°;

C. 未标注的平开门门默认宽度为 900。

6)绘制柱子

图 6.1 中的柱子一共有 14 个,左右的柱子一样,可以在绘制左边后通过镜像或复制得到右边的柱子(绘制一辅助直线后,取辅助直线的中点所在的垂线作为镜像中线,如图 6.9 所示)。

(1)在"柱子"图层上绘制边长为 500 的正方形,然后用图案 SOLID 填充;

(2)利用矩形的角点或边上的中点作为基点,将柱子多个复制到相应的位置。

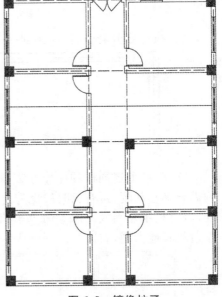

图 6.9　镜像柱子

7)绘制楼梯

楼梯的尺寸数据在图 6.1 已标示出,请用户根据前面已学习的方法与技巧,自己构思绘制方法后绘制,绘制时注意:

(1)折断线与水平线的夹角为 45°;

(2)折断线位置不固定。

8)标注

(1)设置标注样式

A. 执行"格式"菜单"标注样式"命令(或从"注释"功能选项功能区中,点击标注选项卡处右下角的箭头),弹出"标注样式管理器"对话框,在该对话框中选择样式为"ISO-25",然后单击"新建"按钮,弹出如图 6.10 所

图 6.10　"创建新标注样式"对话框

示的"创建新标注样式"对话框,在该对话框中输入新的样式名后点击"继续"按键,然后弹出如图 6.11 所示的"新建标注样式"对话框;

B. 对该项对话框中有多个选项卡,在此只对两个选项卡进行设置:

(a)如图 6.11 所示,在"符号和箭头"选项卡上设置,即箭头为"建筑标记";

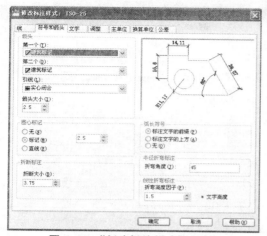

图 6.11　"新建标注样式"对话框

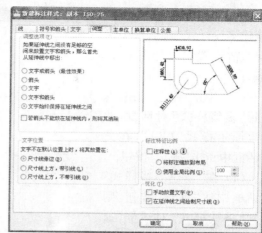

图 6.12　"调整"选项卡

（b）如图 6.12 所示，在"调整"选项卡上设置"调整选项"为最后一个选项，"全局比例"为 100（此处使用 1∶1 绘制图形，因标注的数据高度设置为 2.5，放大 100 后即标注的数据高度为 250）；

C. 点击"确认"按钮保存设置并退出。

（2）标注尺寸

执行"标注"下的"线性"标注命令，标注出第一个后，使用连续标注命令，标注出同一行或同一列的连续的其他标注内容。

6.1.2　多线法绘一层平面图

用多线法来绘制图 6.1 所示内容，绘图的步骤和轴网法是一样的，不同的是，墙体和轴线可以用多线来画，此处只讲述不同的地方，相同之处请用户参照轴网法进行绘制。

1）设置多线样式。

用"多线"命令绘制时，一定要先进行设置，设置出合适的线型及偏移距离后，才能使用"多线"命令绘制图形。具体步骤如下：

（1）打开"格式"菜单下"多线样式"选项，在弹出"多线样式"对话框（如图 6.13 所示）中点击"新建"按钮，在出现的对话框（如图 6.14 所示）中输入新的样式名，然后点击"继续"按钮，出现如图 6.15 所示的对话框；

图 6.13　"多线样式"对话框

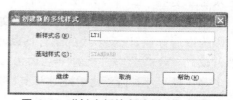

图 6.14　"创建新的多线样式"对话框

　　(2) 在如图 6.15 所示的"新建多线样式"对话框中进行设置,设置结果如图 6.15 所示;

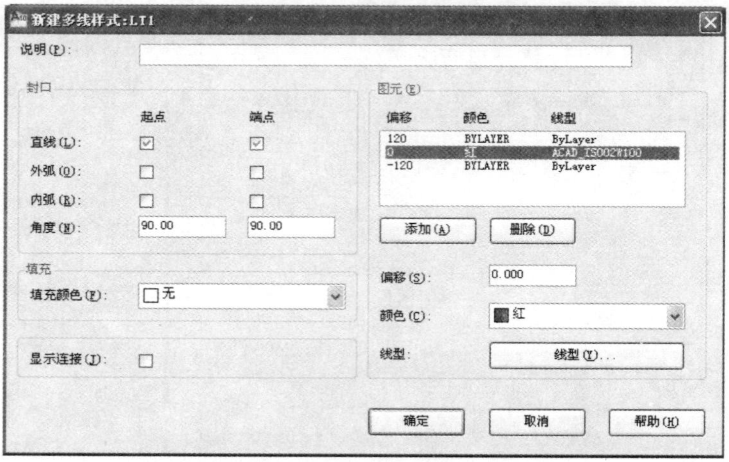

　　(3) 点击"确定"按钮,返回到"多线样式"对话框,此时添加了样式"LT1",在此对话框中点击"确定"按钮。

　　(4) 在"新建多线样式"对话框中按"确定"按钮,则回到"多线样式"对话框,这时可以看到在"样式"中除了"STANDARD"之外,还有新建的样式"YANGSHI1",可以把"YANGSHI1""置为当前"。在"预览"框中可以预览多线的样式,如果与预期效果不符,还可以进行修改。"修改"按钮可以进入"新建多线样式"的对话框,"重命名"按钮还可以对样式名称重新命名。

图 6.15　"新建多线样式"对话框

　　注意点:多线设置时,也可设置两根线,即 120 和-120,中线用轴网法中的中轴线,即在中轴线产生之后绘制墙体。

　　2) 用多线命令绘制墙体和中轴线。

　　在设置好多线样式后,可以使用多线命令一次性绘制墙体和中轴线。通常使用多线绘制时,将门洞和窗洞预留,即在绘制时,多输入一些数据信息,留好门洞和窗洞的位置。

　　在墙体图层下,执行"绘图"菜单下的"多线"命令,按照图纸的数据来绘制墙体。命令行提示如下:

　　命令:_mline

　　当前设置:对正 =上,比例 = 20.00,样式 = STANDARD

　　指定起点或 [对正(J)/比例(S)/样式(ST)]:　st↙

　　输入多线样式名或 [?]:　LT1　　　　　　　　//此名称为新建的多线样式名称

　　当前设置:对正 =上,比例 = 20.00,样式 = LT1

　　指定起点或 [对正(J)/比例(S)/样式(ST)]:　s↙

　　输入多线比例 <20.00>:　1↙　　　　　　　　//因为墙体的厚度为 240,而设置多线样式时,其距离为[120,0,-120],即总宽为 240,所以比例为 1,才能适合墙体的厚度。

　　当前设置:对正 =上,比例 = 240.00,样式 = LTI1

　　指定起点或 [对正(J)/比例(S)/样式(ST)]:　j↙

　　输入对正类型 [上(T)/无(Z)/下(B)] <上>:　z↙

　　// z 为英文"zero"的首字母,zero 的英文含义是"零",CAD 中翻译为"无"

　　//因为以后标注,以及多线的闭合均以此中间线为参照

　　当前设置:对正 = 无,比例 = 240.00,样式 =LT1

　　指定起点或 [对正(J)/比例(S)/样式(ST)]:　//任意一点作为起始点

　　指定下一点:　900↙

指定下一点或［放弃(U)］：1800↙

指定下一点或［闭合(C)/放弃(U)］：900↙

指定下一点或［闭合(C)/放弃(U)］：900↙

指定下一点或［闭合(C)/放弃(U)］：1800↙

指定下一点或［闭合(C)/放弃(U)］：900↙

指定下一点或［闭合(C)/放弃(U)］：900↙

指定下一点或［闭合(C)/放弃(U)］：1800↙

指定下一点或［闭合(C)/放弃(U)］：900↙

指定下一点或［闭合(C)/放弃(U)］：900↙

指定下一点或［闭合(C)/放弃(U)］：1800↙

指定下一点或［闭合(C)/放弃(U)］：900↙ //以上为画左边的墙体

指定下一点或［闭合(C)/放弃(U)］：4500↙

指定下一点或［闭合(C)/放弃(U)］：2100↙

指定下一点或［闭合(C)/放弃(U)］：4800↙//以上为画下边的墙体

指定下一点或［闭合(C)/放弃(U)］：3600↙

指定下一点或［闭合(C)/放弃(U)］：3600↙

指定下一点或［闭合(C)/放弃(U)］：3600↙

指定下一点或［闭合(C)/放弃(U)］：3600↙//以上为画右边的墙体

指定下一点或［闭合(C)/放弃(U)］：2800↙

指定下一点或［闭合(C)/放弃(U)］：1200↙

指定下一点或［闭合(C)/放弃(U)］：800↙

指定下一点或［闭合(C)/放弃(U)］：250↙

指定下一点或［闭合(C)/放弃(U)］：1600↙

指定下一点或［闭合(C)/放弃(U)］：250↙

指定下一点或［闭合(C)/放弃(U)］：c↙   //以上为外墙体，一定要以 C 来闭合，
因为只有闭合才没有缺口，结果如图
6.16所示。

图 6.16 绘制外围墙体

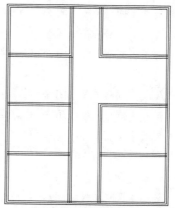

图 6.17 绘制内墙体

重复多线命令，绘制内墙体，注意捕捉对齐的时候，都以中轴线上的点为准，不能选到

外墙或内墙上，结果如图 6.17 所示。

　　3）修剪和删除多余的线条。

　　（1）选择所有墙体，执行"分解"命令；

　　（2）执行"修剪"命令，按照目标图，修剪去多余的线条；

　　（3）选择中间线，转换到中轴线图层。

　　门窗、柱子和楼梯、尺寸标注的方法与前面讲的方法一样，此处不再赘述。

6.1.3　多段线法绘一层平面图

　　对于图 6.1，也可用多段线方法来绘制。多段线绘制建筑平面图也是很常见的绘制方法。

　　用多段线法来绘制图 6.1，绘图的步骤和轴网法、多线法是一样的，不同点在于中轴线是使用多段线来绘制，在此主要讲述不同于前两个之处。

　　1）绘制中轴线

　　（1）在"中轴线"图层上执行"多段线"命令，沿外墙体中轴线绘制封闭线，具体的命令行如下：

命令：_pline

指定起点：　　　　　　　　　　　//在正交下，任意一点作为起点

当前线宽为 0.0000

指定下一个点或 ［圆弧(A)/半宽(H)/长度(L)/放弃(U)/宽度(W)］：4500↙

指定下一点或 ［圆弧(A)/闭合(C)/半宽(H)/长度(L)/放弃(U)/宽度(W)］：250↙

指定下一点或 ［圆弧(A)/闭合(C)/半宽(H)/长度(L)/放弃(U)/宽度(W)］：1600↙

指定下一点或 ［圆弧(A)/闭合(C)/半宽(H)/长度(L)/放弃(U)/宽度(W)］：250↙

指定下一点或 ［圆弧(A)/闭合(C)/半宽(H)/长度(L)/放弃(U)/宽度(W)］：800↙

指定下一点或 ［圆弧(A)/闭合(C)/半宽(H)/长度(L)/放弃(U)/宽度(W)］：1200↙

指定下一点或 ［圆弧(A)/闭合(C)/半宽(H)/长度(L)/放弃(U)/宽度(W)］：2800↙

　　　　　　　　　　　　　　　　　　　　　　　　//上轮廓

指定下一点或 ［圆弧(A)/闭合(C)/半宽(H)/长度(L)/放弃(U)/宽度(W)］：3600↙

指定下一点或 ［圆弧(A)/闭合(C)/半宽(H)/长度(L)/放弃(U)/宽度(W)］：3600↙

指定下一点或 ［圆弧(A)/闭合(C)/半宽(H)/长度(L)/放弃(U)/宽度(W)］：3600↙

指定下一点或 ［圆弧(A)/闭合(C)/半宽(H)/长度(L)/放弃(U)/宽度(W)］：3600↙

　　　　　　　　　　　　　　　　　　　　　　　　//右轮廓

指定下一点或 ［圆弧(A)/闭合(C)/半宽(H)/长度(L)/放弃(U)/宽度(W)］：4800↙

指定下一点或 ［圆弧(A)/闭合(C)/半宽(H)/长度(L)/放弃(U)/宽度(W)］：2100↙

指定下一点或 ［圆弧(A)/闭合(C)/半宽(H)/长度(L)/放弃(U)/宽度(W)］：4500↙

　　　　　　　　　　　　　　　　　　　　　　　　//下轮廓

指定下一点或 ［圆弧(A)/闭合(C)/半宽(H)/长度(L)/放弃(U)/宽度(W)］：900↙

指定下一点或 ［圆弧(A)/闭合(C)/半宽(H)/长度(L)/放弃(U)/宽度(W)］：1800↙

指定下一点或 ［圆弧(A)/闭合(C)/半宽(H)/长度(L)/放弃(U)/宽度(W)］：900↙

　　……

指定下一点或［圆弧(A)/闭合(C)/半宽(H)/长度(L)/放弃(U)/宽度(W)］：900↙

指定下一点或［圆弧(A)/闭合(C)/半宽(H)/长度(L)/放弃(U)/宽度(W)］：1800↙

指定下一点或［圆弧(A)/闭合(C)/半宽(H)/长度(L)/放弃(U)/宽度(W)］：900↙

//左轮廓

指定下一点或［圆弧(A)/闭合(C)/半宽(H)/长度(L)/放弃(U)/宽度(W)］：

//结果如图 6.18 所示

图 6.18　中轴线外轮廓

图 6.19　墙体中轴线

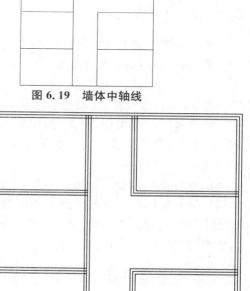

　　注意这个多段线绘制中轴线是很方便的，但是要注意：

　　A. 绘制过程中，最好不要断开，即一次性完成，偏移的时候才能比较省事。如果断开了，可执行多段线编辑命令使之合并成一个整体。

　　B. 绘制时，最好利用小的标注的数据，本例中左右对称，可使用镜像命令产生右边的窗体。

　　(2) 重复多段线命令，绘制中间的轴线，结果如图 6.19 所示。

　　2) 绘制墙体

　　墙体是由轴线偏移修剪而得。

　　(1) 执行"偏移"命令，把各条中轴线向两边偏移 120，并把偏移所得的墙体切换至"墙体"图层，结果效果如图 6.20 所示。

　　(2) 与目标图对照，修剪去相应部分；

图 6.20　偏移中轴线产生墙体

　　(3) 分解多段线，删除门窗位置的墙线，并补上窗体位置处墙上的短线；

　　(4) 绘制门洞，与以前的方法相同，此处不再赘述，结果如图 6.7 所示。

6.2　建筑详图的绘制

　　为了满足施工要求，对建筑的细部构造用较大的比例详细地表达出来，这样的图称为建筑详图，有时也叫做大样图。

详图的特点是比例大,反映的内容详尽,常用的比例有 1∶50、1∶20、1∶10、1∶5、1∶2、1∶1等,建筑详图一般有局部构造详图,如楼梯详图、墙身详图等;构件详图,如门窗详图、阳台详图等;以及装饰构造详图,如墙裙构造详图、门窗套装饰构造详图等三类详图。

详图要求图示的内容详尽清楚,尺寸标准齐全,文字说明详尽。一般应表达出构配件的详细构造;所用的各种材料及其规格;各部分的构造连接方法及相对位置关系;各部位、各细部的详细尺寸;有关施工要求、构造层次及制作方法说明等。同时,建筑详图必须加注图名(或详图符号),详图符号应与被索引的图样上的索引符号相对应,在详图符号的右下侧注写比例。对于套用标准图或通用图的建筑构配件和节点,只需注明所套用图集的名称、型号、页次,可不必另画详图。

6.2.1　墙身详图

墙身详图实质上是建筑剖面图中外墙身部分的局部放大图。它主要反映墙身各部位的详细构造、材料做法及详细尺寸,如檐口、圈梁、过梁、墙厚、雨篷、阳台、防潮层、室内外地面、散水等,同时要注明各部位的标高和详图索引符号。墙身详图与平面图配合,是砌墙、室内外装修、门窗安装、编制施工预算以及材料估算的重要依据。

墙身详图一般采用 1∶20 的比例绘制,如果多层房屋中楼层各节点相同,可只画出底层、中间层及顶层来表示。为节省图幅,画墙身详图可从门窗洞中间折断,化为几个节点详图的组合。

墙身详图的线型与剖面图一样,但由于比例较大,所有内外墙应用细实线画出粉刷线以及标注材料图例。墙身详图上所标注的尺寸和标高,与建筑剖面图相同,但应标出构造做法的详细尺寸。绘制时,选定标高中的基准线,按尺寸偏移,依次绘制。如图 6.21 为某小区别墅墙身详图,注意标高和两个轴线。

6.2.2　楼梯详图

楼梯是楼房上下层之间的重要通道,一般由楼梯段、休息平台和栏杆(栏板)组成。

楼梯详图就是楼梯间平面图及剖面图的放大图。它主要反映楼梯的类型、结构形式、各部位的尺寸及踏步、栏板等装饰做法。它是楼梯施工、放样的主要依据,一般包括楼梯平面图、剖面图和节点详图。

楼梯平面图是用一个假想的水平剖切平面通过每层向上的第一个梯段的中部(休息平台下)剖切后,向下作正投影所得到的摄影图。它实质上是房屋各层建筑平面图中楼梯间的局部放大图,通常采用 1∶50 的比例绘制。三层以上房屋的楼梯,当中间各层楼梯位置、梯段数、踏步数都相同时,通常只画出底层、中间层(标准)和顶层三个平面图;当各层楼梯位置、梯段数、踏步数不相同时,应画出各层平面图。

底层平面图是从第一个平台下方剖切,将第一跑楼梯段断开,故只画半跑楼梯,用箭头表示上或下方向,以及一层至二层间踏步数量,如上 20,表示一至二层间有 20 个踏步。

各层被剖切到的梯段,均在平面图中以 45°细折断线表示其断开位置。在每一梯段处画带有箭头的指示线,并注写"上"或"下"字样。通常,楼梯平面图画在同一张图纸内,并互相对齐,这样既便于识读又可省略标注一些重复尺寸。

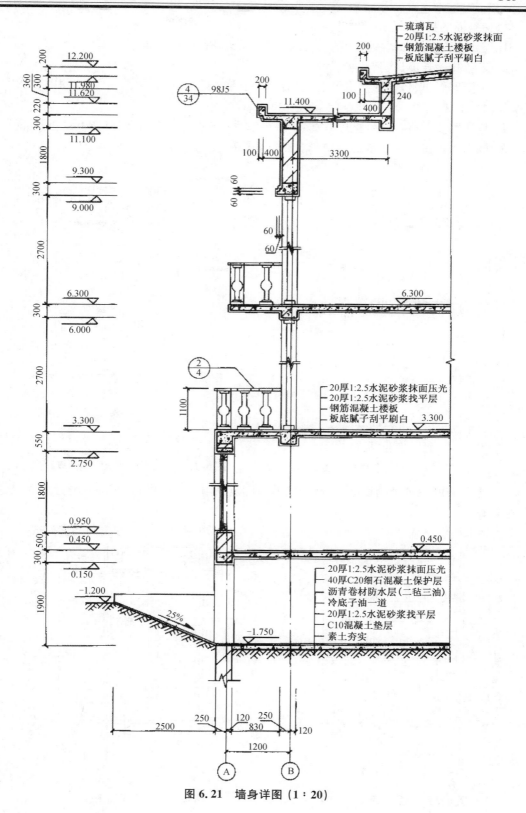

图 6.21　墙身详图（1∶20）

楼梯剖面的具体做法步骤如下：

1. 定地面、楼面和楼梯平台的高度线，如图 6.22 所示；

2. 定各梯段长度、找到起步线的位置，如图 6.22 所示；

3. 在楼地面、平台面的起步线上，标出第一个踏步的高度点，按图 6.22 连得 1 号、2 号、3 号、4 号线；

4. 按照踏步宽度、数量，把图 6.22 中 1 号、2 号、3 号、4 号线等分，如图 6.23 所示；

5. 画出各梯段每个踏步的高度、宽度线，如图 6.23 所示；

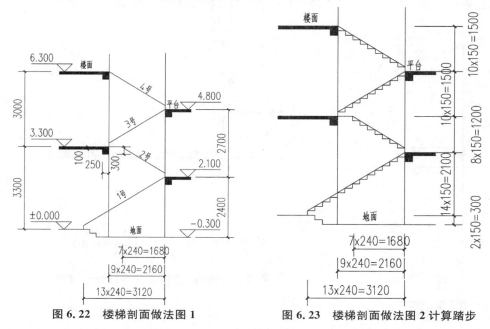

图 6.22　楼梯剖面做法图 1　　　　　　　图 6.23　楼梯剖面做法图 2 计算踏步

6. 删除或隐藏多余的线条；在剖切到的轮廓范围内绘制上材料图例，注写标高和尺寸，完成全图。

楼梯平面和剖面图的示例如下图 6.24～图 6.27，请用户按上述方法和要求完成。

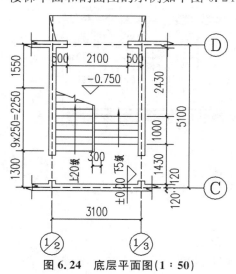

图 6.24　底层平面图(1∶50)

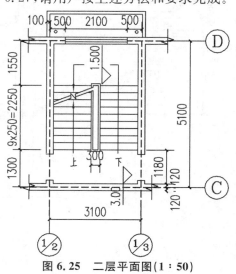

图 6.25　二层平面图(1∶50)

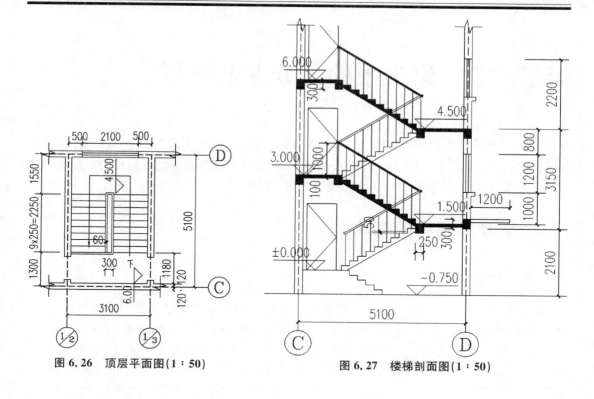

图 6.26　顶层平面图(1∶50)　　　　　　　　　图 6.27　楼梯剖面图(1∶50)

实验十二　建筑平面与楼梯图形绘制

一、实验目的

1. 掌握建筑平面图形的绘制方法,并能熟练绘制建筑平面图形。
2. 掌握楼梯平面与剖面图的绘制方法,并能熟练绘制楼梯平面与剖面图形。

二、操作内容

请用户重新且独立绘制出本章中的建筑平面、楼梯平面和楼梯剖面图形。

第 7 章   建筑中的部分专业图形

　　建筑业中绘制专业图形时虽然有一些专业软件,但它们大多数是在 AutoCAD 之上二次开发的,在掌握了 AutoCAD 之下的绘制方法后,再学习其他专业图形软件及在原来的专业图形之上修改时,将相对容易一些。这一章将讲授建筑中的专业图形的绘制。

7.1   市政工程中的道路

7.1.1   路缘石

　　路缘石在市政工程中广泛应用,路缘石按线型分类为直线型路缘石和曲线型路缘石,曲线型路缘石可配合直线型路缘石选用。直线型路缘石的长度一般为 1000mm、750mm、500mm 三种。曲线型路缘石的曲线半径以立缘石侧面所在的位置为准,曲线半径从 0.5m 至 35m 不等,按立缘石侧面线型分为外倒角和内倒角两种,在学习了前面的知识后,此部分的图形(如图 7.1 和图 7.2 所示)绘制相对简单(注意外框线加粗),此处留给用户自己绘制。

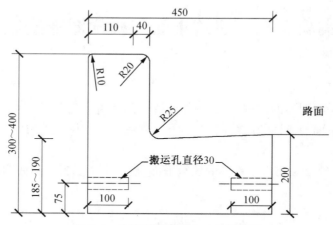

图 7.1   直线型路缘石之一的截面图

　　(1) 直线型路缘石之一

　　用户在图形绘制结束后,请使用多段线编辑命令,将图形的外框线全部选择,将它们合并为一个多段线,并改变线宽,操作过程如下:

　　命令: pe↙　　　　　　　　　　　　//多段线编辑快捷命令

　　PEDIT 选择多段线或 [多条(M)]:　　//选择外框上某一线

　　是否将其转换为多段线? <Y>↙　　　//回车确认

　　输入选项 [闭合(C)/合并(J)/宽度(W)/编辑顶点(E)/拟合(F)/样条曲线(S)/非曲线

化(D)/线型生成(L)/反转(R)/放弃(U)]：j✓　　　//选择"合并"选项

　　选择对象：　　　　　　　　　　　　　　　//依次点取图形外框的各个对象

　　选择对象：✓　　　　　　　　　　　　　　//按空格或回车键停止选择

　　多段线已增加 8 条线段

　　输入选项[打开(O)/合并(J)/宽度(W)/编辑顶点(E)/拟合(F)/样条曲线(S)/非曲线化(D)/线型生成(L)/反转(R)/放弃(U)]：w✓　　//改变多段线的线宽

　　指定所有线段的新宽度：3✓　　　　　　　//此处按 1：1 绘制，如果比例不同，数据相应调整

　　输入选项[打开(O)/合并(J)/宽度(W)/编辑顶点(E)/拟合(F)/样条曲线(S)/非曲线化(D)/线型生成(L)/反转(R)/放弃(U)]：✓　　//结束当前多段线编辑命令

　　命令：

　　(2) 曲线立缘石之一

　　对于曲线立缘石，在绘制时要注意图 7.2 中的第一个图与其他几个图的关系，这涉及建筑图形中的识图与绘制。此图中的各个外框线加粗，方法与前一个方法相同，当然，用户也可在出图时利用不同的图层关系，确定不同的线宽去打印，但对于给他人传阅的电子图，编者还是建议用户将外框线加粗。

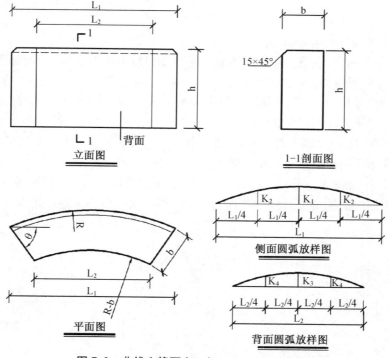

图 7.2　曲线立缘石之一(R＝0.5m～1.75m)

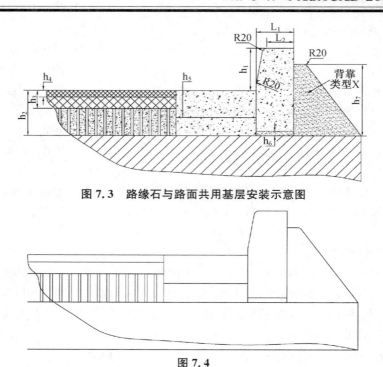

图 7.3　路缘石与路面共用基层安装示意图

图 7.4

（3）路缘石安装示图绘制示例

在如图 7.3 所示中，图形上标注的内容不是数据，这时用户绘制时，要使用一直尺量取或估计各个尺寸的长度，然后按比例进行绘制。基本绘制思路如下：

A. 绘制图形轮廓及图形主要组成，如图 7.4 所示，其中的曲线是用样条曲线命令绘制的，路缘石斜线与垂直之间夹角为 10°；

B. 填充图案，填充后如图 7.5 所示，注意图案填充后如果密度不满足要求，可双击此已填充的图案，在出现的对话框中调整比例值；

C. 标注尺寸，此图中部分尺寸标注的文字与图案重叠时，将图案分解，在文字周围绘制一个矩形，将矩形中的图案部分修剪掉，如图 7.6 所示，完成后再将矩形删除。

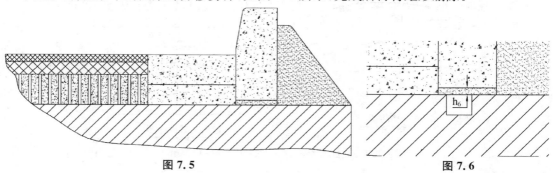

图 7.5　　　　　　　　　　　　　　　　　　　　　　　　　**图 7.6**

7.1.2　集水井、排水沟

排水沟和集水井在市政道路中广泛使用，此处只列举一些图形（如图 7.7～图 7.10 所示），下面将对它们的画法作一些说明，由于图形相对简单，具体图形留给用户自己绘制。

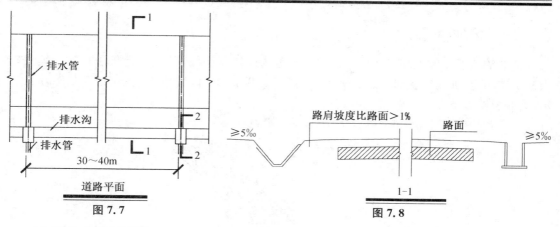

图 7.7

道路平面

图 7.8

1-1

1）图 7.7 绘制思路

（1）先绘制水平线；

（2）绘制直线，向两边偏移，并将中间线变换线型，产生排水管；

（3）绘制集水井，并复制产生另一个；

（4）绘制折断线，并进行多个复制；

（5）标注文字与尺寸、标注剖切符号。

2）图 7.8 绘制思路

（1）路面绘制时，由路面路线开始绘制，绘制一半路面后镜像另一半，再将中间折断绘制后复制产生另一个，最后填充图案；

（2）两个排水沟不相同，注意绘制时的大致尺寸。

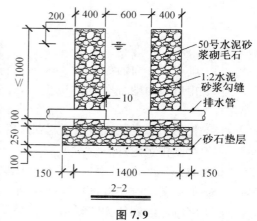

2-2

图 7.9

3）图 7.9 绘制思路

（1）排水管直径没有确定的数值，我们只能大致绘制其直径，管子的断面是用几个圆弧形，如用 100 作管子直径，则圆弧的弦的中点到圆弧中点的长度为 25，即 1/4 管子直径；

（2）其余内容按尺寸绘制，绘制后填充图案并标注尺寸。

4）图 7.10，其绘制方法相对简单，留给读者自己去绘制。

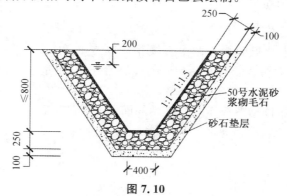

图 7.10

7.1.3　护坡详图

护坡的长度一般不超过 40 m,超过者应分为两段保护坡,其缓步台长≥1000。坡角则根据土质而定,如为黏土时,坡角不大于 45°;土质为砂土时,坡角不大于 30°。如图7.11所示,绘制思路如下:

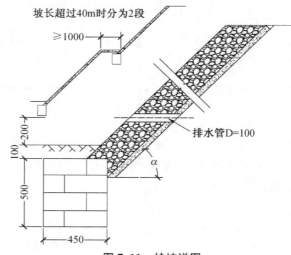

图 7.11　护坡详图

（1）确定好下面的矩形和一斜线,并将斜线偏移产生其他的斜线;

（2）矩形上面的部分图案产生时,先在其位置绘制一矩形,填充好图案后,再将矩形删除;

（3）将图 7.7 中的折断线复制到此后,旋转适当角度后移到适当位置;

（4）绘制排水管;

（5）填充各图案,并根据需要修改图案填充的比例值;

（6）如果斜坡过长或过短,可使用平面拉伸命令调整;

（7）将刚才绘制的详图复制一份并适当缩小后,产生图 7.11 所示的左上角图形的一部分,并再次将此部分复制产生另一部分,并作适当修改;

（8）标注尺寸。

7.1.4　道路平面图形绘制

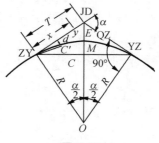

图 7.12

在道路平面图中,会经常出现道路交叉处的圆弧处理,其关系如图 7.12 所示,其中圆弧曲线与两个直线相切,α 是偏角,R 为设计圆曲线半径,T 为切线长（$T=R\tan\alpha/2$）,E 为外距,L 是曲线长度。

图 7.13（道路平面图）和图 7.14（道路纵剖面图）表示道路的不同视图。图 7.13 绘制思路为:

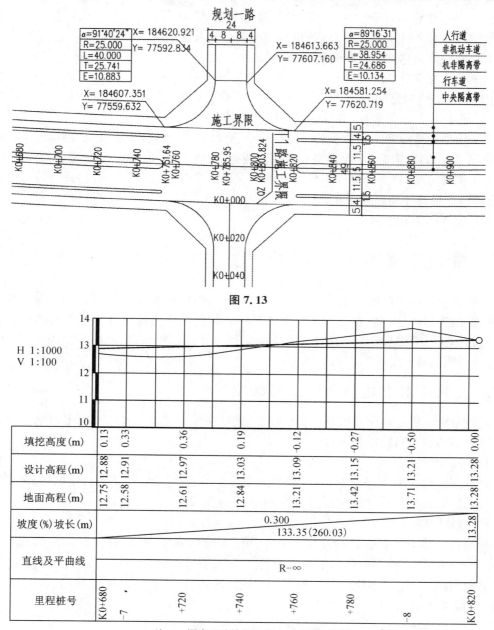

图 7.13

图 7.14

注：1、图中尺寸单位以米计。国家85高程。
　　2、图中粗实线为设计线，细实线为地面线。
　　3、比例：横向：1：1000；竖向：1：100。

道路纵断面图

图 7.14

（1）确定绘制的地块边界；

（2）根据地块边界偏移产生道路边界，在道路边界交叉处，使用"相切、半径"方法绘制圆后，修剪得到圆弧；或使用倒圆角命令产生；

（3）对一些放样点数少，又有相关地物点能保证精度的，可采用传统的螺旋线作为缓和曲线放样产生中线;对于精度要求高的,如贯通工程、桥梁等要采用全站仪结合水准仪进行坐标和高程放样产生中线(具体做法可参照相关专业书籍);

(4) 由中线偏移产生道路的其他分隔线;

(5) 标注文字、尺寸。

图 7.14 的绘制思路为:

(1) 根据比例做好表格,并标注出下面部分的文字;

(2) 由地面高程各个采样点的坐标的水平位置,在图中的相应垂直位置处标示出节点,并将各节点用直线连接产生地面高程纵剖断线;

(3) 同样方法,将各个设计高程的节点用直线连接起来,并将其转化为多段线,改变多段线线宽,产生设计高程纵剖断线;

(4) 完善图中其他内容。

7.2 住宅工程图

房屋建筑工程中的图形主要分为结构图和施工图两部分,此处通过一个住宅工程将它们的绘制内容尽可能多地表达出来。本处举例的结构图中主要讲述楼梯配筋图的绘制方法,而没有对其结构进行验证;施工图中主要讲述一至四层平面图、屋面平面图、立面图、剖面图、楼梯间大样图等绘制方法。

7.2.1 施工图中建筑平面图形绘制

建筑平面图形是施工图的基本组成部分,此处主要讲述图 7.15 的绘制方法,其余建筑平面图形留给用户自己绘制练习。

1) 确定比例

目标图中标注的比例为 1∶100,但实际在绘制中通常按照 1∶1 进行绘制;部分详图在按 1∶1 绘制后,进行适当的缩放后,再标注相应的尺寸。

2) 划分图层

根据目标图中将要绘制的对象划分并创建相应的电子图层,并设置相应的线型及颜色,在不同的图层上绘制对象后根据需要组合产生完整的目标图形。

如根据图 7.15,可创建如下的图层:中轴线、墙体、柱子、门窗、尺寸标注、文字标注、楼梯、散水坡等,当然,用户可根据实际需要的不同,将特殊表示的对象单独放置在一个图层上。

实际工程中,常将同一个工程中的多个图形放在一个文件中,这样可重复使用相同的图层。

3) 绘制轴网

图层创建后,实际操作绘制时可按照手绘图形的先后次序进行。首先是绘制墙体上的中轴线,确定中轴线后,再绘制相应的墙体。

图 7.15 中,先将中轴线图层设置为当前图层,然后绘制直线,从图中的最左下面标注的数值,再加上散水的长度 900,水平直线绘制的长度为 21000,这时会发现绘制的长度超出一般的鼠标滚动缩放范围,此时可执行整图缩放命令显示出全部。

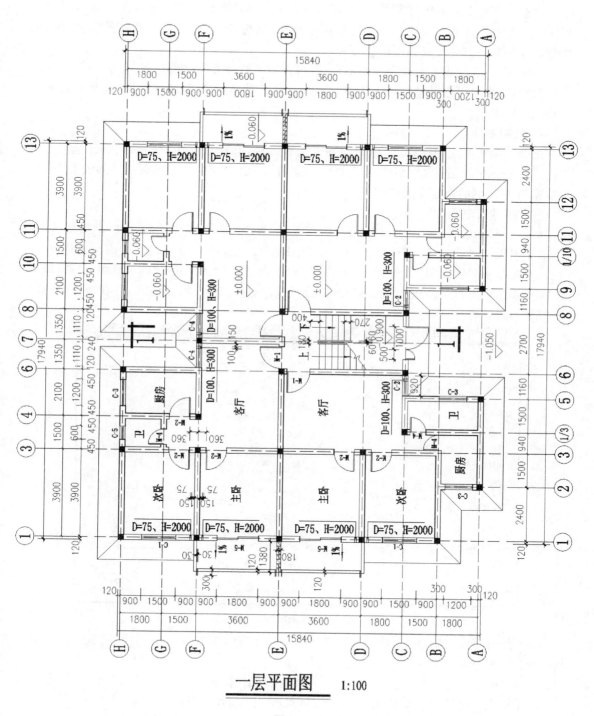

一层平面图　　1:100

图 7.15

　　垂直直线绘制的长度为 18000，其余的中轴线根据绘制出的第一个水平或垂直的直线作相应的偏移即可产生，这样形成了一个轴网。

　　注意上开与下开的轴号不对等，上开具有而下开不具有轴号的轴线在下开位置处要适当使用夹持点夹持下面的端点向上移动一些距离；同理，下开具有而上开不具有轴号的轴线在上开位置处也要对其端点作适当的移动。

　　由于图 7.15 的垂直直线上左右对称，则可在适当的地方使用镜像命令。

　　当然，用户也可在其他图层上绘制好轴网的直线对象后，选择轴网的内容，将其转换到中轴线图层上来。

　　4）绘制墙体

　　正如前面所介绍的那样，墙体的绘制方法有多种，这可根据用户的喜爱自己选择。本处使用的是多线绘制方法。绘制前先设置多线样式，根据四个角上的标注半墙宽数值，可知墙宽为 240，然后设置多线的相关参数。

　　多线的执行过程如下：

　　（1）打开 AutoCAD 2010 的菜单栏，执行菜单"格式"→"多线样式"，打开"多线样式"对话框，在出现的对话框中，选择样式"STANDARD"后，点击"修改"按钮，会出现如图 7.16 所示的"修改多线样式"对话框，修改其中的"图元"参数，将其偏移值改为 120 和 −120（墙体宽 240），在"封口"中，选中直线的两个封口选择框。然后点击"确定"按钮，并在"多线样式"对话框中点击"确定"按钮。

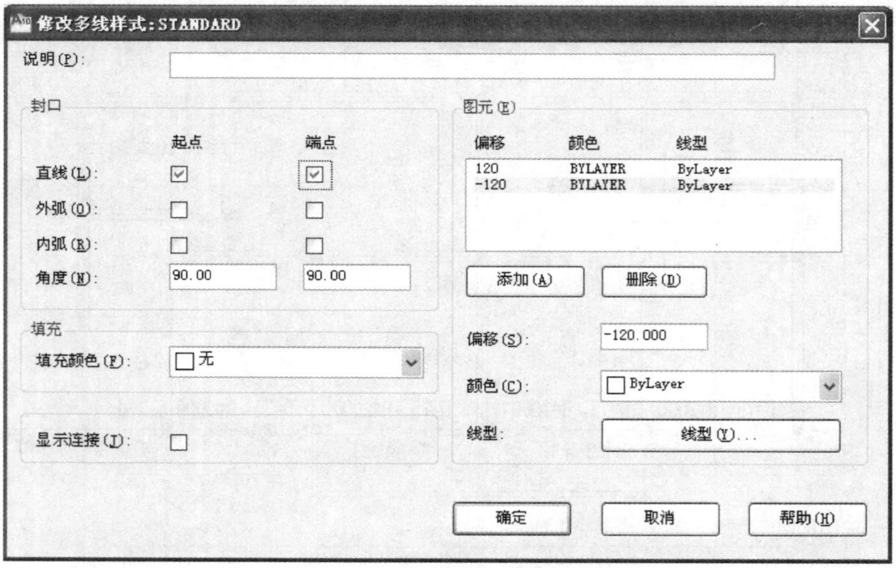

图 7.16　"修改多线样式"对话框

　　（2）执行多线命令，可从菜单执行："绘图"→"多线"，本处举例使用的是快捷命令 ml，其命令行上的提示信息为：

　　命令：ml↙　　　　　　　　　　　　//mline 的快捷命令

　　当前设置：对正 = 上，比例 = 1.00，样式 = STANDARD

　　指定起点或［对正(J)/比例(S)/样式(ST)］：j↙　　　//选择对正

　　输入对正类型［上(T)/无(Z)/下(B)］＜上＞：　z↙　//zero(零)的第一个字母

当前设置：对正 = 无,比例 = 1.00,样式 = STANDARD

指定起点或［对正(J)/比例(S)/样式(ST)］：　　　　//点取起点后,依次点取各点

指定下一点：

指定下一点或［放弃(U)］：

指定下一点或［闭合(C)/放弃(U)］：

……

指定下一点或［闭合(C)/放弃(U)］：

命令：

此处使用多线绘制时,最好是根据墙体的实际情况,在轴线交叉位置后按尺寸输入长度,从而将窗户的位置留下来,如图 7.15 中轴线 3 与轴线 4 间窗 C-5 处墙体的绘制做法如下(参见图 7.17 中的各点)：

图 7.17　多线绘制墙体时遇"窗"时的方法举例

命令：ml↙　　　　　　　　　　　　　　　//mline 的快捷命令

MLINE　　　当前设置：对正 = 无,比例 = 1.00,样式 = STANDARD

指定起点或［对正(J)/比例(S)/样式(ST)］：　　//点取第 1 点

指定下一点：　　　　　　　　　　　　　　　//点取第 2 点

指定下一点或［放弃(U)］：　450↙　　　　//光标位置在 2 点右边后输入数值

指定下一点或［闭合(C)/放弃(U)］：　　　//空格结束命令

命令：　　　　　　　　　　　　　　　　　//按空格键重复刚才命令

MLINE　　　当前设置：对正 = 无,比例 = 1.00,样式 = STANDARD

指定起点或［对正(J)/比例(S)/样式(ST)］：　　//点取第 4 点作为起始点

指定下一点：　450↙　　　　　　　　　//光标位置在 4 点左边后输入数值

指定下一点或［放弃(U)］：　　　　　　　//空格结束命令

命令：

对于门处要根据实际尺寸,可能要做一些简单的计算后绘制门两边的多线,当然用户也可使用其他方法绘制出,如轴线 F、G 之间且在轴线 3 上的门 M-2 的绘制方法举例如下(参见图 7.18 中的各点)：

命令：ml↙

MLINE 当前设置：对正=无,比例=1.00,样式=STANDARD

指定起点或［对正(J)/比例(S)/样式(ST)］：　　//点取第 7 点作为起始点

指定下一点：　360↙　　　　　　　　　//光标位置在 7 点上面后输入数值,得第 8 点

指定下一点或［放弃(U)］：　　　　　　　//空格结束命令

命令：　MLINE　　　　　　　　　　　//按空格键重复刚才命令

当前设置：对正 = 无,比例 = 1.00,样式 = STANDARD

指定起点或 [对正(J)/比例(S)/样式(ST)]：   //点取第 8 点作为起始点

指定下一点或 [放弃(U)]：   //点取第 2 点作为终止点

指定下一点或 [闭合(C)/放弃(U)]：   //空格结束命令

命令：   //选中刚才绘制的多线

命令：

＊＊拉伸＊＊   //点取选中的多线 8 处的夹持点后，
光标在正交下向上移动

指定拉伸点或 [基点(B)/复制(C)/放弃(U)/退出(X)]：900↙   //输入数值

命令：

当然，用户绘制墙体过程中遇到门窗位置时，可以先在此位置上单独绘制出一段墙体，最后再删除去此位置的多线墙体；另外还可用其他的绘制方法，例如：先用 id 命令识别点后，再使用多线命令，用输入相对坐标（相对于刚才的 id 命令识别的点）确定起始点后绘制墙体。

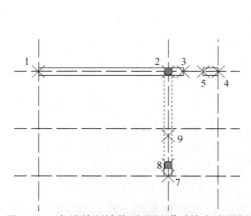

图 7.18　多线绘制墙体时遇"门"时的方法举例

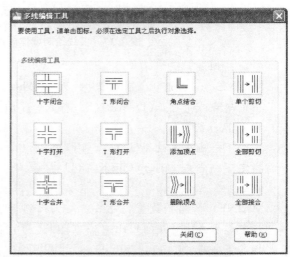

图 7.19　"多线编辑工具"对话框

（3）执行多线编辑命令，最好是在多线上直接双击鼠标左键，用户也可从菜单执行："修改"→"对象"→"多线"，也可使用全称命令 mledit（它没有快捷命令），打开"多线编辑工具"对话框（如图 7.19 所示）。根据所绘制的墙体的具体情况，选择执行相应的多线编辑工具。

如果所提供的多线编辑工具还不能满足实际需求，这时还可将所有的墙体多线分解，执行相应的修剪、删除等命令，有时可用夹持点操作实现目标。

本例中最好只做一半，还有一半等门窗和柱子做好后一起执行镜像命令后得到。

5）绘制门窗

本套举例工程图中的门高 2100mm，底高 0mm，窗高 1800mm，窗台高 900mm，因门窗的大小不一，为便于操作，用户最好定义多个图块，在此处编者只定义门窗各一个图块，它们都以 1000mm 宽作基准，在插入图块时 X 比例上输入适当的比例数值。具体举例如下：

（1）绘制长 1000（水平上），宽 240（垂直上）的矩形，并将其分解；

（2）对水平线向上（或向下）偏移 80 产生窗中间的两根线；

（3）使用 block 命令（快捷命令 b）创建块，块名为"chuang 1000"，对象为水平且长1000的四根线和垂直上的两端的两根线组成的块，块对象的基点为左边垂直线上的中点；

（4）执行 insert 命令（快捷命令 i），在出现的对话框中，选择块名为"chuang 1000"，且将各个"在屏幕上指定"复选框都选中，点击"确定"按钮后，点取插入点，根据要插入处窗长度与 1000 之间的比值确定 X 的比例因子，而 Y 的比例因子为墙宽与块矩形上的宽之比值 1。如轴线 H 上轴号 5 与轴号 7 之间的窗宽为 1200，插入时的命令过程为：

命令：i ↙　　　　　　　　　　　　　　　　　　　//插入块 insert 的快捷命令
INSERT
指定插入点或 ［基点(B)/比例(S)/X/Y/Z/旋转(R)］：↙　　//点取中点为插入点
输入 X 比例因子，指定对角点，或 ［角点(C)/XYZ(XYZ)］ <1>：1.2 ↙
　　　　　　　　　　　　　　　　　　　　　　　//注意此数值的由来
输入 Y 比例因子或 <使用 X 比例因子>：1 ↙　　　//注意此数值的由来
指定旋转角度 <0>：↙
命令：

本举例中绘制的门的门板矩形宽为 45（如图 7.20 所示）。门也可做成块的方式，由于门大小不一，最好根据门宽做成多个不同的块，其插入方法与上相似，此处留给用户自己练习。

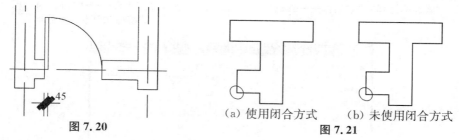

图 7.20　　　　　　　　　　　　（a）使用闭合方式　　（b）未使用闭合方式
　　　　　　　　　　　　　　　　　　　　图 7.21

6）绘制柱子

本处的柱子尺寸为 240×240，我们可绘制一个正方形后，将其用实体图案填充后，多个复制产生其他的柱子。

7）绘制阳台

绘制阳台时，首先要绘制轴线 E 处的两户之间的分隔，此分隔宽度为 180，长度为 1380。然后使用多段线绘制阳台的外框线，向内偏移 120。阳台上有下水的水管，其尺寸见图中的标注。做好一个阳台后使用镜像命令产生其他的三个。

8）散水绘制

用多段线命令，沿外围墙体绘制一个封闭的多段线后，将它向外偏移 900，并将各个墙角与偏移后的多段线对应角处用直线连接，并将与阳台内相交处修剪去。

9）墙体加粗

在各自的专业图形中，总是将本专业的图形内容加粗。在施工图绘制中，按要求要将建筑的墙体加粗。通常加粗的数据为 50，有时也使用 30。加粗时要使用多段线命令沿各个独立闭合的墙体外框线加粗，在最后使用闭合命令，否则会在起始点和终止点闭合处出现一些未填充的部分，两者结果如图 7.21 所示。

10) 标注尺寸及文字

（1）设置尺寸标注的样式

根据建筑图形绘制的标准，此处设置的数据请用户注意大小，以便今后使用。"线"选项卡设置见图 7.22 所示；"符号和箭头"选项卡见图 7.23 所示；"文字"选项卡见图 7.24 所示。

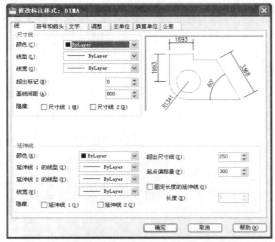

图 7.22 "修改标注样式"对话框——线选项卡

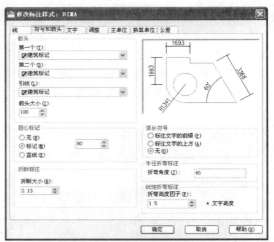

图 7.23 "修改样式标注"对话框之 "符号和箭头"选项卡

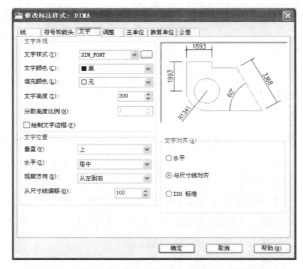

图 7.24 "修改标注样式"对话框之"文字"选项卡

标注样式中的"调整"选项卡中"调整选项"设置为"文字或箭头（最佳效果）"，其余未调整。

（2）显示菜单栏，这样便于使用"标注"菜单中"基线"和"连续"标注命令；或者切换工作空间到"AutoCAD 经典"，在任一个工具条上按鼠标右键，在弹出的浮动菜单中选中"标注"，打开标注工具条，这样也便于使用"基线"和"连续"标注命令。

（3）在标注图层中标注各个尺寸；用户也可在其他图层中标注结束后，选择好标注内容后,将它们转换到标注图层中;当然也可使用格式刷进行转换(此处编者建议使用格式刷)。另一些标注的数据可根据需要作适当的移动。

(4)标注轴号:轴号圆的半径为 400,文字高度为 500,圆心与垂直的最近标注的直线间距为 800,标注好一个后,将它多个复制修改产生其他的轴号,对一些轴号的文字可能要作适当的移动。

对于如"1/3"这样的轴号,由于按通常的高度 500 时,它已有部分出现在圆外,通常将对它缩小到 0.7(或 0.67)。

(5)图名标注:图名文字高 800,比例文字高度 400,多段线宽 100,细线与多段线中点间距为 150。

11)插入图框

由于各个公司的图框中的标题栏各不相同,在此只插入图框。图纸幅面大小可参考下表:

幅面代号	A0	A1	A2	A3	A4
宽×长 mm	841×1189	594×841	420×594	297×420	210×297
边宽 mm	10	10	10	5	5
装订侧边宽 mm	25	25	25	25	25

根据上面的举例,轴线水平长度为 21000,则可取 A3 图纸的样式,但将此数据放大 100,即绘制 42000×29700 的矩形,再向里偏移 500 产生内边界线(装订侧边向里偏移2500)后,再用线宽为 50 的多段线描内边,在各个内边的中点用多段线(宽50)绘制一个长 500 的线段,并将两中点重合。

将已绘制的图形复制或移动到此图框中,如再加上实际工程中的标题栏和会签栏,则可完成本图的绘制。

12)详图(大样图)

详图(大样图)是为了表明图中某些结构、做法及安装工艺要求等,有时需要将这部分单独放大详细(大致)表示而单独形成的图形。

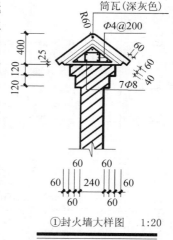

①封火墙大样图　1:20

图 7.25

详图则根据绘制内容不同而变化,此处举例图 7.28 中的应放在同一个图纸中详图(如图 7.25 所示),图中外框边界使用多段线,绘制时最好使用多段线一次绘制完毕;上面内部有配筋部分则使用多段线分线绘制;内部的斜线填充也是使用的多段线绘制的,它是绘一条 45°斜多段线后,使用偏移、修剪得到。

图 7.25 中的配筋"7Φ8"表示 7 根直径为 8 的钢筋;"Φ4@200"表示为直径 4 间距 200 的箍筋。

其他几层平面图的做法与上面类似,最好在已有的图形之上修改,如二三层平面图在一层平面图之上稍作修改即可得到,这样可省下许多时间,此处留给用户自己练习。

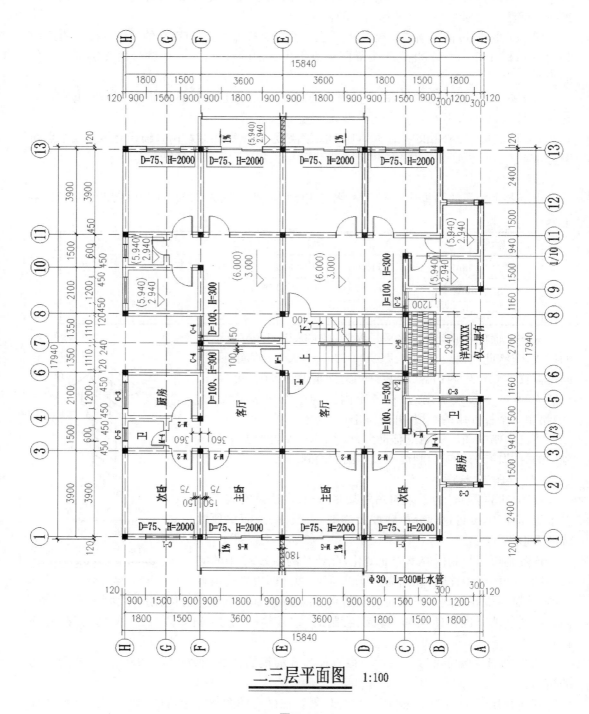

二三层平面图　1:100

图 7.26

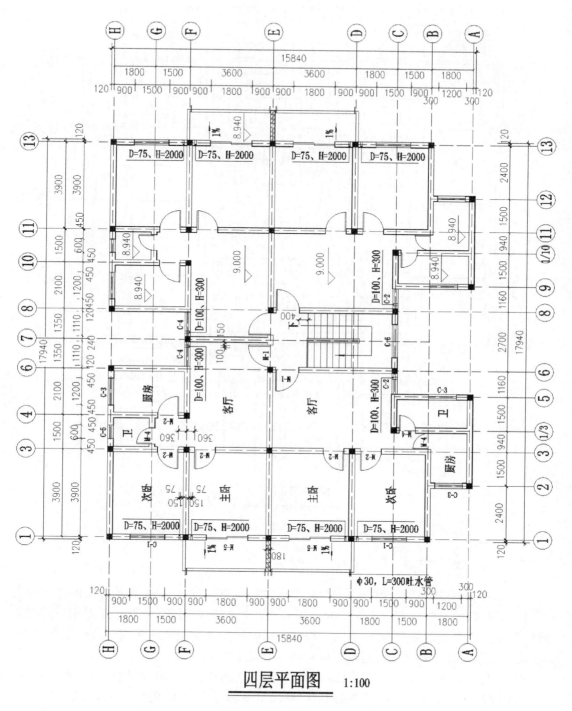

四层平面图　1:100

图 7.27

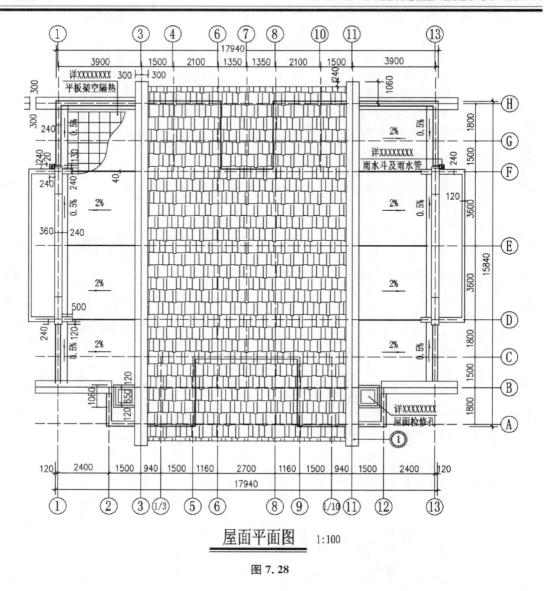

屋面平面图 1:100

图 7.28

7.2.2 施工图中建筑立面图形绘制

建筑立面图是按不同的投影方向绘制的房屋侧面外形图,它主要表示房屋的外貌和立面装饰情况,其中又分成表示主入口处房屋外貌特征的正立面图,与正立面图相对的背立面图,及正立面两侧的侧立面图;有时又根据房屋的朝向分成东南西北四个方位立面图;有时也会按建筑平面中轴号的首尾轴线从左向右的顺序来命名立面图。

本处以图 7.36、图 7.38、图 7.42 所示内容讲述绘制建筑立面图的方法及过程:

(1)复制前面绘制过的一层平面图形,只保留下轴号 1 和 13 的标注内容,其余四边的标注则删除;

(2)在正交下,向下复制轴线 1 和轴线 13 及轴号 1 和轴号 13,适当使用平面拉伸命令将一些线缩短,并在下面绘制一宽度为 100 的多段线作为基准线(如图 7.29 所示);

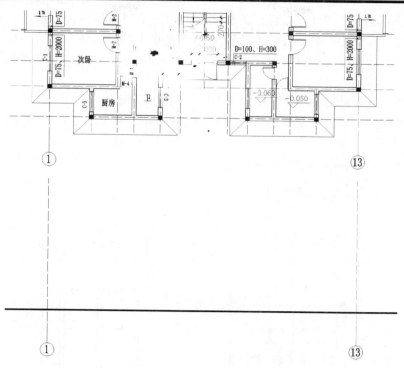

图 7.29

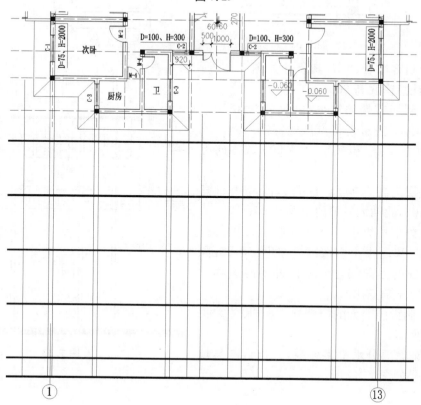

图 7.30

（3）将最下面的基准线根据标注的标高向上依次复制，它们间距为1050、3000、3000、3000、3000；并在本图的上面一层平面图部分中，在其最下边的墙体、阳台、门窗边界处画铅（垂）直线到向下到基准线处，其中不在同一水平轴号处有变化的墙体沿墙体宽铅直向下绘双线（如图7.30所示）；

（4）绘制阳台侧面图块，其尺寸数据如图7.31所示，粗线宽50，粗线矩形400×300；并将其制作为图块便于后面复制或插入，在一层相应位置处插入刚才做的阳台侧面图块，注意标高数据后，向下移动180（120＋60）；

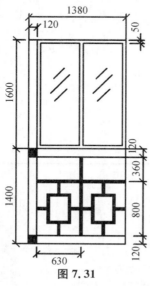

图 7.31

图 7.32

（5）绘制客厅处的窗，其尺寸如图7.32所示，插入时注意窗底高900；

（6）绘制楼道处的窗户，其尺寸为1800×1500，插入时，要注意先将窗户底部插入到二三层之间的垂直中点，再按窗台高900数值向上移动；

（7）底层门高2100，是子母门，插入时，注意基准线宽100，故插入后要向上移动50；

（8）在外墙边界拐角处绘制宽为50的多段线，并向中间移动半个多段线宽，即移动25；同理，对窗户处的多段线也向墙体外界两边移动25，让窗户完全显露出来。

（9）绘制大门上方的门楼立门面，尺寸数据如图7.33所示；

（10）删除部分水平多段线，并进行图案填充，此时结果如图7.34所示；

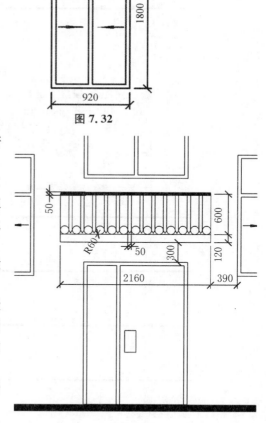

图 7.33

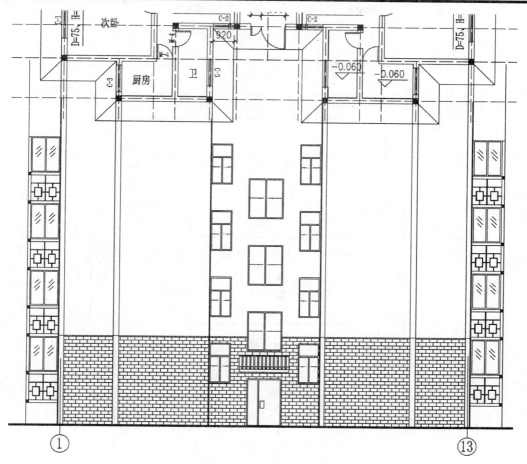

图 7.34

（11）绘制屋顶，将原来复制到立面图上的一层平面图形删除，并将顶层平面图形复制过来且相同轴号在同一铅直线上，具体数据可参照图 7.35 所示。

图 7.35

（12）将外轮廓用多段线加粗，并标注相应的标高，最后轴号 1-轴号 13 的立面图如图 7.36 所示。

（13）同理，复制一份刚才绘制的立面图到一边，使用一层平面图的投影方法，将其中的门窗（窗户数据见图 7.37 所示）等作适当修改，生成轴号 13-轴号 1 的立面图形（如图 7.38 所示）。

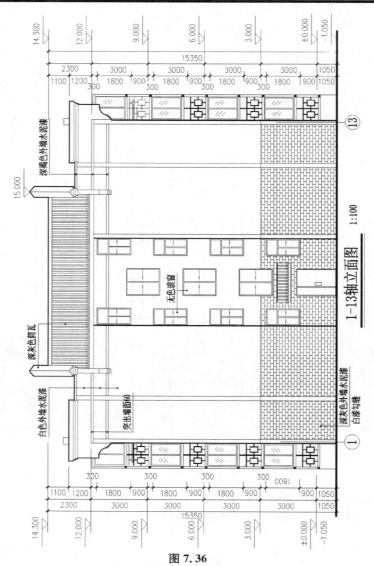

图 7.36

（14）同理，复制一份一层的平面图并旋转后，再次使用投影方法，绘制生成轴号 A 至轴号 H 的立面图（注意阳台向下移动 60）。

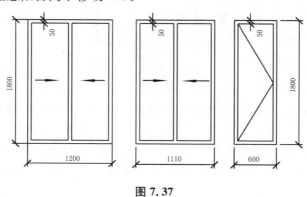

图 7.37

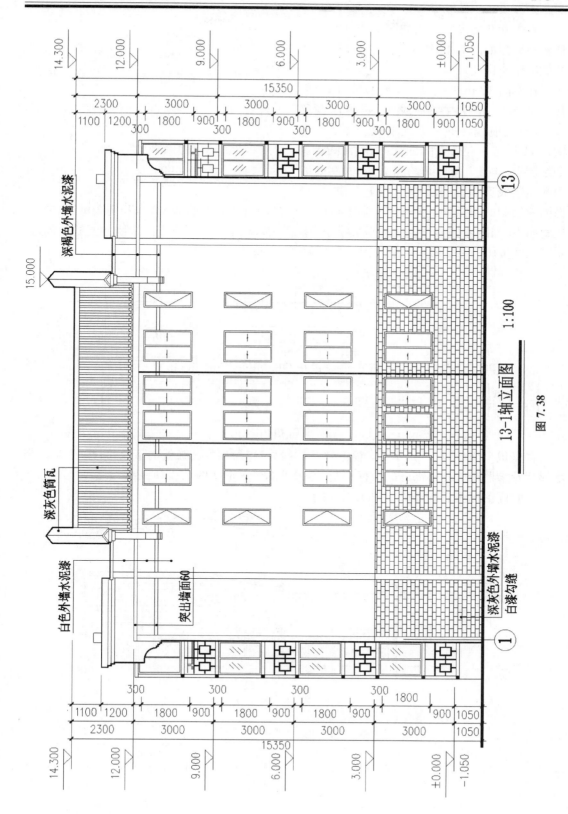

图 7.38

13—1轴立面图　1:100

其中女儿墙尺寸数据如图 7.39 所示,屋顶侧面数据如图 7.40 所示,在此仅对图 7.40 的做法略作讲述。

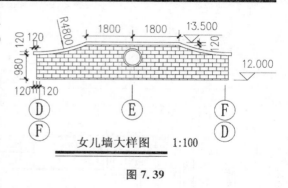

图 7.39

在标高 12 m 处绘制一水平直线,向上偏移 1200 和 2100,由中轴线 H 处向左偏移 3300,与之前偏移的一直线形成交点 P2,中轴线 H 与另一直线交相交于 P1,利用圆弧命令绘制 P1 与 P2 两点间的圆弧线;利用外墙两端点边线产生的直线中点与正交模式,镜像刚才绘制的圆弧,产生 P3 点;利用标高 12 m 处的直线向上偏移 3000,利用图示的"中点"铅直向下,与刚才偏移产生的水平直线相交得点 P4,利用三点圆弧方法绘制上面的圆弧;使用多段线编辑命令 PEDIT 将三个圆弧合并成一个整体。

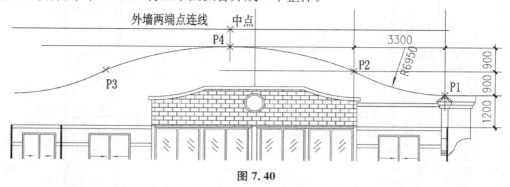

图 7.40

将屋顶 H 轴线处的部分图形镜像到 B 轴线处,将屋顶的圆弧线向下偏移,按图 7.41 所示形状及参照相应图形部分的数据绘制,得屋顶部分图形如图 7.41 所示。

本立面图标注后的结果如图 7.42 所示。

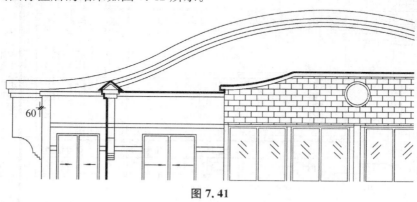

图 7.41

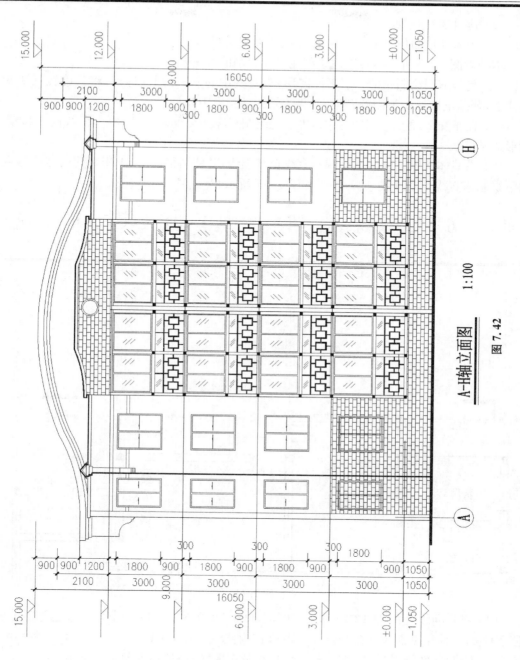

A-H轴立面图 1:100

图7.42

7.2.3 施工图中建筑剖面图形绘制

建筑剖面图主要用于表示房屋内部的结构形式、分层情况和各部分的联系等。它的绘制方法是假想用一个铅垂的平面剖切房屋,移去挡住的部分,然后将剩余的部分按正投影原理绘制出来。

剖面图反映的主要内容是:

(1) 在垂直方向上房屋各部分的尺寸及组合;

（2）建筑物的层数、层高；

（3）房屋在剖面位置上的主要结构形式、构造方式等。

本处以图 7.49 所示内容讲述绘制建筑立面图的方法及过程：

（1）复制前面绘制过的一层平面图形，观看其中的 1—1 剖面标识，将其旋转到视觉方向向上，删除剖面标识下面的图形，并将中轴线适当向下拉伸。

（2）在正交下，绘制一水平直线，再沿此绘制线宽 100 的多段线，将多段线向下移动 50 后形成基准线。

（3）沿墙体外界轮廓向下绘制垂直线至基准线，并将与剖面 1—1 相交的墙体两侧直线向下绘制铅直线至基准线，此时结果如图 7.43 所示。

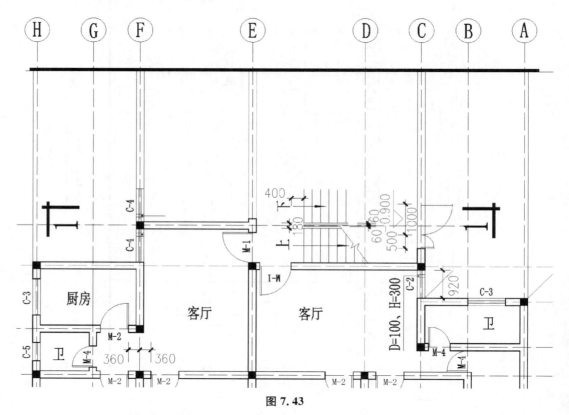

图 7.43

（4）将基准线处的细线向上偏移 1050、3000、3000、3000、3000，如空间不够，可使用平面拉伸命令空开间距；删除轴号 B、D、G 中轴线。

（5）绘制立面侧视窗，长 240，高 1800，并制作成块，以便后面复制使用。

（6）制作门及墙体处的侧立面图块，其数据如图 7.44 所示。

（7）将门下的分层线向下复制 120，并填充图案。

沿上下边线绘制线宽 30 的多段线后，将两多段线向中间各移动 15。

（8）将上面的一层平面图中的一层楼梯向下拉伸到一层处，并根

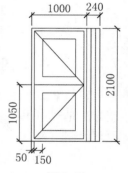

图 7.44

据底层标注的内容,将基准线向上移动 150,再用线宽 30 的多段线绘制楼梯,尺寸如图 7.45 所示。

(9) 绘制一楼至二楼间的楼梯,其中层高为 3000,共有 18 级台阶,9 个一组,一层台阶中,除最后一个是 164 外,其余高度均为 167。其中梁及大门入口处的屋檐等数据见图 7.46 所示。

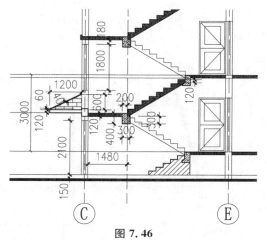

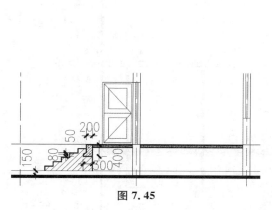

图 7.45　　　　　　　　　　　　　　　　　　图 7.46

(10) 在门下的侧面处绘制一个矩形,线宽 30,绘制后,注意将四个夹持点向里移动 15,最后填充图案,创建块后进行多个复制,此块也可复制到 F 轴的窗户上面。

(11) 绘制楼梯,其数据尺寸如图 7.47 所示。

(12) 绘制屋顶部分,其数据如图 7.48 所示,最上面的圆弧形可从立面图上复制过来,再标注相关的层高等数据,将墙体部分用多段线加粗等,最后结果如图 7.49 所示。

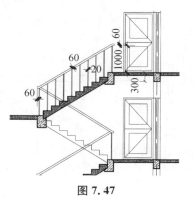

图 7.47

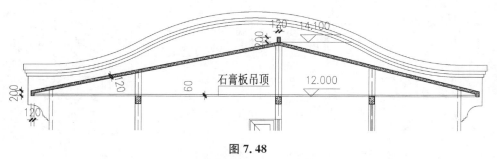

图 7.48

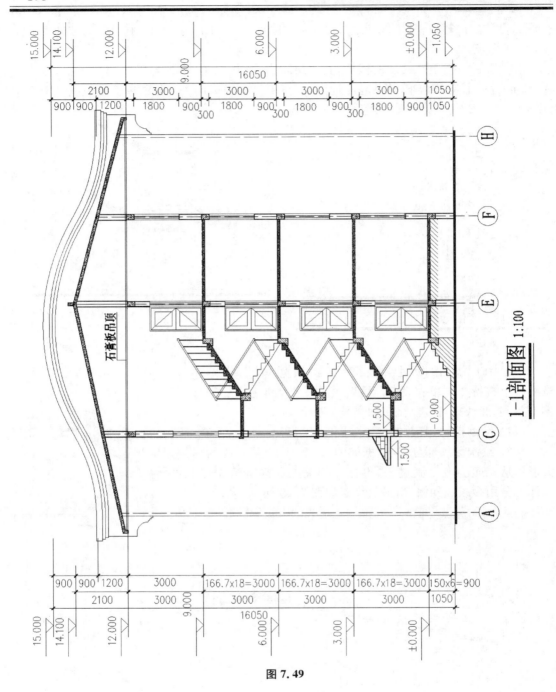

图 7.49

7.2.4 施工图中建筑结构配筋图形绘制

由于配筋图是一种示意性图形,关键是要看懂标注的内容含义,绘制配筋图时应按比例绘制,梁的纵、横剖面图可用不同的比例,但同一个图的纵横比例应当相同。应注意,在配筋详图中可以不画弯矩包络图和抵抗弯矩图。本书此处举例时使用的是在前面绘制的建筑施工图之上的内容,此处仅讲述绘制楼梯配筋图的绘制方法,绘制的目标图如图 7.50 所示。

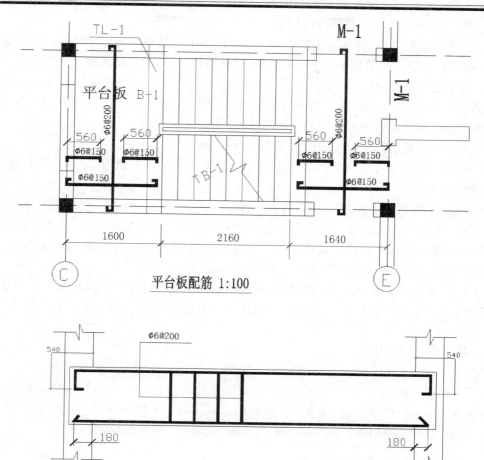

平台板配筋 1:100

平台梁(TL-1)配筋 1:100

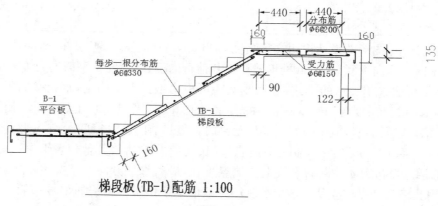

梯段板(TB-1)配筋 1:100

图 7.50

整个楼梯配筋图的绘制思路过程如下:

(1) 对平台板配筋图,可从以前绘制的二层平面图中将其复制出来,绘制一个矩形包含要保留的内容后,使用修剪命令作适当的修剪,再将墙体分解,使其墙线宽度变为 0;

(2) 设置配筋图层,然后在配筋图层中,使用多段线命令,设置线宽为 30,按行业尺寸绘制左边的配筋线(本书图中为了打印显示清晰,使用的线宽为 50);

(3) 利用复制或镜像命令产生右边的配筋线;

(4) 标注平台板配筋图上相应的文字内容及尺寸标注;

(5) 按梁的高度与宽度绘制矩形,放在墙体间,注意为了体现梁与墙的关系,有意将梁向墙内侧缩进了一点;

(6) 用多段线绘制梁上的配筋线,然后进行标注;

(7) 对于楼梯梯段板和平台板处的配筋线,此处图中使用的是线宽为 15 的多段线,若线太宽,可能会在打印时不能正确反映图形中各配筋线间的关系。绘制时,先复制剖面图上的一段楼梯及平台,将其中的填充内容删除,将梁适当描绘;

(8) 绘制梯段板及平台板上的配筋线,多段线的线宽用户可根据实际情况自己调整,建议使用线宽为 15,各个点使用半径为 15 的圆并进行填充,最后标注相应的内容。

7.3 电气工程图

电气工程图形的绘制时一般分为强电和弱电系统两类的绘制。建筑中的强电系统主要为照明和动力系统两部分,而弱电系统包含的内容相对多一些。本书举例中只强调基本的方法,并通过一个加油站的动力、照明配电系统,说明电气图形的绘制过程。

7.3.1 设计说明及图例

按照《机械制图字体》(GB4456.3 - 84)的规定,汉字采用长仿宋体,字母可以用正体,也可使用斜体(一般向右倾斜且与水平线成 75°角)。字体的高度(mm)分为 20、14、10、7、5、3.5、2.5 七种,字体宽度约为高度的 2/3。

字体最小高度要求如下表:

图纸图幅代号	A0	A1	A2	A3	A4
字体最小高度(mm)	5	3.5	2.5	2.5	2.5

一般情况下,图形的设计说明文字高度为 5mm,各行之间间隔为 2mm,即使用 copy 命令,将文字向上或向下复制 7mm 的形式产生其他行的位置;标题文字高度为 10mm。

图例尽可能采用表格的形式,表格线间距可根据纸张大小确定,本处举例中表格线的间距为 7mm,文字高度为 4mm;表格中的文字与上下线间距上,尽可能使用上面的间距是下面的 2 倍,这样的视觉效果较好。具体绘制时,一般先在表格(行间距 700,此处使用的是 1mm=100 关系)下面一行中绘制一垂直直线,长度为 100,再将其他位置上书写的文字(高度 400)的插入点与刚才绘制的直线上方端点重合,最后水平方向调整文字位置,确定一个之后,使用表格交叉点作为基点多个复制产生其他文字位置。图例的编号一般为由下向上编号,如图 7.51 所示。图例中的图形可根据表格单元的大小适当缩放调整。

序 号	图 例	名 称	规 格	备 注
1		照明配电箱		距地 1.5 m
2		动力配电箱		距地 1.5 m
3		单管荧光灯	36 W	吊顶
4		防水防尘灯	60 W	吊顶
5		吸顶灯	2×15 W	吊顶
6		壁灯	15 W	距地 2 m,可适当调整
7		应急照明灯		距地 2 m,可适当调整
8		专用密闭防爆灯	250 W	吊顶
9		三级开关		距地 1.1 m
10		单极开关		距地 1.1 m
11		普通插座	250 V,10 A	距地 0.5 m
12		密闭插座	250 V,10 A	距地 0.5 m
13		潜油泵电机	1.1 kW	
14	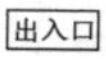 出入口	出入口指示灯箱		
15	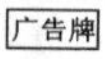 广告牌	广告牌灯箱		
16	TP	电话插座		距地 0.5 m

图 7.51 图 例

7.3.2　电气系统图形绘制

图 7.52 的绘制过程为：

（1）先绘制电气元件，电气元件的绘制通常以 2.5mm 作为模数，直线有倾斜时角度为 30°或 60°；

（2）绘制水平母线，通常使用多段线绘制，线宽 200；

（3）绘制进线及进线上的电气元件，进线线宽 50；

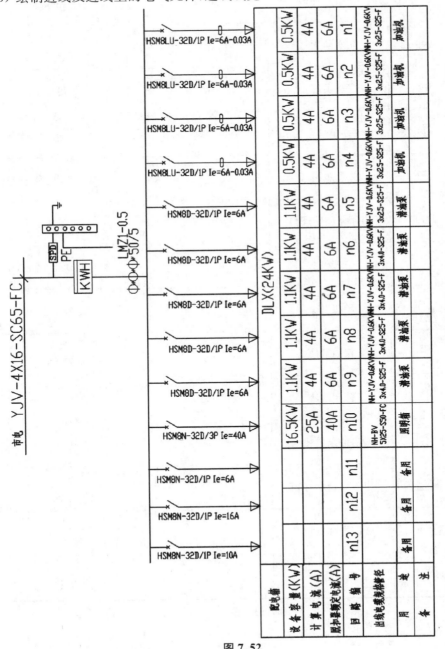

图 7.52

（4）绘制母线上引出的各个分支,线宽 50;此处绘制一个分行后,再多个复制产生其他,但在个别地方作适当修改;

（5）绘制下面的表格,注意文字大小及引起表格单元格高度的变化,高度变化一般使用平面拉伸 stretch 命令实现;

（6）标注文字,注意表格中小的文字是表格中其他文字高度的一半;

（7）图名标注。

图 7.53 的绘制过程及方法与上面的类似,配电柜外框轮廓线宽为 0。

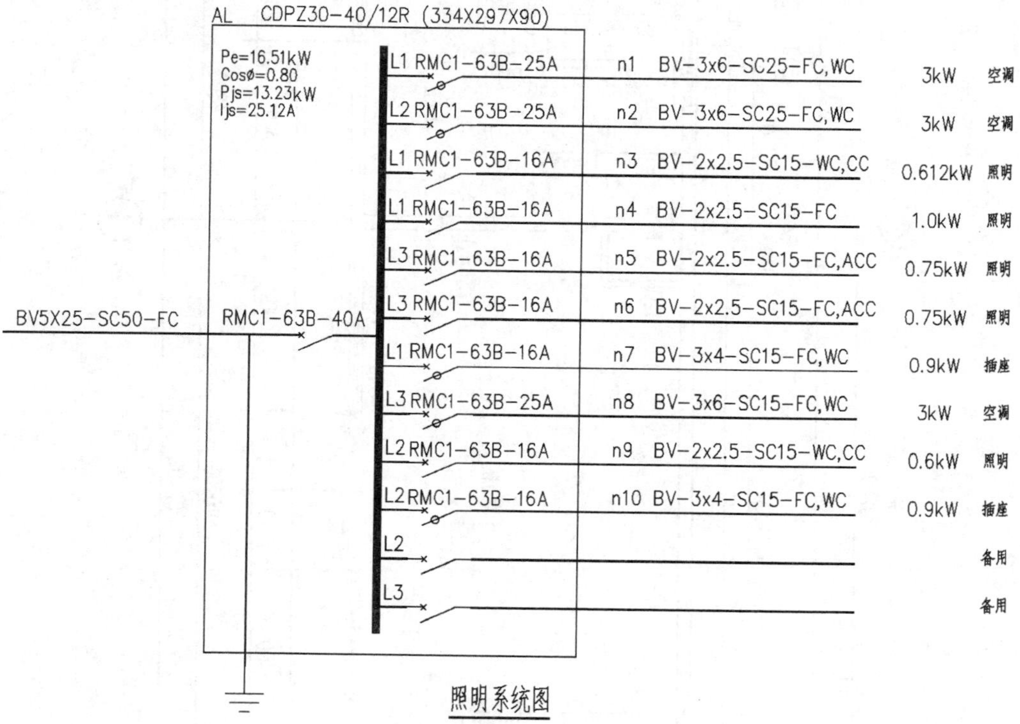

照明系统图

图 7.53

7.3.3　电气系统照明平面图形绘制

绘制照明平面图形,先要绘制建筑平面图形,其绘制方法前面已经说明,不要赘述。本处要绘制的建筑平面图形的尺寸如图 7.54 所示。

电气照明工程平面图形内容如图 7.55 所示。

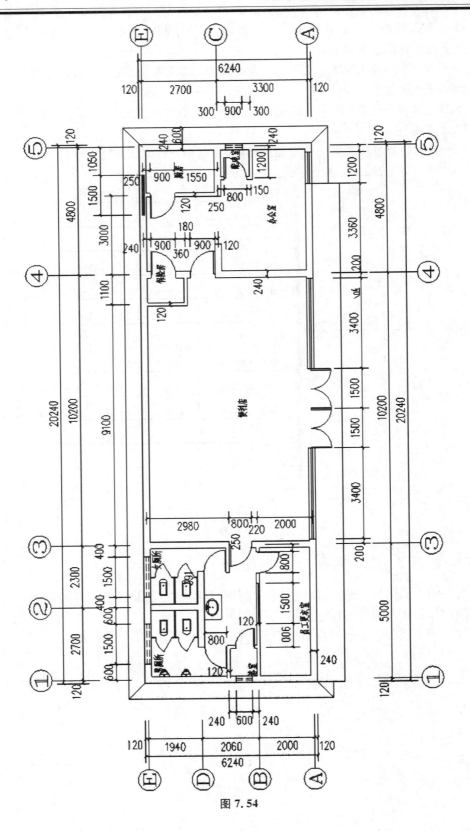

图 7.54

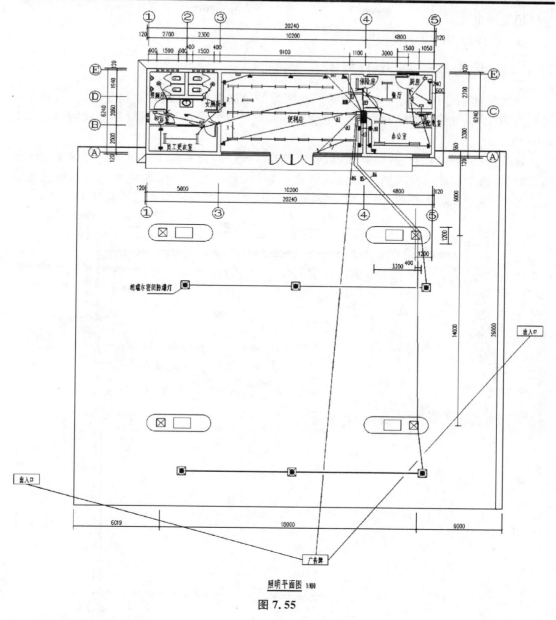

照明平面图 1:100

图 7.55

绘制要点如下：

(1) 绘制此电气类专业图形时，要将建筑类的图形中原来是宽度不为零的多段线执行"分解(Explore)"命令，或执行"多段线编辑(PEdit)"命令将多段线线宽转化为零。

(2) 绘制各个电气元件图例，注意图形的适当比例，且他们要以模数 2.5 作为基数，图形的尺寸是模数的倍数关系，然后将各个电气图形元件制作成块；

(3) 在建筑平面图形中 C 轴号与 4 轴号相交附近的相应位置上绘制配电箱；

(4) 按配电箱中引出的分支，依次布置各种电气元件，插入一个相同电气元件后，尽可能使用复制、矩形阵列、平面镜像等基本命令操作产生出其他相同的电气元件；

(5) 设置多段线线宽 50(如图纸为 A3 或 A4，则设置线宽为 35)，使用多段线按图所示连接相关的电气元件；

（6）标注相应的文字说明。

7.3.4　电气系统动力平面图形绘制

动力平面图形的绘制与电气照明平面图形的绘制类似，也是先绘制配电箱后，绘制动力线路；对于弱电信号的绘制，也是先绘制控制中心"管理设备"后，再绘制虚线线路。如图7.56 所示。

建筑中还有其他的一些专业图形，如给排水、暖通等，若掌握了本章中前面的举例图形的绘制后，再绘制给排水暖通图形就显得比较容易，只要注意好绘制此类系统图时按垂直表示上下、水平表示为东西、南北则按等轴测 45°或 30°的标准要求进行绘制即可。

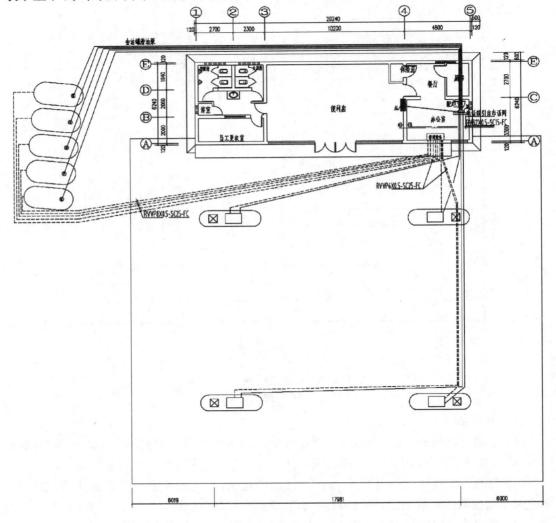

动力平面图 1:100

图 7.56

实验十三　建筑施工图形绘制

一、实验目的

1. 掌握建筑施工图形的绘制方法；　2. 熟练运用 CAD 命令绘制图形。

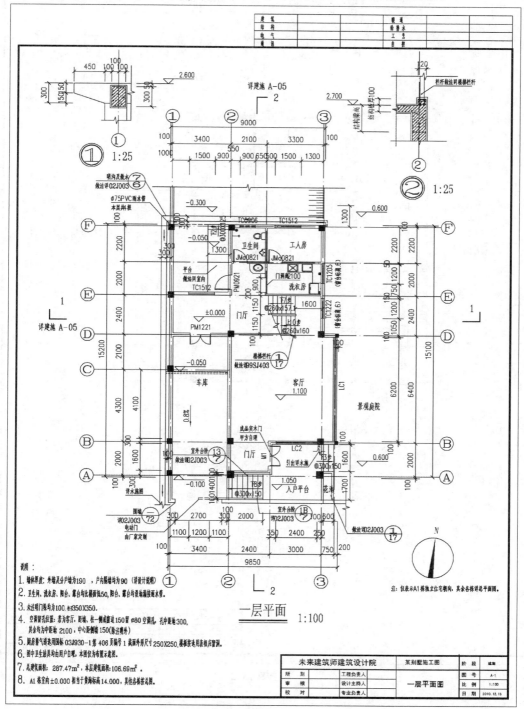

说明：
1. 墙体厚度：外墙及分户墙为190，户内隔墙均为90（详设计说明）。
2. 卫生间、洗水房、阳台、露台均比楼面低50，阳台、露台均设地漏接面水管。
3. 未注明门垛均为100，柱350X350。
4. 空调留孔位置：若为客厅、卧室、柱一侧或距道150留φ80空洞孔，孔中距地300，其余均为中距地2100、中心距地150（除注明外）。
5. 厨房排气道选用国标03J930-1第406页编号1 截面外形尺寸250X250，楼顶处选用表相应留洞。
6. 图中卫生洁具均由用户自理，本图仅为布置示意图。
7. 总建筑面积：287.47m²，本层建筑面积：106.69m²。
8. A1栋室内±0.000 相当于黄海标高14.000，其他各栋另见图。

注：仅表示A1栋独立住宅朝向，其余各栋详见总平面图。

一层平面　1:100

未来建筑师建筑设计院		某别墅施工图	阶　段	建施
所别	工程负责人		图　号	A-1
审核	设计主持人	一层平面图	比　例	1:100
校对	专业负责人		日　期	2010.12.15

实验图 13.1

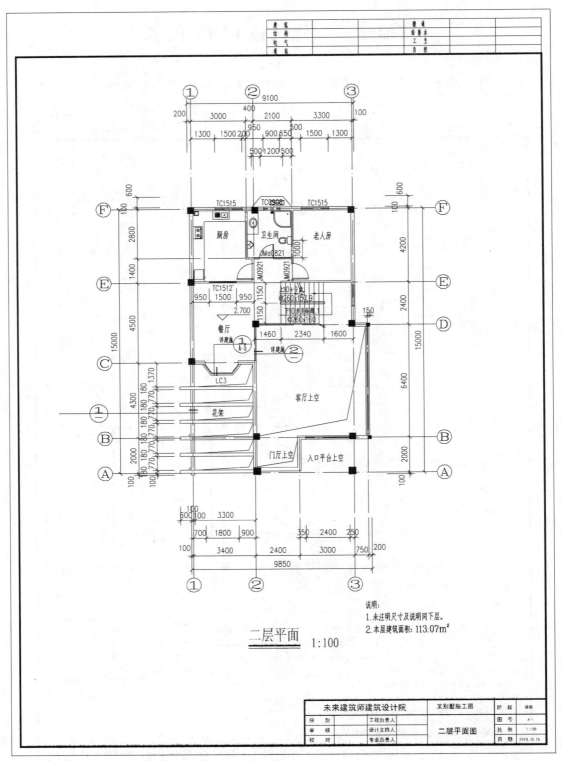

二层平面　1:100

说明:
1. 未注明尺寸及说明同下层。
2. 本层建筑面积: 113.07m²

建筑		暖通		
结构		给排水		
电气		工艺		
通讯		自控		

未来建筑师建筑设计院		某别墅施工图	阶 段	施图
所 别	工程负责人		图 号	A-1
审 核	设计主持人	二层平面图	比 例	1:100
校 对	专业负责人		日 期	2010.12.15

实验图 13.2

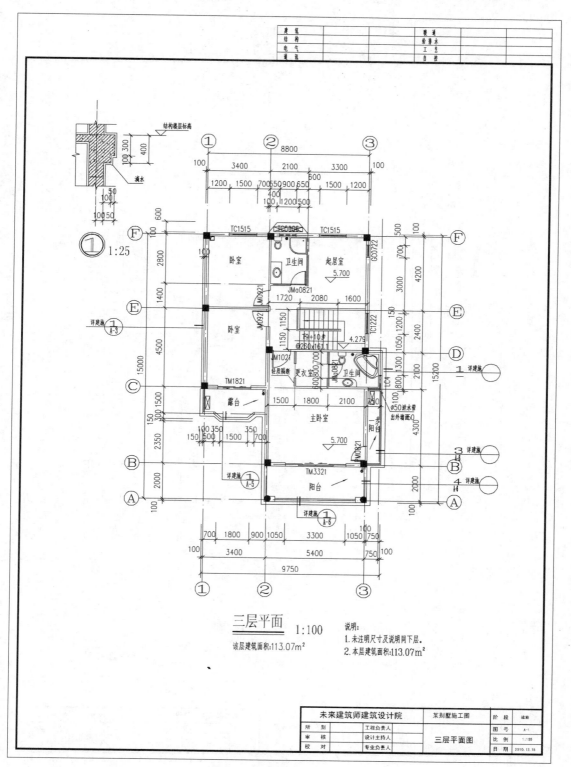

三层平面 1:100

该层建筑面积:113.07m²

说明:
1. 未注明尺寸及说明同下层。
2. 本层建筑面积:113.07m²

未来建筑师建筑设计院		某别墅施工图		阶 段	施期
所 别	工程负责人			图 号	A-1
审 核	设计主持人		三层平面图	比 例	1:100
校 对	专业负责人			日 期	2010.12.18

实验图 13.3

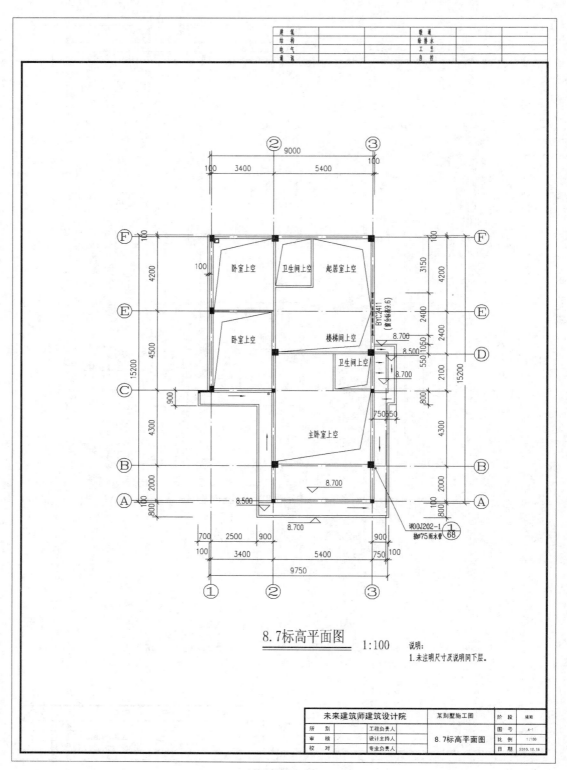

8.7标高平面图　　1:100

说明:
1.未注明尺寸及说明同下层。

建 筑		暖 通	
结 构		给排水	
电 气		工 艺	
建 筑		自 控	

未来建筑师建筑设计院		某别墅施工图	阶 段	施工
所　别		工程负责人	图 号	A-1
审　核		设计主持人	8.7标高平面图	比 例	1:100
校　对		专业负责人		日 期	2010.12.16

实验图 13.4

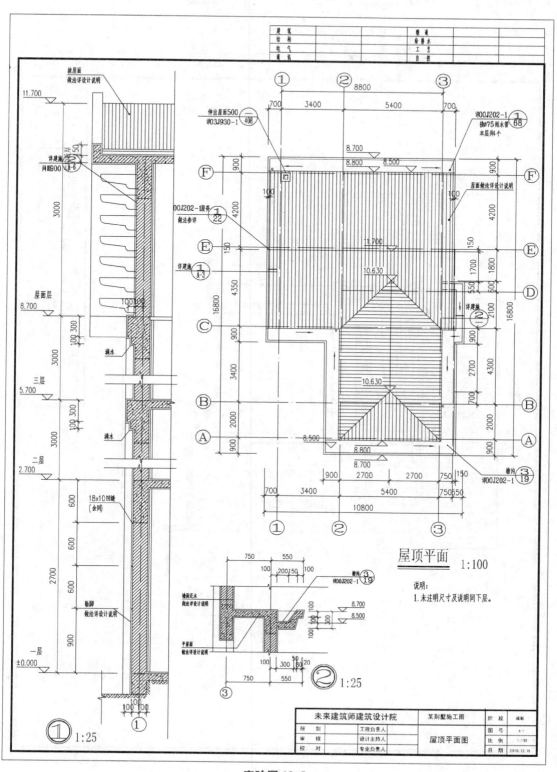

屋顶平面　1:100

说明:
1. 未注明尺寸及说明同下层。

未来建筑师建筑设计院		某别墅施工图	阶　段	详图
所　别	工程负责人		图　号	A-1
审　核	设计主持人	屋顶平面图	比　例	1:100
校　对	专业负责人		日　期	2010.12.18

实验图 13.5

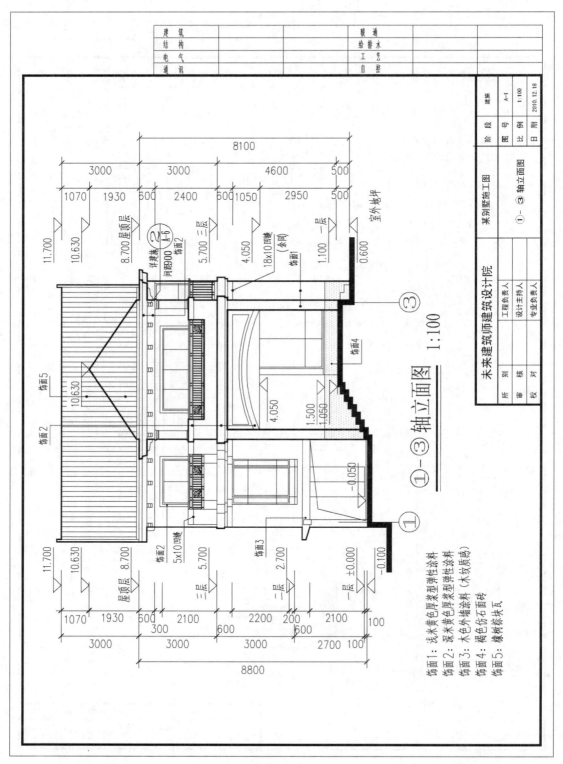

实验图 13.6

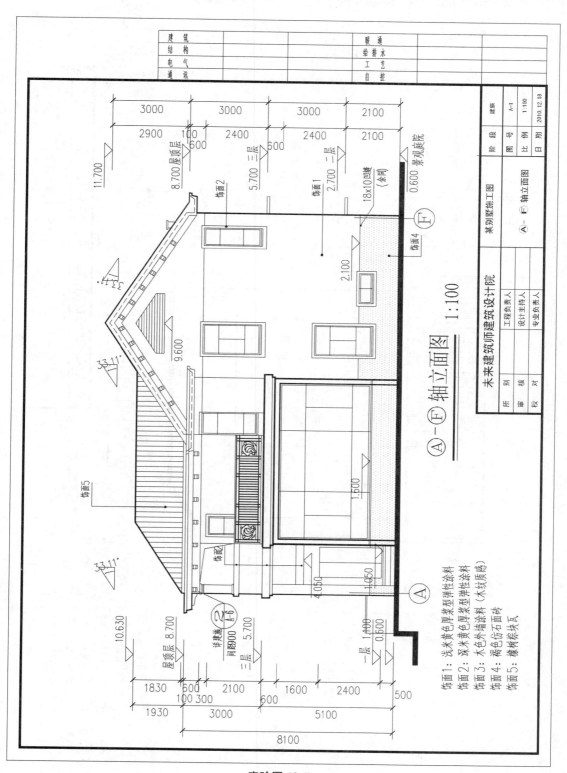

实验图 13.7

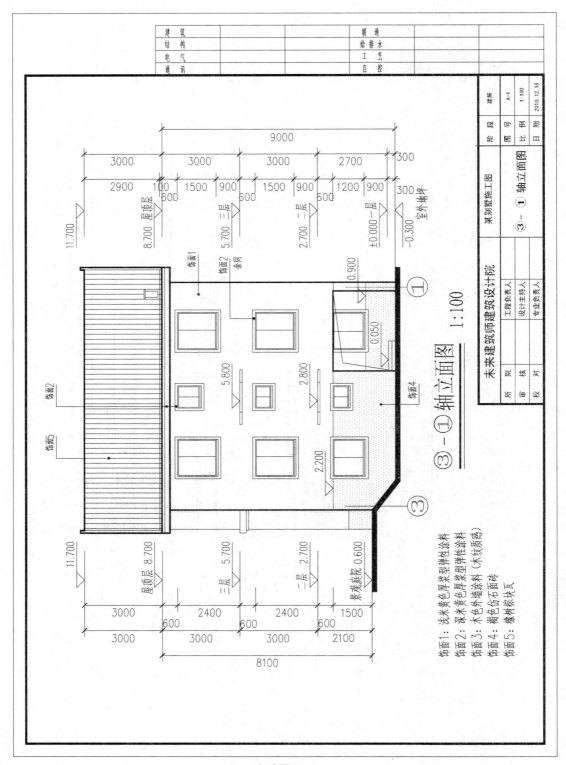

实验图 13.8

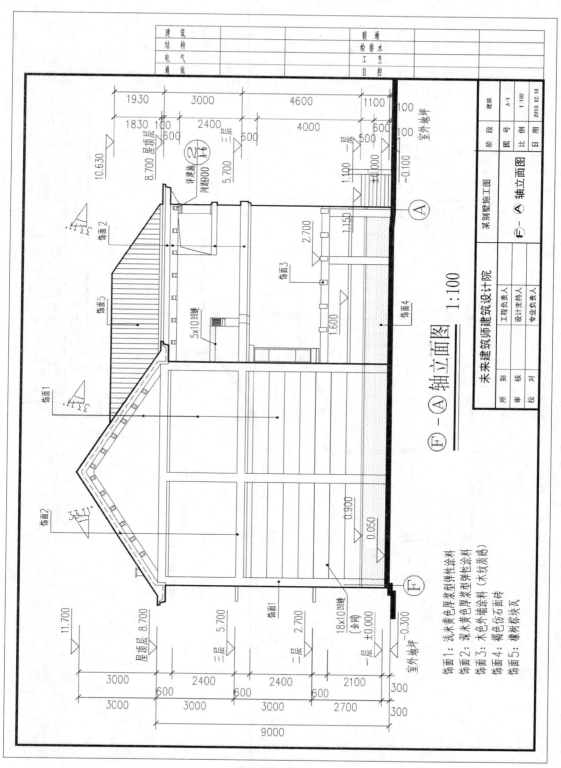

实验图 13.9

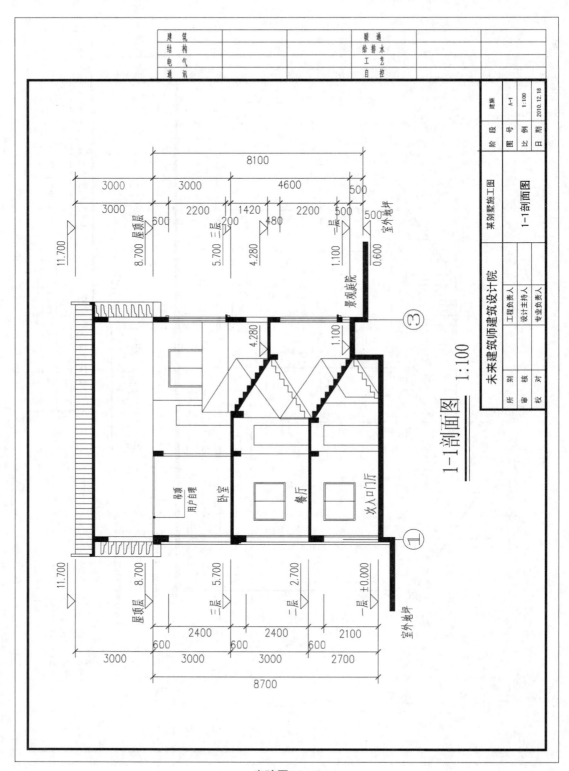

实验图 13.10

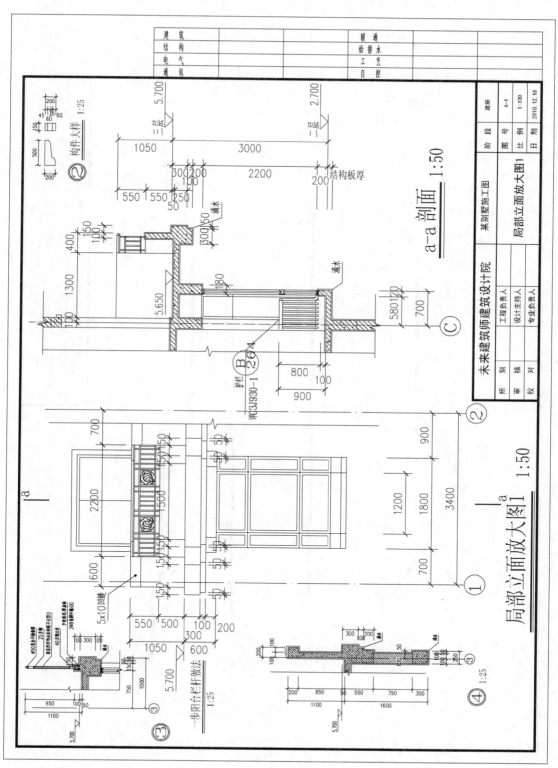

实验图 13.11

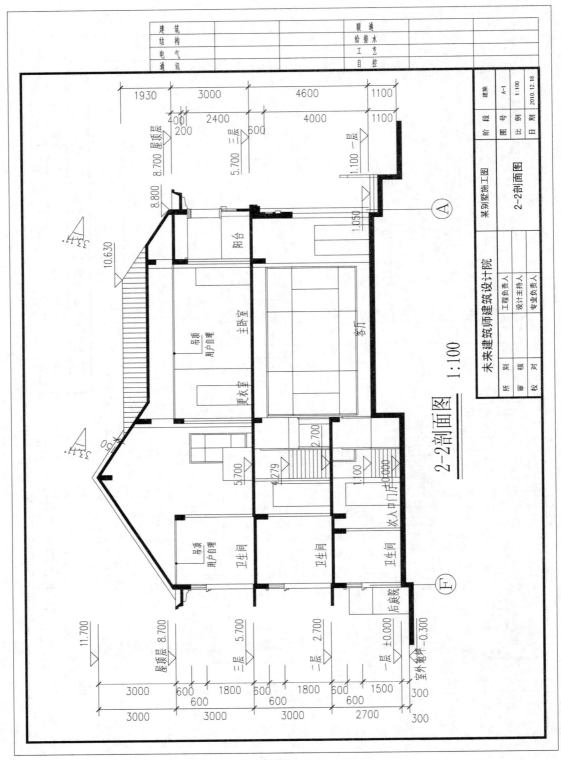

实验图 13.12

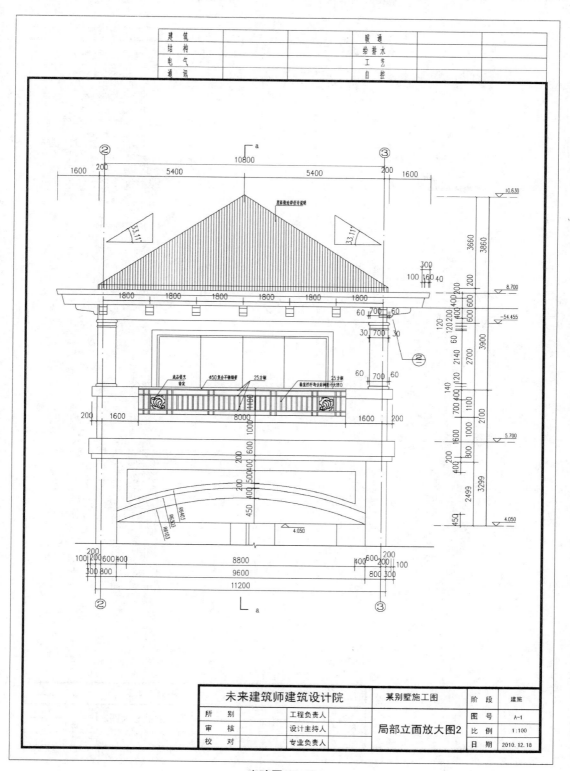

实验图 13.13

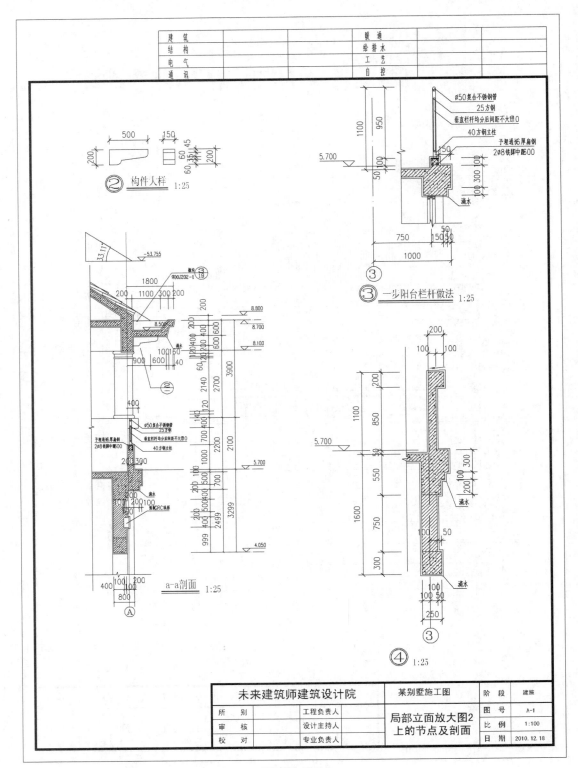

实验图 13.14

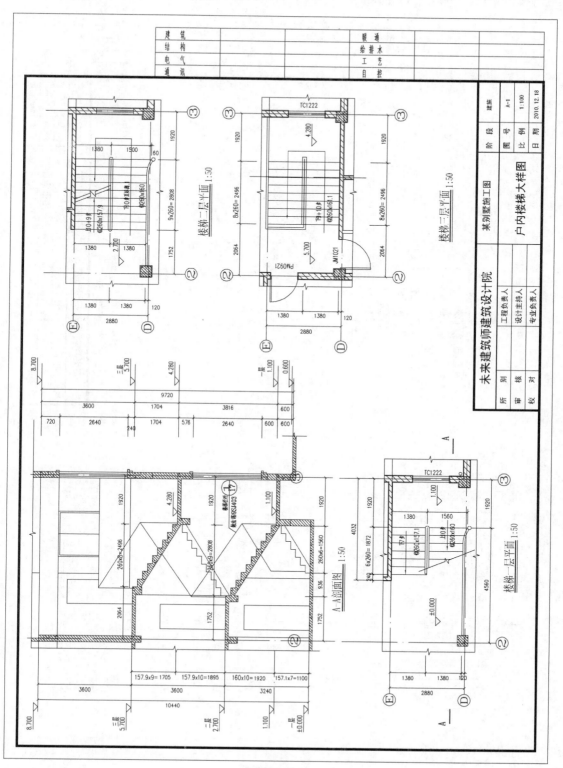

实验图 13.15

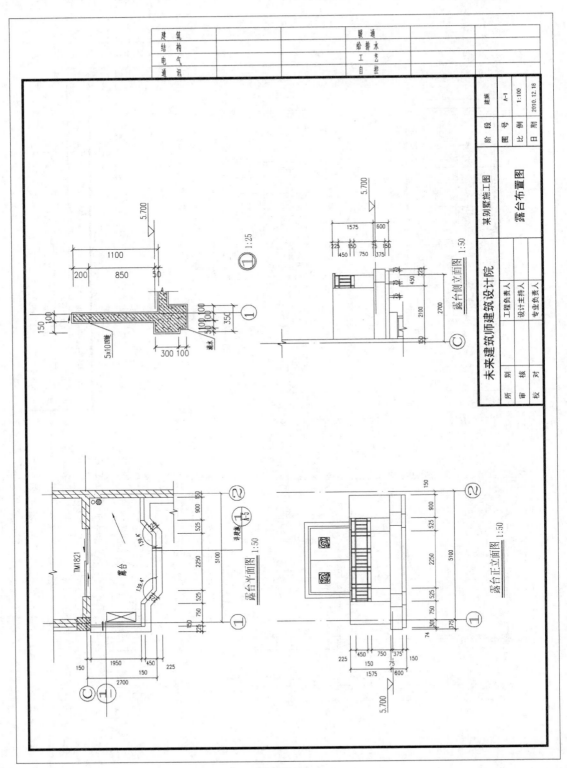

实验图 13.16

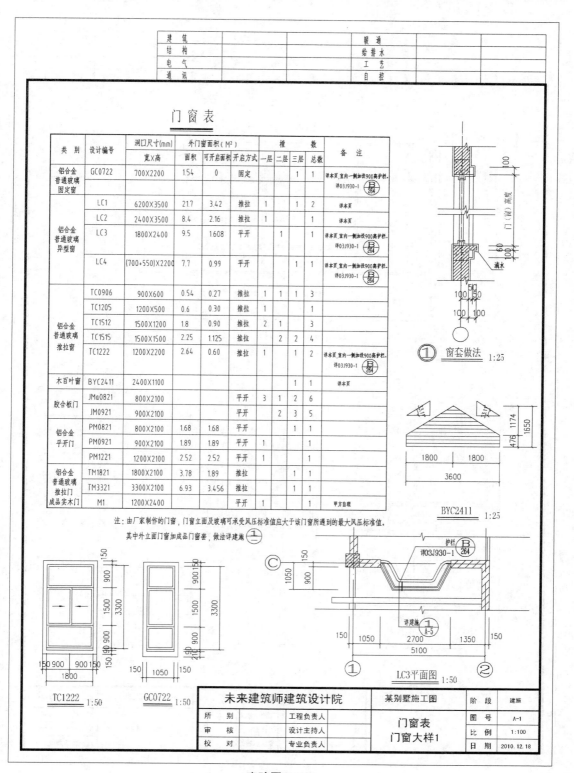

建 筑			暖 通		
结 构			给 排 水		
电 气			工 艺		
通 讯			自 控		

门窗表

类 别	设计编号	洞口尺寸(mm) 宽×高	外门窗面积(M²) 面积	可开启面积	开启方式	一层	二层	三层	总数	备 注
铝合金普通玻璃固定窗	GC0722	700×2200	1.54	0	固定			1	1	详本页,室内一侧加设900高护栏。详03J930-1 ⑧264
铝合金普通玻璃异型窗	LC1	6200×3500	21.7	3.42	推拉	1		1	2	详本页
	LC2	2400×3500	8.4	2.16	推拉	1			1	详本页
	LC3	1800×2400	9.5	1.608	平开		1		1	详本页,室内一侧加设900高护栏。详03J930-1 ⑧264
	LC4	(700+550)×2200	7.7	0.99	平开		1		1	详本页,室内一侧加设900高护栏。详03J930-1 ⑧264
铝合金普通玻璃推拉窗	TC0906	900×600	0.54	0.27	推拉	1	1	1	3	
	TC1205	1200×500	0.6	0.30	推拉		1		1	
	TC1512	1500×1200	1.8	0.90	推拉	2	1		3	
	TC1515	1500×1500	2.25	1.125	推拉		2	2	4	
	TC1222	1200×2200	2.64	0.60	推拉	1		1	2	详本页,室内一侧加设900高护栏。详03J930-1 ⑧264
木百叶窗	BYC2411	2400×1100						1	1	详本页
胶合板门	JMa0821	800×2100			平开	3	1	2	6	
	JM0921	900×2100			平开		2	3	5	
铝合金平开门	PM0821	800×2100	1.68	1.68	平开		1		1	
	PM0921	900×2100	1.89	1.89	平开		1		1	
	PM1221	1200×2100	2.52	2.52	平开	1			1	
铝合金普通玻璃推拉门	TM1821	1800×2100	3.78	1.89	推拉		1		1	
	TM3321	3300×2100	6.93	3.456	推拉	1			1	
成品实木门	M1	1200×2400			平开	1			1	甲方自理

注:由厂家制作的门窗,门窗立面及玻璃可承受风压标准值应大于该门窗所遇到的最大风压标准值。
其中外立面门窗加成品门窗套,做法详建施 ①

① 窗套做法 1:25

BYC2411 1:25

TC1222 1:50   GC0722 1:50   LC3平面图 1:50

未来建筑师建筑设计院		某别墅施工图	阶 段	建施
所 别	工程负责人	门窗表 门窗大样1	图 号	A-1
审 核	设计主持人		比 例	1:100
校 对	专业负责人		日 期	2010.12.18

实验图 13.17

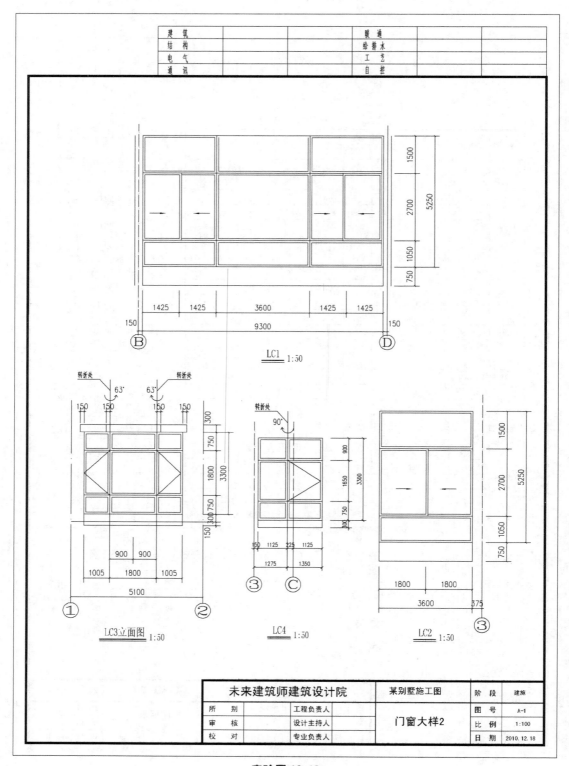

实验图 13.18

第 3 篇　CAD 三维

第 8 章　AutoCAD 三维基本知识

我们生活的空间是三维空间，人们习惯于从三维的角度去观察与分析对象。AutoCAD 不仅是非常优秀的二维设计绘图工具，同时也是很好的三维建模工具。AutoCAD 2010 相对于以前的版本，更有了质的飞跃，能够完全胜任各种建模与渲染工作，三维的界面更加人性化，操作界面和操作已越来越趋向于 3DMAX，具体可表现在以下几个方面：

（1）工具集成

AutoCAD 2010 将所有主要用于实体和曲面建模的工具都集成到了［面板］选项板中，如图 8.1 所示。通过该操作面板，可以预览软件中可用的工具，从而可以方便快速创建和编辑实体，提高了绘图速度和效率。

（2）建模和编辑

在三维建模技术方面，具有比较完善的 3D 参数化造型功能，专门为三维建模建立了三维的工作空间，它为用户提供了线框模型、表面模型、实体模型等多种建模方法。在实体建模中，还可以对实体模型进行切割、生成剖面、生成轮廓；通过对实体布尔运算，可以用简单的基本形体组合得到复杂的实体，并很好地支持了夹点动态拖动方式。

（3）材质、灯光和渲染

由于将 MentleRay 强大的渲染引擎完全嵌入到了程序之中，不仅改进了材质功能，更能对渲染

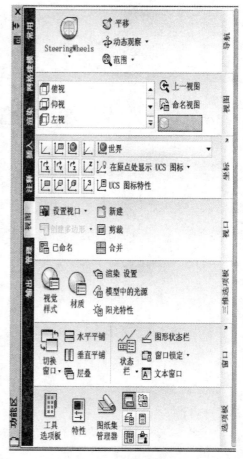

图 8.1　三维面板选项板

环境进行灯光、背景、插入配景和雾效果等设置，从而使得三维实体的效果更真实。

（4）新增了漫游和动画功能

AutoCAD 2010 可在透视模式中进行透明平移或缩放，而且可以使用动态观察命令来进行编辑。

在漫游模式中，可以通过类似计算机游戏中所用的直观方式来穿越模型。若使用相机功能，也可快速地获得从设计中特定视点所观察到的设计外观的快照。因此，利用漫游和飞行功能，可以实现三维图形的动态显示，模拟在三维空间中漫游和飞行。

8.1　三维绘图基础

8.1.1　三维建模空间

由于建模在三维空间中进行,而三维图形总是以屏幕"二维"形式显示出来,这就需要从不同空间角度上来观察和显示对象,同时建模中也需要在不同方位的平面上进行,因此对三维对象的显示控制能力成为一个三维建模式的最基本也是最重要的问题。

执行菜单"文件"→"新建"命令,或单击"标准"工具栏中的"新建"按钮,将打开"选择样板"对话框,选择其中的 acadiso3D. dwt 样板文件打开,将显示三维建模视图状态。该视图状态显示透视状态的地平面栅格和三维着色坐标轴,这是最常用的三维建模视图状态,如图 8.2 所示。

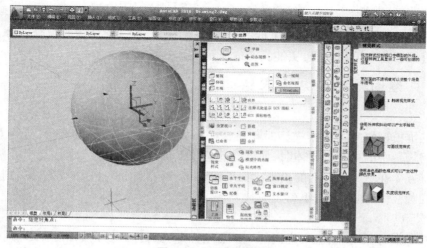

图 8.2　三维建模视图

执行菜单"工具"→"工作空间"→"三维建模"命令,或在"工作空间"工具栏下拉列表中选择"三维建模"选项,就可切换到"三维建模"工作空间。此时,一些与三维操作无关的界面元素进行了隐藏,界面只包含与三维相关的工具栏、菜单和选项板,简化了绘图界面,使绘图区可以尽量地最大化。

8.1.2　三维模型分类

利用计算机绘制三维图形的技术称为三维几何建模。根据造型的创建方法及存储方式,可以将三维模型分为以下三种类型:线框模型、曲面模型和实体模型。

（1）线框模型

线框模型是三维对象的轮廓描述,由描述对象的点、直线和曲线组成。在 AutoCAD 2010 中,可通过在三维空间绘制点、线、曲线的方式得到线框模型,如图 8.3 所示。由于线框模型给出的是不连续的几何信息（只有顶点和棱边信息）,因而该模型只有边特征,而没有面和体特征。

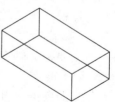

图 8.3　线框模型

（2）曲面模型

曲面模型是将棱边围成的部分定义形
体表面，再通过这些面的集合来定义形体。
AutoCAD 的曲面模型用多边形网格构成
的小平面来近似曲面。显然，这些多边形
网格越密，曲面的光滑程序就越高。如图
8.4 所示是 AutoCAD 中曲面模型的 3 个
示例。

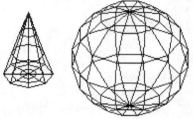

图 8.4　曲面模型

（3）实体模型

实体模型，就是具有封闭空间的几何形体。如图
8.5所示在 AutoCAD 2010 中，利用基本实体工具可创
建各种实体模型，并可以直接得到这些实体的体特征，
例如体积、重心、转动惯量和惯性距等，可以对创建的实

图 8.5　实体模型

体进行隐藏、剖切、装配、干涉检查和布尔运算等操作，从而构造复杂的组合实体。此外对
实体模型进行着色和渲染处理，更能真实地显示实体效果。

8.1.3　三维图形中的基本术语

（1）视点

指在三维模型空间中观察模型时相机镜头所在的位置，即用户观察图形的方向。如：
当我们观察场景中的一个圆柱体时，如果当前位于平面坐标系，即 Z 轴垂直于屏幕，则此时
仅能看到正方体在 XY 平面上的投影。如果调整视点到当前坐标系的左上方，则可以看到
一个立体的圆柱体，但视点与距离无关。

（2）目标点

用相机观察对象时，相机聚集到的一个清晰点即为目标点。在 AutoCAD 中，坐标系原
点即为目标点，不管对象有多大，在观察图形时，AutoCAD 都把它看为集中于坐标原点的
一个点。

（3）XY 平面

它是一个平滑的二维面，仅包含 X 轴和 Y 轴，即 Z 坐标为 0。

（4）Z 轴

Z 轴是三维坐标系中的第三轴，它总是垂直于 XY 平面。

（5）视线

指相机镜头所在位置与目标点的连线，视线确定了观察对象的方向。

（6）平面视图

当视线与 Z 轴平行时，用户看到的 XY 平面上的视图即为平面视图。

（7）高度

主要指 Z 轴上的坐标值。

（8）厚度

指对象沿 Z 轴测得的相对长度。

（9）与 X 轴的夹角 α

指视线在 XY 平面上的投影与 X 轴正向的夹角。

（10）与 XY 平面的夹角 β

指视线与 XY 平面的夹角，即视线与它在 XY 平面上的投影的夹角。

（11）视口

可以单独进行图形绘制与编辑的绘图区域即为视口。在 AutoCAD 中，有模型空间的视口和图纸空间的视口。通常用户进行图形绘制与编辑的绘图区就是一个模型空间的视口，用户可以在模型空间与图纸空间设置多个视口。

8.2　设置三维视图

8.2.1　设置查看方向

在 AutoCAD 的三维空间中，用户可通过不同的方向来观察对象。用于设置查看方向的方式主要有以下两种：

（1）通过"视图"菜单"三维视图"中的"视图预设"命令。

（2）在命令行中输入 ddvpoint（或简写 vp）命令。

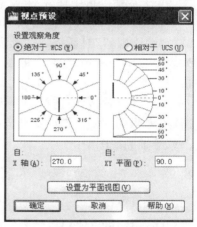

执行命令后，将弹出如图 8.6 所示的"视点预设"对话框。在该对话框中，用户可在"自 X 轴"数值框中设置观察角度在 XY 平面上与 X 轴的夹角，通过这两个夹角就可以得到一个相对于当前坐标系（WCS 和 UCS）的特定三维视图。

如果用户单击 ┃ 设置为平面视图（V）┃ 按钮，则产生相对于当前坐标系的平面视图（即在 XY 平面上与 X 轴夹角为 270°，与 XY 平面夹角为 90°）。

图 8.6　"视点预置"对话框

8.2.2　设置三维直观图的查看方向

使用 vpoint 命令观察图形，就好像观察者从空间中的一个指定点向原点（0,0,0）方向观察，用这种方法设置查看方向更为直观，设置的方式有以下两种：

（1）通过"视图"菜单"三维视图"中的"视点"命令。

（2）在命令行中输入 vpoint 命令。

命令：Vpoint↙

当前视图方向：　VIEWDIR=0.0000,0.0000,1.0000

指定视点或 [旋转（R）]<显示指南针和三轴架>:↙

用户可直接指定视点坐标，系统则将观察者置于该视点位置上向原点（0,0,0）方向观察图形。

如用户选择"旋转（R）"选项，输入参数 R 后，则需要分别指定观察视线在 XY 平面中与 X 轴的夹角和观察视线与 XY 平面的夹角，

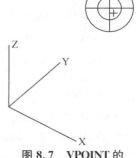

图 8.7　VPOINT 的指南针和三轴架

作用同视图预设命令。

如用户选择"显示指南针和三轴架"选项,即默认选项,则屏幕上将会显示如图所示的指南针和三轴架,此时我们可以使用它们来动态地定义视口中的观察方向。

8.2.3　设置正交视图与等轴测视图

三维模型视图中正交视图和等轴测视图使用是相当普遍的,用户可以利用以下的三种方法进行设置:

(1) 在"视图"工具栏中选择相应的工具按钮。如图 8.8 所示。

图 8.8　"视图"工具栏

(2) 通过"视图"菜单"三维视图"中子菜单的相应命令。

(3) 在命令行中输入 view 命令。

执行该命令后,会弹出如图 8.9 所示的"视图管理器"对话框,在"预设视图"的列表中显示了所有的正交视图和等轴测视图。

用户可在列表中选择一个视图,并单击"置为当前"按钮来恢复选定的正交视图或等轴测视图。

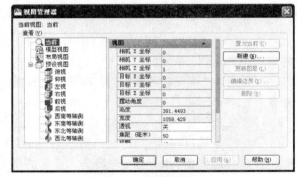

图 8.9　"视图管理器"对话框

8.2.4　三维动态观察器

AutoCAD 提供了一个交互的三维动态观察器,该命令可以在当前视口中创建一个三维视图,用户可以使用鼠标来实时地控制和改变这个视图,以得到不同的观察效果。使用"三维动态观察器,即可以查看整个图形,也可以查看模型中任意的对象。

用户可以用以下的三种方法进行使用:

(1) 执行菜单"视图"→"动态观察"子菜单中的相应命令。

**图 8.10　"动态观察"
工具栏**

(2) 单击"三维动态观察器"工具栏中相应按钮,如图 8.10 所示。

(3) 在命令行输入 3dorbit。

用户启动三维动态观察器后,屏幕上将显示一个弧线球,由一个大圆和其四个象限上的小圆组成,弧线球的中心即为目标点。用户可以利用鼠标控制相机绕对象移动,以得到动态的观察效果。

8.2.5　视觉样式

在创建三维图形的过程中,AutoCAD 2010 的默认显示方式是二维线框方式,线与线之间相互叠加,当需要对所绘制的视图的机构进行观察时,可以使用视觉样式工具来控制各种视图的二维和三维视觉样式,例如二维线框、三维隐藏、三维线框、真实和概念视觉样式。

当需要对视觉样式进行设置时,可通过"工具"菜单的"选项表"下的"视觉样式"命令,打开如图 8.11 所示的"视觉样式管理器"选项板。

"视觉样式管理器"可用来设置视觉样式的显示状态和自定义视觉样式,在选项表中可选择 5 种视觉样式并能够创建新的样式。另外,可通过面设置、环境设置和边设置来自定义视觉样式。在自定义视觉的过程中,对视觉样式所作的任何更改都保存在图形中,一旦应用了视觉样式或更改了其设置,就可以在视口中查看效果。

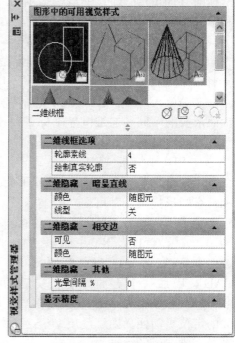

在"视觉样式管理器"中的"图形中的可用视觉样式"面板中,提供了默认视觉样式窗口和 4 个功能按钮。

视觉样式窗口提供了 5 个默认视觉样式,可以单击不同的窗口在这种视觉样式之间进行切换。它们分别为:

（1）二维线框:该选项可以使三维模型以直线和曲线作为边界显示,其中光栅、线型和线宽均可以设置为可见状态。

图 8.11　视觉样式管理器

（2）三维隐藏:显示用三维线框表示的对象,并隐藏表示后向面的直线,该视觉样式显示的模型相当于在视图中执行"消隐"命令后显示的模型。

（3）三维线框:采用该视觉样式,可以使三维模型以直线和曲线作为边界显示。

（4）真实:采用该视觉样式,将对多边形平面间的对象进行着色处理,并使对象的边平滑。同时,将显示出已附着到对象的材质。

（5）概念:采用该视觉样式,可以着色多边形平面间的对象,并使对象的边平滑。

8.3　三维坐标系

8.3.1　三维笛卡儿坐标系

三维笛卡儿坐标系是在二维笛卡儿坐标系的基础上根据右手增加第三维坐标（即 Z 轴）而形成的。同二维坐标系一样,AutoCAD 中的三维坐标系有世界坐标系（WCS）和用户坐标系（UCS）两种形式。

1）右手定则

在三维坐标系中,Z 轴的正轴方向是根据右手定则确定的,右手定则也决定三维空间中任一坐标轴的正旋转方向。在三维坐标系中,如果已知 X 和 Y 轴的方向,可以使用右手定则确定 Z 轴的正方向。将右手手背靠近屏幕放置,大拇指指向 X 轴的正方向。如图 8.12 所示,伸出食指和中指,食

图 8.12　右手定则

指指向 Y 轴的正方向,中指所指示的方向即 Z 轴的正方向。通过旋转手,可以看到 X、Y 和 Z 轴如何随着 UCS 的改变而旋转。

还可以使用右手定则确定三维空间中绕坐标轴旋转的正方向:将右手拇指指向轴的正方向,卷曲其余四指,右手四指所指示的方向即轴的正旋转方向。

2)世界坐标系(WCS)

在 AutoCAD 中,三维世界坐标系是在二维世界坐标系的基础上根据右手定则增加 Z 轴而形成的。同一二维世界坐标系一样,三维世界坐标系是其他三维坐标系的基础,不能对其重新定义。

3)用户坐标系(UCS)

用户坐标系为坐标输入、操作平面和观察图形提供一种可变动的坐标系。定义一个用户坐标系即可以改变原点(0,0,0)的位置以及 XY 平面和 Z 轴的方向。从 AutoCAD 2007 开始,Auto-CAD 又增加一个更加方便且实用的"动态 UCS 功能",它使坐标系 XY 平面的定位更简便。熟练使用 UCS 坐标系是三维建模的关键。

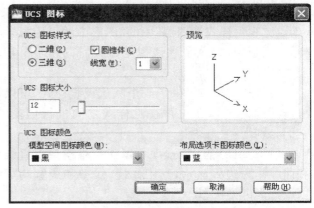

图 8.13 "UCS 图标"对话框

8.3.2 设置 UCS

1)坐标图标

AutoCAD 通过坐标图标显示坐标系原点位置和坐标轴方向。在构造三维实体模型时,为了便于绘制图形,利用 UCSICON 命令可以控制坐标图标的显示。

命令:ucsicon↙

输入选项 [开(ON)/关(OFF)/全部(A)/非原点(N)/原点(OR)/特性(P)]<开>:指定左下角点或 [开(ON)/关(OFF)]<0.0000,0.0000>:↙

各选项意义如下:

开(ON):选择"开(ON)"时,将在当前视口显示坐标图标。

关(OFF):选择"关(OFF)"时,将在当前视口不显示坐标图标。

全部(A):选择"全部(A)"时,将改变所有视口的坐标图标。

非原点(N):选择"非原点(N)"时,只在屏幕左下角显示坐标图标,而不管坐标图标是否位于坐标原点。

原点(OR):选择"原点(OR)"时,将在坐标原点显示坐标图标。

特性(P):选择"特性(P)"时,将弹出如图 8.3 所示的"UCS 图标"对话框。

2)UCS 坐标系

用　途	定义和管理 UCS 用户坐标系
调用命令方式	命令行:UCS。 菜单:工具→"新建 UCS"子菜单。 工具栏:UCS 工具栏和 UCS Ⅱ 工具栏

帮助索引关键字	UCS
命令提示及常用选项说明	1. 命令提示 　　指定 UCS 的原点或［面(F)/命名(NA)/对象(OB)/上一个(P)/视图(V)/世界(W)/X/Y/Z/Z 轴(ZA)］＜世界＞: 　　2. "原点"选项,［其使用字母为"O"］:该选项为默认项,用它可移动 UCS 原点位置,但不会改变当前 X、Y 和 Z 轴的方向。 　　3. "上一个(P)"选项:该选项可以恢复上一个 UCS。 　　4. "视图(V)"选项:将当前的 UCS 设置为 WCS。 　　5. "世界(W)"选项:此选项为默认选项,在提示下直接按回车键将选择该项,从而将当前用户坐标系设置为世界坐标系。 　　6. "X/Y/Z"选项:选择这三个选项的每一个选项均能使 UCS 沿指定的轴旋转,输入的角度可正可负,角度按右手定则确定正方向。 　　7. "三点(3)"选项:该选项未出现在提示信息中,但输入"N"及回车键后会出现,它用于三点确定一个平面,通常第一点为新坐标位置的原点,第二点为 X 轴指向,第三点用于调整 Y;同指向

8.3.3　使用动态 UCS

自 AutoCAD 2007 开始,系统中增加了一个非常实用的动态 UCS 功能,该功能非常类似 3ds max 中的"自动栅格"功能,它使在倾斜面上创建对象非常轻松方便。打开动态 UCS 功能后,在执行命令的过程中,当将光标在三维实体的面上移动时,动态 UCS 会自动将 UCS 的 XY 平面与指定的三维实体对象的平整面对齐,从而避免了使用 UCS 命令来手动定位 UCS 的 XY 工作平面,能使绘图效率大大提高。

用　　途	确保将 UCS 的 XY 平面准确地定位在要进行绘图的平面上
调用命令方式	1. 单击状态栏上的"允许和禁止 DUCS"按钮　。 2. 在　按钮上右击,从快捷菜单中选择"启用"选项。 3. 按组合键 Ctrl＋D,可打开或关闭动态 UCS 功能
帮助索引关键字	UCS
使用技巧	1. 单击状态栏上的　按钮,打开动态 UCS 功能。 　　2. 调用某个二维或三维绘图命令。 　　3. 当光标在对象的面上拖动,当动态 UCS 的工作平面(即 XY 平面)与对象的面对齐时,对象的面将显示为虚线。同时,光标将显示动态 UCS 中各坐标轴的方向。 　　4. 拖动光标时,光标所经过对象面的边不同,光标所显示的 X 轴的方向不同。 　　5. 按绘图命令的提示,当指定一个点后,动态 UCS 的原点将显示在指定的点处,且动态 UCS 的 XY 平面自动与对象的面重合。 　　6. 结束命令后,UCS 将自动返回上一个位置。 　　7. 将动态 UCS 与对象捕捉、对象捕捉追踪、极轴追踪以及按给定的距离指定点的方式结合使用,可精确确定所绘制的对象在倾斜面上的位置。 　　8. 对三维实体使用动态 UCS 和对齐命令 ALIGN,可以快速有效地重新定位对象并重新确定对象相对于平整面的方向

应用举例

在图 8.14 所示的长方体的六个面中的任意部位画上一个圆。

操作步骤如下：

1）在西南等轴测视图下绘长方体

执行菜单"视图"→"三维视图"→"西南等轴测"命令，将视图切换为"西南等轴测"视图方式。

命令：box ✓

指定第一个角点或［中心(C)］：

//可任意指定一个角点

指定其他角点或［立方体(C)/长度(L)］：L ✓

指定长度：150 ✓

指定宽度：80 ✓

指定高度或［两点(2P)］＜277.8037＞：60 ✓

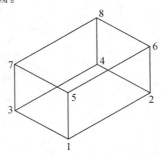

图 8.14　长方体六个面中绘圆

2）在平面 1234 中绘圆

命令：ucs ✓

当前 UCS 名称：＊世界＊

指定 UCS 的原点或［面(F)/命名(NA)/对象(OB)/上一个(P)/视图(V)/世界(W)/X/Y/Z/Z 轴(ZA)］＜世界＞：　　　//捕捉点 1，x 轴与 12 线重合，y 轴与 13 线重合

指定 X 轴上的点或 ＜接受＞：✓

命令：_circle ✓

指定圆的圆心或［三点(3P)/两点(2P)/相切、相切、半径(T)］：　＜对象捕捉 关＞

//在平面 1234 中任一点为圆心

指定圆的半径或［直径(D)］：　　//任意长度为半径绘圆

3）在平面 5678 中绘圆

(1) 定义 UCS 坐标系，捕捉点 5 作为原点，56 线作为 x 轴，57 线作为 y 轴。

(2) 在平面 5678 中以任一点为圆心，任意长度为半径绘圆。

4）在平面 1256 中绘圆

(1) 定义 UCS 坐标系，捕捉点 1 作为原点，12 线作为 x 轴，13 线作为 y 轴。

(2) 定义 UCS 坐标系，让用户坐标系绕 x 轴旋转。

命令：ucs ✓

当前 UCS 名称：＊没有名称＊

指定 UCS 的原点或［面(F)/命名(NA)/对象(OB)/上一个(P)/视图(V)/世界(W)/X/Y/Z/Z 轴(ZA)］＜世界＞：x　　　//此时用户坐标系绕 x 轴旋转

指定绕 X 轴的旋转角度 ＜90＞：✓

//运用右手定则，右手握 x 轴，大拇指与 x 同方向，四指指向为正旋转方向。执行完后，用户坐标系的原点在点 1，x 轴与此 12 线重合，y 轴与此 15 线重合

(3) 在平面 1256 中以任一点为圆心，任意长度为半径绘圆。

5）在平面 3478 中绘圆

(1) 定义 UCS 坐标系，捕捉点 3 作为原点，34 线作为 x 轴，37 线作为 y 轴。

（2）在平面 3478 中以任一点为圆心，任意长度为半径绘圆。

6）在平面 1357 中绘圆

（1）定义 UCS 坐标系，让用户坐标系绕 Y 轴旋转一90。

（2）在平面 1357 中以任一点为圆心，任意长度为半径绘圆。

7）在平面 2468 中绘圆

（用户参照上面可自行做出）

8）在平面 1278 中绘圆

（1）定义 UCS 坐标系，通过三点决定坐标方向。

可通过"工具"菜单下的"新建 UCS"下的"三点（3）"菜单命令，如图 8.15 所示。

也可用命令的方向进行。

命令：_ucs

当前 UCS 名称：* 没有名称 *

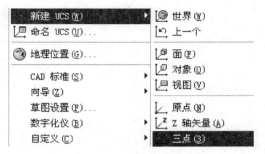

图 8.15　"新建 UCS"菜单

指定 UCS 的原点或 ［面（F）/命名（NA）/对象（OB）/上一个（P）/视图（V）/世界（W）/X/Y/Z/Z 轴（ZA）］＜世界＞：_3

指定新原点 ＜0,0,0＞：

　　　　　　　//捕捉点 1 确定原点

在正 X 轴范围上指定点 ＜1.0000,80.0000,0.0000＞：

　　　　　　　//捕捉点 2 确定 X 轴

在 UCS XY 平面的正 Y 轴范围上指定点 ＜1.0000,80.0000,0.0000＞：

　　　　　　　//捕捉点 7 确定 y 轴

（2）在平面 1278 中以任一点为圆心，任意长度为半径绘圆。

9）上述内容详细讲解了 UCS 的不同使用，实际上我们完全可以只使用 UCS 坐标中的"三点"选项实现坐标的变换。

8.4　绘制简单三维对象

8.4.1　绘三维点

用　途	绘制三维空间点	
调用命令方式	"绘图"工具栏　▨　 "绘图"菜单：点 ▦命令行：point	
帮助索引关键字	point	
操作技巧	1. 在 XY 平面下时，z 坐标值默认为零。 2. 在三维坐标视图下，绘点时 z 坐标如不输入值，z 坐标值默认为零	

应用举例	命令：point↙ 指定点：5,8,10↙

8.4.2　绘三维直线

用　途	绘制三维空间直线
调用命令方式	✎"绘图"工具栏： "绘图"菜单：直径 ⌨命令行：line
帮助索引关键字	line
操作技巧	1. XY 平面下时，z 坐标值默认为零。 2. 在三维坐标视图下，绘线时 z 坐标如不输入值，则 z 坐标值默认为零。 3. 注意直线在球面坐标和柱面坐标下的绘制方法
应用举例	命令：line↙ 指定点：0,0,0↙　　　　　　　　　　　//也可为作意一点 指定下一点或［放弃(U)］：@100<0<30↙　//球面相对坐标形式，直线长度为 100，直线在 XY 平面上的投影线相对于 x 轴为 0 度，直线在 XY 平面上的投影线与直线之间的夹角为 30 度。 指定下一点或［放弃(U)］：@200<30,45↙　//柱面相对坐标形式，直线长度为 200，直线在 XY 平面上的投影线相对于 x 轴为 30 度，该直线段的终止点与该点所在的该直线起始点的 XY 平面上的投影点之间的距离为 45。 指定下一点或［放弃(U)］：↙

8.4.3　标高和延伸厚度

用　途	用于绘制二维半形体，或在某一高度绘制图形
调用命令方式	⌨命令行：elev(或 'elev 用于透明使用)
帮助索引关键字	elev 命令
操作技巧	1. 标高和厚度都是就绘制某一个图形时的当时 UCS 的 Z 坐标而言，在 XOY 平面的标高为 0； 　2. 标高和厚度的默认值为标高的最近一次输入值，如从未输入，则默认为 0； 　3. 在二维平面中的绘矩形 rectang、绘椭圆(椭圆弧)ellipse、射线、构造线等不能产生厚度，但具有标高特性

8.4.4　绘三维螺旋线

用　途	三维空间中绘制弹簧或内外螺纹等图形
调用命令方式	✎"绘图"工具栏： "绘图"菜单：螺旋 ⌨命令行：Helix

帮助索引关键字	Helix
操作技巧	按照命令行提示信息，指定底面中心点和该面半径或直径值，然后指定顶面半径或直径值，最后确定出螺旋线的高度值或执行其他操作，即可完成螺旋线的创建

应用举例

1. 绘制如图 8.16 所示的图形。（西南等轴测视图之下）

（1）改变标高和厚度

命令：elev ↙

指定新的默认标高 <0.0000>：↙ //接受默认数据 0

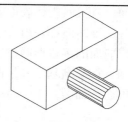

指定新的默认厚度 <0.0000>：100 ↙

命令：

（2）用直线命令绘制出带厚度的矩形

命令：_line ↙　　　//绘制出带厚度的矩形

图 8.16

指定第一点：<正交 开>//以任意点为起始点

指定下一点或 [放弃(U)]：200 ↙

指定下一点或 [放弃(U)]：100 ↙

指定下一点或 [闭合(C)/放弃(U)]：200 ↙

指定下一点或 [闭合(C)/放弃(U)]：C ↙

（3）在世界坐标系状态下，让用户坐标系绕 x 轴旋转 90 度。

（4）将标高设为 0，厚度设为 100；

（5）在当前用户坐标系中，以任意点为圆心，任意长为半径绘圆。

（6）执行消隐命令，效果如图 8.16 所示。

命令：hide ↙

正在重生成模型。

2. 创建如图 8.17 所示的底面半径为 40、顶面半径为 30 和高度为 60 的螺旋线。

命令：_Helix ↙

圈数＝3.0000　　扭曲＝CCW

指定底面的中心点：↙　　//以任意点作为底面的中心点

指定底面半径或 [直径(D)] <40.0000>：↙

指定顶面半径或 [直径(D)] <40.0000>：30 ↙

图 8.17

指定螺旋高度或 [轴端点(A)/圈数(T)/圈高(H)/扭曲(W)] <60.0000>：↙

在设置底面和顶面半径或直径之后，不直接指定高度值，可执行轴端点、圈数、圈高和扭曲操作。选择"轴端点"选项，通过指定轴的端点，从而绘制出以底面中心点到该轴端点的距离为高度的螺旋线；选择"圈数"选项，可以指定螺旋线的螺旋圈数。默认情况下，螺旋线的圈数为 3，当指定螺旋圈数后，系统将恢复到设置前的信息提示状态，以供用户执行其他操作；选择"圈高"选项，可以指定螺旋线各圈之间的间距；选择"扭曲"选项，可以指定螺旋线的扭曲方式是"顺时针"还是"逆时针"。

8.5　绘制三维曲面

　　三维曲面主要由基本三维曲面和特殊三维曲面组成,其中基本三维曲面包括长方体面、棱锥面、楔体表面和圆环面等,特殊三维曲面包括直纹网格、平移网格、边界网格等。这些三维曲面都是由多边形网格构成的小平面来近似表示的曲面。曲面的光滑度是由靠组成曲面的多边形网格密度来控制的。

　　在绘制基本三维曲面时,直接在命令行中输入 3D,此时对系统显示的选项进行选择,即可进行如图 8.18 所示的相关三维曲面的绘制:

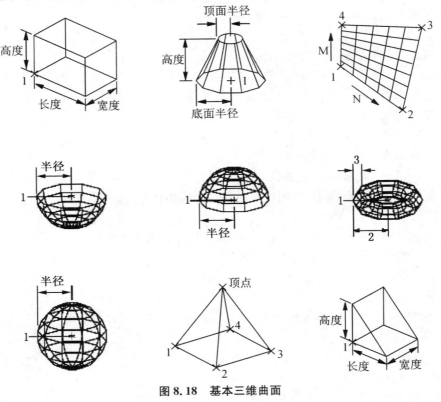

图 8.18　基本三维曲面

　　命令：3d

　　正在初始化... 　已加载三维对象。

　　输入选项

　　[长方体表面(B)/圆锥面(C)/下半球面(DI)/上半球面(DO)/网格(M)/棱锥体(P)/球面(S)/圆环面(T)/楔体表面(W)]：

　　用户可以使用 Pedit 命令对所创建的网格对象进行编辑。例如可以用该命令可将闭合的圆环打开,也可将打开的圆环闭合。

　　用 3D 命令构造多边形网格对象时,最后得到的对象表面可以隐藏、着色和渲染。

　　基本三维曲面的使用相对较这简单,用户请参照本书后附录部分的相关内容。

8.5.1　三维面

用　途	三维空间中任意位置创建一个没有厚度的三边面或四边面
调用命令方式	1. 菜单:"绘图"→"建模"→"网格"→"三维面" 2. 在命令行中输入 3dface 或是 3F
帮助索引关键字	3dmesh
操作说明	命令：3face 3DFACE 指定第一点或［不可见(I)］: 指定第二点或［不可见(I)］: 指定第三点或［不可见(I)］<退出>: 指定第四点或［不可见(I)］<创建三侧面>: 指定第三点或［不可见(I)］<退出>: 　　1. 指定第一点:定义三维面的起点。在输入第一点后,可按顺时针或逆时针方向输入其余的点,以创建普通三维面,如果四个顶点在同一个平面上,将创建一个类似于面域对象的平面。当着色或渲染对象时,该平面将被填充。 　　2. 创建三维面;创建由三边组成的三维面。这时的第三点和第四点合成一个点。 　　3. 不可见:用于控制三维面各边的可见性,以便建立有孔对象的正确模型。在某边的第一点之前输入 i 或 invisible,可以使该边不可见,效果如图 8.19 所示。 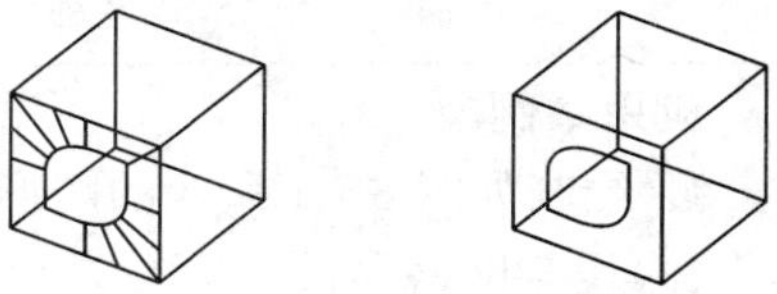 可见边　　　不可见边　　图 8.19 　　4. 退出:退出三维面命令。 　　5. 当用户指定了第三点和第四点后,系统将不断提示指定第三点和第四点,即开始下一个三维面的创建,直到按 Enter 键为止,这样可以创建连续的三维面,如图 8.20 所示。 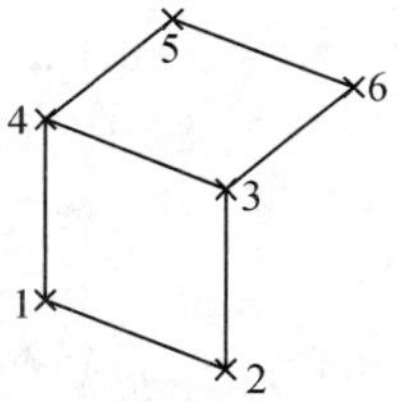 图 8.20 　　6. 指定三维面的四个顶点时,必须按顺时针或逆时针方向进行。 　　7. 用户可以使用 EDGE 命令控制三维面各边的可见性。 　　8. 3DFACE 命令和 SOLID 命令不同。SOLID 命令创建与当前用户坐标系(UCS)平行的三边或四边曲面,且不能对每个角点使用不同的 Z 坐标值。另外,用 3DFACE 命令创建的是未填充的曲面,而用 SOLID 命令将创建填充的曲面。 　　9. 如果构成的四个顶点是共面的,则消隐命令 HIDE 认为该面是不透明的,可以进行消隐,反之,消隐命令对其不起作用

8.5.2　旋转曲面

用　途	三维空间创建绕选定轴旋转而成的旋转网格
调用命令方式	1. 菜单:"绘图"→"建模"→"网格"→"旋转网格" 2. 在命令行中输入 revsurf 3. "网络建模"面板中的  ⚙ 按钮
帮助索引关键字	revsurf

操作说明	命令：REVSURF 当前线框密度：SURFTAB1＝6　　SURFTAB2＝6 选择要旋转的对象： 选择定义旋转轴的对象： 指定起点角度＜0＞： 指定包含角（＋＝逆时针，－＝顺时针）＜360＞： 　1. "选择要旋转的对象"：选择直线、圆弧、圆或二维/三维多段线。 　2. "选择定义旋转轴的对象"：选择直线或打开二维或三维多段线。轴方向不能平行于原始对象的平面。 　3. "指定起点角度"：如果设置为非零值，将以生成路径曲线的某个偏移开始网格旋转。指定起点角度，以生成路径曲线的某个偏移开始网格旋转。 　4. "指定包含角"：指定网格绕旋转轴延伸的距离。包含角是路径曲线绕轴旋转所扫过的角度。输入一个小于整圆的包含角可以避免生成闭合的圆。 　5. 生成网格的密度由 SURFTAB1 和 SURFTAB2 系统变量控制。SURFTAB1 指定在旋转方向上绘制的网格线的数目。如果路径曲线是直线、圆弧、圆或样条曲线拟合多段线，SURFTAB2 将指定绘制的网格线数目以进行等分。如果路径曲线是尚未进行样条曲线拟合的多段线，网格线将绘制在直线段的端点处，并且每个圆弧段都被等分为 SURFTAB2 所指定的段数

应用举例

1. 绘制如图 8.21 所示的图形。

（1）设置网格参数。

命令：surftab1 ↙

输入 SURFTAB1 的新值＜6＞：10 ↙

命令：surftab2 ↙

输入 SURFTAB2 的新值＜6＞：20 ↙

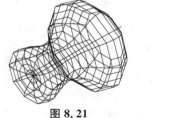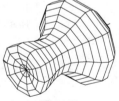

图 8.21　　　　　　　　　　图 8.22　　　　　　　　　　图 8.23

（2）用 line 命令和 spline 命令绘制旋转对象和旋转轴，结果如图 8.22。

（3）绘制旋转曲面。

命令：_revsurf ↙　　　　　　　　//产生旋转曲面

当前线框密度：SURFTAB1＝10　　SURFTAB2＝20

选择要旋转的对象：　　　　　　//选择绘制的样条曲线

选择定义旋转轴的对象：　　　　//选择直线

指定起点角度＜0＞：↙

指定包含角（＋＝逆时针，－＝顺时针）＜360＞：↙

　　　　　　　　　　　　　//结果如图 8.23

（4）消隐后观察图形效果。

8.5.3　平移曲面

用　途	创建三维多边形网格形式的平移曲面
调用命令方式	1. 菜单："绘图"→"建模"→"网格"→"平移网格" 2. 在命令行中输入 tabsurf 3. "网络建模"面板中的 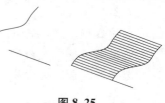 按钮
帮助索引	tabsurf
操作技巧	1. 通过轮廓曲线来定义多边形网格的曲面。轮廓曲线可以是直线、圆弧、圆、椭圆、二维或三维多段线； 　　2. 方向矢量指出形状的拉伸方向和长度，要注意方向矢量上的选择的点的位置； 　　3. TABSURF 构造一个 $2 \times n$ 的多边形网格，其中 n 由 SURFTAB1 系统变量决定。网格的 M 方向始终为 2 并且沿着方向矢量的方向。N 方向沿着轮廓曲线的方向。如果轮廓曲线为直线、圆弧、圆、椭圆或样条拟合多段线，则 AutoCAD 绘制网格线，这些网格线按照 SURFTAB1 设置的间距等分轮廓曲线。 　　4. 选择用作方向矢量的对象，是指用于定义扫掠方向的直线或开放多段线。仅考虑多段线的第一点和最后一点，而忽略中间的顶点。 方向矢量指出形状的拉伸方向和长度。在多段线或直线上选定的端点决定了拉伸的方向，如图 8.24 所示。原始路径曲线用宽线绘制，以帮助用户查看方向矢量是如何影响展平网格构造的

应用举例

绘制如图 8.25 所示的平移曲面。

（1）分别用 line 命令和 spline 命令绘制如图 8.25 所示的直线和样条曲线。

（2）绘制平移曲面。

命令：surftab1 ↙

输入 SURFTAB1 的新值 ＜6＞：20 ↙

命令：tabsurf ↙

当前线框密度：SURFTAB1＝20

选择用作轮廓曲线的对象：　　　　//选择绘制的样条曲线

选择用作方向矢量的对象：　　　　//选择直线

图 8.25

8.5.4　直纹曲面

用　途	在两个曲线对象之间创建曲面网格
调用命令方式	1. 菜单：“绘图”→“建模”→““网格”→“直纹网格” 2. 在命令行中输入 rulesurf 3. “网络建模”面板中的 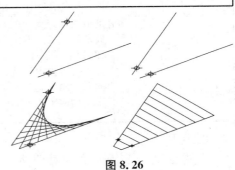 按钮
帮助索引关键字	rulesurf
操作说明	命令：rulesurf 当前线框密度：SURFTAB1＝6 选择第一条定义曲线： 选择第二条定义曲线： 1. “选择第一条定义曲线”：指定对象以及新网格对象的起点。 2. “第二条定义曲线”：指定对象以及新网格对象扫掠的起点。 3. 使用两个不同的对象定义直纹曲面的边：直线、点、圆弧、圆、椭圆、椭圆弧、二维多段线、三维多段线或样条曲线。 4. 作为直纹曲面网格“轨迹”的两个对象必须都开放或都闭合,点对象可以与开放或闭合对象成对使用。 5. 对于闭合曲线,可分别在两曲线上指定任意两点来完成 RULESURF；对于开放曲线,对曲线上指定点的位置不同,构造直纹曲面的结果不同。如果在同一端选择对象,则创建多边形网格；如果在两个对端选择对象,则创建自交的多边形网格

应用举例

绘制如图 8.26 所示的图形

命令：_rulesurf ↙

当前线框密度：SURFTAB1＝10

选择第一条定义曲线：

选择第二条定义曲线：

命令：_rulesurf ↙

当前线框密度：SURFTAB1＝10

选择第一条定义曲线：

选择第二条定义曲线：

图 8.26

8.5.5　边界曲面

用　途	创建具有四个边的多边形网格
调用命令方式	1. 菜单：“绘图”→“建模”→“网格”→“边界网格” 2. 在命令行中输入 edgesurf 3. “网络建模”面板中的 按钮
帮助索引关键字	edgesurf 命令

操作说明	1. 必须选择定义曲面片的四条邻接边,邻接边可以是直线、圆弧、样条曲线或开放的二维或三维多段线,这些边必须在端点处相交以形成一个拓扑形式的矩形的闭合路径。 2. 可以用任何次序选择这四条边。第一条边(SURFTAB1)决定了生成网格的 M 方向,该方向是从距选择点最近的端点延伸到另一端。与第一条边相接的两条边形成了网格的 N(SURFTAB2)方向的边

应用举例

绘制如图 8.27 所示的边界图形(西南等轴测视图下)

(1) 在世界坐标系,将用户坐标系绕 X 轴旋转 90°。

(2) 绘圆心任意,半径为 100 的圆

图 8.27

(3) 画一直线将圆修剪成半圆,也可用圆弧命令绘制半圆弧。

(4) 用复制命令对半圆图形进行复制

命令：copy↙　　　//将半圆复制一份到指定位置

命令：copy↙　　　//将两个半圆复制一份到另一边

(5)恢复到世界坐标系。

(6)将两个半圆图形旋转 90 度。

(7)利用 move 命令将图形移动成图 8.27 中的图形(2)。

(8)用命令 surftab1 和 surftab2 将网格参数分别设置为 10 和 20。

(9)生成边界曲面。

命令：_edgesurf↙　　　　　//生成边界曲面网格

当前线框密度：SURFTAB1＝10　SURFTAB2＝20

选择用作曲面边界的对象 1：

选择用作曲面边界的对象 2：

选择用作曲面边界的对象 3：

选择用作曲面边界的对象 4：

8.6　绘制三维实体

　　三维实体模型是信息量最完整的一种模型。它不仅具有点、线和面的特征,而且还具有体积特征。它不像网格模型那样只是一个纸盒子一样空的壳体,而是具有厚度的符合真实情况的模型。复杂的实体模型,在创建和编辑上较线框模型和网络模型容易得多,通过先绘制简单的基本实体,再对这引起基本实体进行布尔运算得到;也可通过拉伸、旋转、扫掠、放样等方式进行创建。

　　对于基本实体的创建,用户可参照后面的附录进行操作。

8.6.1　拉伸

用　　途	通过沿指定的路径或方向将对象或平面拉伸出指定距离来创建三维实体或曲面
调用命令方式	1. 菜单:"绘图"→"建模"→"拉伸" 2. 在命令行中输入 extrude 3. "建模"工具栏中的"拉伸"按钮 4. "建模"面板中的"拉伸"按钮 拉伸
帮助索引关键字	extrude
操作说明	命令:EXTRUDE 当前线框密度:　ISOLINES=10 选择要拉伸的对象:找到 1 个 选择要拉伸的对象: 指定拉伸的高度或［方向(D)/路径(P)/倾斜角(T)］<71.9292>: 1. "指定拉伸高度"选项:使用指定高度的方式进行拉伸。 2. "方向"选项:通过指定的两点指定拉伸的长度和方向。 3. "路径"选项:将对象沿选定路径进行拉伸。 4. "倾斜角"选项:用指定的倾斜角拉伸对象。 　　5. 既可拉伸封闭对象,也可拉伸非封闭对象。如果拉伸的是封闭对象,则将生成实体,如果拉伸的是非封闭对象,则将生成曲面。 　　6. 可以拉伸直线、圆弧、椭圆弧、二维多段线、二维样条曲线、二维实体、平面三维多段线、三维平面、平面曲面、圆、椭圆、封闭样条曲线、圆环和面域。不能拉伸包含在块中的对象,也不能拉伸具有相交或自交线段的多段线; 　　7. 多段线应包含至少 3 个顶点但不能多于 500 个顶点。如果选定的多段线具有宽度,AutoCAD 将忽略其宽度并且从多段线路径的中心线处拉伸。如果选定对象具有厚度,AutoCAD 将忽略该厚度; 　　8. 拉伸方向上,如果输入正值则沿对象所在坐标系的 Z 轴正向拉伸对象,如果输入负值,则 AutoCAD 沿 Z 轴负向拉伸对象; 　　9. 选择基于指定曲线对象的拉伸路径。AutoCAD 沿着选定路径拉伸选定对象的轮廓创建实体; 　　10. 拉伸路径可以是直线、圆、圆弧、椭圆、椭圆弧、多段线或样条曲线。路径既不能与轮廓共面,也不能具有高曲率的区域; 　　11. 拉伸实体始于轮廓所在的平面,终于路径端点处与路径垂直的平面

应用举例

1. 根据指定高度进行拉伸,如图 8.28 的(1)和(2)。

（1）先用命令 rectang、circle 和 boundary 生成如图 8.28 中(1)的图形。

（2）对图形(1)进行拉伸。

命令:ext ↙

EXTRUDE

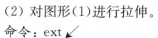

（1）　　　（2）　　　（3）　　　（4）

图 8.28

当前线框密度：　ISOLINES＝4

选择要拉伸的对象：找到 1 个

选择要拉伸的对象：

指定拉伸的高度或［方向(D)/路径(P)/倾斜角(T)］＜200.0000＞：t ↙

指定拉伸的倾斜角度 ＜0＞：15 ↙

指定拉伸的高度或［方向(D)/路径(P)/倾斜角(T)］＜200.0000＞：200 ↙

2. 指定路径进行拉伸，如图 8.29 中的(3)和(4)。

(1) 先用命令 spline 生成如图 8.29 中(3)的样条曲线。

(2) 在世界坐标系状态下，将用户坐标系绕沿 Y 轴旋转 90°。

(3) 用命令 circle 绘制圆。

(4) 沿路径进行拉伸。

命令：ext ↙

EXTRUDE

当前线框密度：　ISOLINES＝4

选择要拉伸的对象：找到 1 个　　　　　//选择圆

选择要拉伸的对象：　　　　　　　　　//按鼠标右键停止选择

指定拉伸的高度或［方向(D)/路径(P)/倾斜角(T)］＜200.0000＞：p

选择拉伸路径或［倾斜角(T)］：　　　//选择样条曲线轮廓垂直于路径。

8.6.2　旋转

用　途	通过绕轴旋转平面曲线来创建新的实体或曲面
调用命令方式	1. 菜单："绘图"→"建模"→"旋转" 2. 在命令行中输入 revolve 3. "建模"工具栏中的"旋转"按钮 4、"建模"面板中的"旋转"按钮
帮助索引关键字	revolve
操作说明	命令：_revolve 当前线框密度：　ISOLINES＝4 选择要旋转的对象：找到 1 个 选择要旋转的对象： 指定轴起点或根据以下选项之一定义轴［对象(O)/X/Y/Z］＜对象＞： 指定轴端点： 指定旋转角度或［起点角度(ST)］＜360＞： 　1. 指定轴起点：通过指定旋转轴的第一个点和第二点来定义旋转轴，将对象绕该轴以指定的角度旋转来创建旋转实体或曲面。 　2. 旋转角度：当指定旋转角度小于 360 度时，将旋转出非闭合的对象，指定 360 度时则可旋转出闭合对象。 　3. 对象：用选定的对象作为旋转轴来创建旋转实体。轴的正方向从选择旋转轴时距选择点最近的端点指向最远端点。

	4.　X、Y、Z：以当前 UCS 坐标系的 X、Y、Z 轴作为旋转轴来创建旋转实体。 　　5.　既可拉伸旋转封闭对象，也可旋转非封闭对象。如果旋转的是封闭对象，则将生成实体，如果旋转的是非封闭对象，则将生成曲面。 　　6.　可作为旋转轴的对象及其子对象包括直线、线性多段线线段、实体或曲面的线性边。 　　7.　一次只能旋转一个对象，如果要将多个对象组成的封闭图形旋转成实体，可以用面域命令 REGION 将这些对象创建为一个面域，或用编辑多段线命令 PEDIT 中的"合并"选项将这些对象合并成一个整体后再进行旋转。 　　8.　不能旋转包含在块中的对象，不能旋转具有相交或自交线段的多段线。对于具有线宽的多段线，将忽略多段线的宽度，并从多段线路径的中心处开始旋转

应用举例

利用 revolve 命令对对象进行旋转，生成如图 8.29 所示的图形。

（1）绘制一直线和一要旋转的多段线对象，先绘一直线，然后在直线旁绘一个矩形和一个圆，并让矩形和圆相交。

（2）利用命令 boundary 将对象进行合并成一个边界线。

（3）将要旋转的对象绕直线旋转

命令：_revolve↙

当前线框密度：　ISOLINES＝4

选择要旋转的对象：找到 1 个

选择要旋转的对象：

指定轴起点或根据以下选项之一定义轴［对象(O)/X/Y/Z］＜对象＞:↙

选择对象：　　//选择直线

指定旋转角度或［起点角度(ST)］＜360＞:

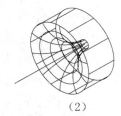

（1）　　　　　　　　（2）

图 8.29

8.6.3　扫掠

用　途	通过沿开放或闭合的二维或三维路径扫掠二维曲线来创建三维实体或曲面，一般可用来绘制轨迹、管道、圆管和导管
调用命令方式	1.　菜单："绘图"→"建模"→"扫掠" 2.　在命令行中输入 sweep 3.　"建模"工具栏中的"扫掠"按钮 4.　"建模"面板中的"扫掠"按钮　扫掠
帮助索引关键字	sweep
操作说明	命令：_sweep 当前线框密度：　ISOLINES＝4 选择要扫掠的对象：找到 1 个

选择要扫掠的对象：

选择扫掠路径或［对齐(A)/基点(B)/比例(S)/扭曲(T)］：

1. "对齐"选项：指定是否对齐轮廓以使其作为扫掠路径切向的法向。默认情况下，轮廓是对齐的，即如果轮廓曲线不垂直于(法线指向)路径曲线起点的切向，则轮廓曲线将自动对齐。

2. "基点"选项：指定要扫掠对象的基点。

3. "比例"选项：按比例因子放大或缩小以进行扫掠。

4. "扭曲"选项：设置正被扫掠的对象的扭曲角度，当输入 T 这个参数后，出现如下提示：

输入扭曲角度或允许非平面扫掠路径倾斜［倾斜(B)］＜0.0000＞：90

其中的"扭曲角度"选项可指定沿扫掠路径全部长度的旋转量，"倾斜"选项可指定被扫掠的曲线是否沿三维扫掠路径(三维多线段、三维样条曲线或螺旋)自然倾斜(旋转)。

5. 既可扫掠封闭对象，也可扫掠非封闭对象。如果扫掠的是封闭对象，则将生成实体，如果扫掠的是非封闭对象，则将生成曲面。扫掠时，不必将轮廓与路径对齐即可进行扫掠。

6. 可同时扫掠多个对象，但这些对象必须位于同一平面中。

7. 可以扫掠的对象包括直线、圆弧、椭圆弧、二维多段线、二维样条曲线、二维实体、三维平面、平面曲面、实体上的平面、宽线、圆、椭圆、面域。

8. 可以作为扫掠路径的对象包括直线、圆弧、椭圆弧、二维多段线、二维样条曲线、二维实体、三维样条曲线、实体或曲面的边、螺旋等。

9. 扫掠与拉伸的不同之处在于：当沿路径扫掠轮廓时，轮廓将被移动到与路径垂直对齐，然后沿路径扫掠该轮廓，而沿路径拉伸轮廓时，如果路径未与轮廓相交，则将被移到轮廓上，然后沿路径拉伸该轮廓

应用举例

依据上述阐述，分别绘制图 8.30 中的图形。

命令：_Helix

圈数 ＝ 3.0000　　　扭曲＝CCW

指定底面的中心点：

指定底面半径或［直径(D)］＜1.0000＞：↙

指定顶面半径或［直径(D)］＜98.4942＞：↙

指定螺旋高度或［轴端点(A)/圈数(T)/圈高(H)/扭曲(W)］＜1.0000＞：↙

命令：_-view 输入选项［? /删除(D)/正交(O)/恢复(R)/保存(S)/设置(E)/窗口(W)］：_swiso 正在重生成模型。

命令：_circle　　//绘制圆

指定圆的圆心或［三点(3P)/两点(2P)/切点、切点、半径(T)］：

指定圆的半径或［直径(D)］＜192.8009＞：↙

命令：_sweep

当前线框密度：　ISOLINES＝4

选择要扫掠的对象：找到 1 个

选择要扫掠的对象：

选择扫掠路径或［对齐(A)/基点(B)/比例(S)/扭曲(T)］：

命令：_hide 正在重生成模型。

图 8.30

8.6.4　放样

用　途	通过一组两个或多个曲线之间放样来创建三维实体或曲面,即通过指定一系列横截面来创建新的实体或曲面
调用命令方式	1. 菜单:"绘图"→"建模"→"放样" 2. 在命令行中输入 loft 3. "建模"工具栏中的"放样"按钮 4. "建模"面板中的"放样"按钮　放样
帮助索引关键字	loft
操作说明	命令:_loft 按放样次序选择横截面: 按放样次序选择横截面: ………… 按放样次序选择横截面:按放样次序选择横截面: 输入选项［导向(G)/路径(P)/仅横截面(C)］＜仅横截面＞: 1. "导向"选项:根据选定的导向曲线控制放样实体或曲面的形状。 2. "路径"选项:将横截面按照选定的路径进行放样生成实体或曲面,注意路径曲线必须与横截面的所有平面相交。 3. "仅横截面"选项:选择这项后,将弹出"放样设置"对话框,从而可以控制放样曲面在其横截面处的轮廓,其中各项设置的意义如下: (1) 直纹:能使生成的实体或曲面的横截面之间是直纹,而且在横截面处具有鲜明边界。 (2) 平滑拟合:能使其在横截面之间绘制平滑实体或曲面,并且在起点和终点横截面处具有鲜明的边界。 (3) 法线指向:能使实体或曲面在其通过横截面处的曲面法线。 (4) 拔模斜度:控制放样实体或曲面的第一个和最后一个横截面的拔模斜度和幅度。 (5) 闭合曲面或实体:利用这个选项可以闭合或开放曲面或实体。 4. 既可放样封闭对象,也可放样非封闭对象。如果放样的是封闭对象,则将生成实体,如果放样的是非封闭对象,则将生成曲面。 5. 可以作为横截面的对象包括直线、圆弧、椭圆弧、二维多段线、二维样条曲线、二维实体、三维平面、平面曲面、实体上的平面、宽线、圆、椭圆、面域。 6. 可以作为放样路径的对象包括直线、圆弧、椭圆弧、二维多段线、样条曲线、圆、椭圆、螺旋等。 7. 或能作为导向的对象包括直线、圆弧、椭圆弧、二维样条曲线、二维多段线、三维多段线等。 8. 每条导向曲线必须满足这些条件才能正常工作:与每个横截面相交,而且始于第一个横截面,终于最后一个横截面

8.7　三维编辑

本处只讲述常用的编辑命令。

8.7.1　剖切

用　途	将已有实体利用某一个平面或曲面进行分割,在剖切后,可以保留一半实体或两个半实体都保留
调用命令方式	1. 菜单:"修改"→"三维操作"→"剖切" 2. 在命令行中输入 slice 3. "实体编辑"面板中的"剖切"按钮
帮助索引关键字	slice
操作说明	命令:SLICE 选择要剖切的对象: 指定切面的起点或［平面对象(O)/曲面(S)/Z 轴(Z)/视图(V)/XY(XY)/YZ(YZ)/ZX(ZX)/三点(3)］＜三点＞: 　1. "指定切面的起点"选项:用过两个指定点且垂直于当前 UCS 的 XY 平面的平面进行剖切。 　2. "对象"选项:可以以选定的对象(包括圆、椭圆、圆弧、椭圆弧、二维样条曲线或二维多段线等二维对象)所在的平面作为剖切平面进行剖切操作。 　3. "曲面"选项:用选定的曲面进行剖切操作。 　4. "Z 轴"选项:根据用户在平面上指定了一点并在该平面的法线上指定了一点,就可唯一确定剖切平面剖切平面。 　5. "视图"选项:用当前视口所在平面或当前视口所在平面平行的平面,作为剖切平面进行剖切。 　6. "XY/YZ/ZX"选项:用 XY、YZ 或 ZX 平面或与它们平行的平面,作为剖切平面进行剖切。 　7. "三点"选项:这是默认选项,通过指定的三点进行剖切对象。 　8. 可以保留剖切实体的所有部分,或者保留指定的部分,要保留某一侧时,点选该侧,全部保留时打回车即行

应用举例

对实体对象进行剖切,如图8.31所示。

(1) 绘制一实体对象:在底平面绘制如右图所示的两个相交的矩形,使用 boundary 命令生成要拉伸前的底平面多段线;并对实体进行拉伸。

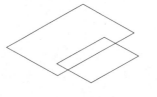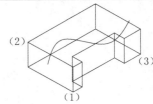

图 8.31

(2) 定义 UCS 用户坐标系,以点 1 为原点,以点 2 为 X 轴上的点,以点 3 为 XY 平面上的点。

(3) 用命令 spline 绘制样条曲线。

(4) 执行剖切命令。

命令：_slice ↙

选择要剖切的对象：找到 1 个

//选择实体

选择要剖切的对象：//按鼠标右键停止选择

指定切面的起点或［平面对象(O)/曲面(S)/Z 轴(Z)/视图(V)/XY(XY)/YZ(YZ)/ZX(ZX)/三点(3)］＜三点＞：o ↙

选择用于定义剖切平面的圆、椭圆、圆弧、二维样条线或二维多段线：//选择样条曲线

在所需的侧面上指定点或［保留两个侧面(B)］＜保留两个侧面＞：b ↙

在本例中，用户也可以使用 3 点方式、某一坐标平面方式等方式对实体对象进行剖切。

8.8　三维模型的文字及尺寸标注

在三维空间中对三维对象进行文字和尺寸的标注时，往往在几个等轴测视图下进行，如东南等轴测视图、西南等轴测视图、西北等轴测视图或东北等轴测视图中。

对文字标注样式和尺寸标注样式的设置完全和二维中的设置一样，关键是灵活运用 UCS 用户坐标系，现对几点一些标注的方法和注意点进行说明：

1. 标注圆和圆弧对象的半径和直径尺寸时，标注的尺寸应在圆和圆弧所在的平面内。

2. 标注的线性尺寸一般应沿轴测轴方向，且尺寸界限一般应平行于某一轴测面。

3. 由于所有的文字和尺寸只能在当前 UCS 的 XY 平面上进行标注，因此在标注前就要新建 UCS 坐标系，使得其 XY 平面与要标注对象所在的面共面，在新建坐标系时，还应注意 UCS 坐标系的 X、Y 轴方向，因为不同的 X、Y 轴方向所得到的标注结果不同。

4. 如果标注完成后，要调整标注尺寸的位置而使用 DIMTEDIT 命令，也要将切换 UCS 坐标系与要调整的尺寸共面。

实验十四　　三维曲面绘制上机 1

一、实验目的

1. 掌握基本三维曲面图形的绘制；

2. 掌握基本三维曲面中的旋转曲面、平移曲面、直纹曲面、边界曲面的绘制；

3. 灵活运用旋转曲面、平移曲面、直纹曲面、边界曲面绘制图形。

二、操作内容

1. 基本三维曲面图形绘制(此部分相对简单，没有给出图形及操作步骤或思路)。

① 长方体表面(正方体表面)；

② 楔体表面；

③ 棱锥面(棱锥台面)、四面体表面、五面棱锥面；

④ 圆锥面、圆柱表面、圆台表面；

⑤ 球体表面、上半球体表面、下半球体表面；

⑥ 圆环表面；

⑦ 三维面、三维网格面。

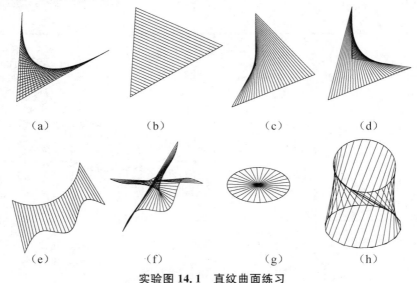

　　（a）　　　　　　　（b）　　　　　　　（c）　　　　　　　（d）

　　（e）　　　　　　　（f）　　　　　　　（g）　　　　　　　（h）

实验图 14.1　直纹曲面练习

2. 根据提示，运用直纹曲面命令绘制实验图 14.1，写出操作思路。

提示：

① 生成的网格的密度由 surftab1、surftab2 决定，它们分别决定网格的 m、n 方向上的密度值，默认值均为 6；

② a、b 为同一组，图中为同一平面上的两直线；c、d 为同一组，图中为一垂直直线，一水平直线，两线不共面；e、f 为同一组，图中为在同一平面上的一圆弧和一样条曲线；

③ g 图为一圆和圆中心上的一点；

④ h 图为不在同一标高面上的两个大小不同的椭圆。

3. 根据图示提示，运用旋转曲面绘制实验图 14.2，写出操作思路。

提示：该图示 a 为西南等轴测下沿 x 轴旋转 90°后，使用样长曲线绘制的外轮廓。

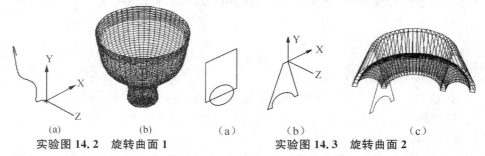

(a)　　　　　(b)　　　　　　　(a)　　　　(b)　　　　　　(c)

实验图 14.2　旋转曲面 1　　　　**实验图 14.3　旋转曲面 2**

4. 根据图示提示，运用旋转曲面绘制实验图 14.3，写出操作思路。

提示：① 在图示 a 处，利用绘图下的边界命令生成多段线，将多段线移动一边后，利用夹持点改变上面边长的大小，得到图示 b 的左边部分；

② 旋转时注意角度的设置与调整，图 c 旋转时的起始角为 -30°，终止角为 -150°。

操作思路：

5. 根据图示提示，运用平移曲面绘制实验图 14.4，写出操作思路。

提示：在图示 a 中，正交状态下，直线是在世界坐标系下绘制，多段线是在运用 UCS 命令沿 X 轴旋转 90°之后绘制。

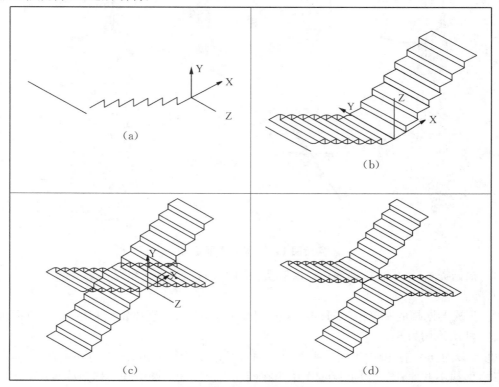

(a)

(b)

(c)

(d)

实验图 14.4　平移曲面

实验十五　三维曲面绘制上机 2

一、实验目的

1. 灵活运用旋转曲面、平移曲面、直纹曲面、边界曲面绘制图形；

2. 掌握运用 3dface 命令。

二、操作内容

1. 绘制实验图 15.1，写出操作思路。

2. 根据图示提示，运用边界曲面绘制实验图 15.2，写出操作思路。

提示：在图示 a 中，正交状态下，运用 UCS 命令沿 x 轴旋转 90°之后，绘制圆与直线，在 UCS 为世界坐标系下，旋转复制圆弧产生图 c。

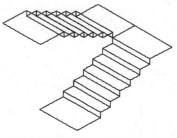

实验图 15.1　平移曲面

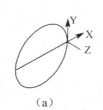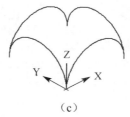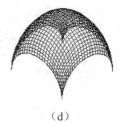

（a）　　　　　　　（b）　　　　　　　（c）　　　　　　　（d）

实验图 15.2　旋转曲面

3. 根据图示提示，运用边界曲面绘制实验图 15.3，写出操作思路。

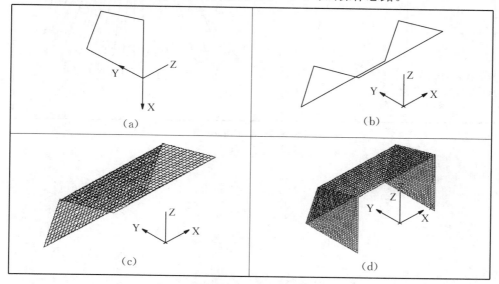

（a）　　　　　　　　　　　　　　　（b）

（c）　　　　　　　　　　　　　　　（d）

实验图 15.3　旋转曲面

提示：① 在图示 a 中，正交状态下，运用 UCS 命令沿 y 轴旋转 90°之后，绘制四直线，也可从左视图中绘制；

　　② 用多段线沿图 a 左上角两线重描，然后移动多段线至一边；

　　③ 对图 a 和图 b 使用边界曲面命令，最后形成图 d。

　　4. 根据图示提示，运用边界曲面绘制实验图 15.4，写出操作思路。

　　提示：① 在图示 a 中，正交状态下，下面的直线在世界坐标系下绘制，上面的两直线在调整坐标原点到竖直线的上面时绘制；

　　② 运用镜像命令，选择适当镜像轴线，产生图 b；

　　③ 对图 b 使用 3dface 后产生图 c，并对 3dface 面进行阵列产生图 d。

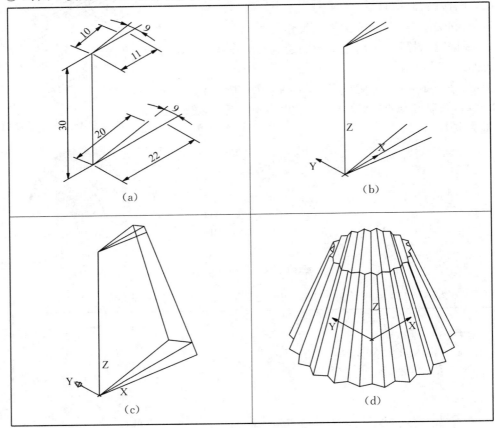

实验图 15.4　3dface 面

第 9 章　CAD 三维绘制实例

9.1　六角凉亭(如图 9.1 所示)

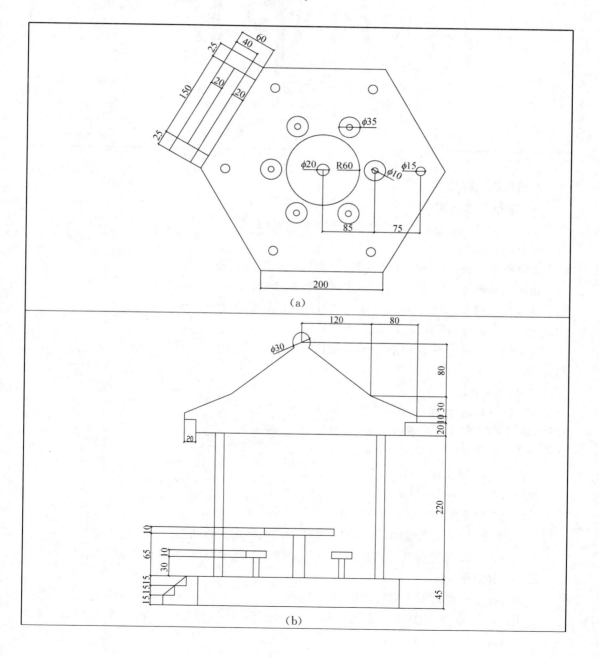

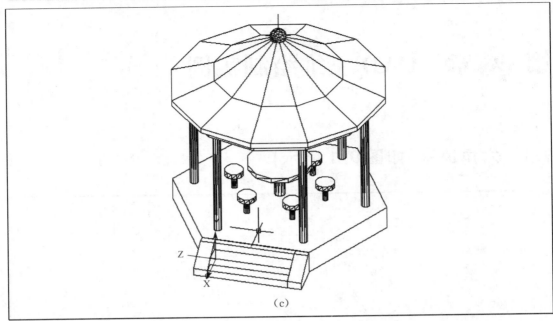

（c）

图 9.1

作图步骤与程序

一、进行基本设定

1. 用 vpoint 命令设定适当的平行投影观测点（角度）。

命令：vpoint↙

当前视图方向：　VIEWDIR＝－27.4172，－27.4173，27.4172

指定视点或［旋转（R）］＜显示指南针和三轴架＞：1，－4，2↙

自动保存到 C:\Documents and Settings\Administrator\local settings\temp\Drawing1_1_1_9169.sv$ ...

2. 用 zoom 命令来设定适当的屏幕作图范围。

命令：zoom↙

指定窗口的角点，输入比例因子（nX 或 nXP），或者［全部（A）/范围（E）/窗口（W）/上一个（P）/对象（O）］＜实时＞：w↙

指定第一个角点：0，0↙

指定对角点：600，600↙

图 9.2

二、绘制亭子底座

1. 利用命令 polygon 绘制与半径为 200 的圆内接的正六边形。

2. 用 extrude 命令将正六边形拉伸成为如图 9.2 所示厚度为 20 的实体。

三、绘制桌子

1. 作辅助线，将正六边形的对称端点连接。

2. 用 circle 命令在实体上底面上以正六边形的中心点为圆心画一个半径为 10cm

的圆。

3. 删除辅助线。

4. 用 extrude 命令将圆拉伸成为厚度为 65 的圆柱体形成圆桌柱。

5. 用 circle 和 extrude 命令绘制半径为 60,高为 10 的圆桌面,圆桌效果如图 9.3 所示。

四、绘制凳子

1. 新建 UCS 坐标系,将原点移至圆桌圆柱的下底面的圆心处。

2. 绘制圆凳与圆凳圆柱。

（1）以（85,0）为圆心绘制半径为 5 的圆,并拉伸成高度为 30 的圆凳圆柱。

（2）以圆凳圆柱的上底面的圆心为圆心绘制半径为 17.5 的圆,并拉伸成高度为 10 的圆凳。

3. 利用 arrary 命令以圆桌圆柱的下底面的圆心为阵列中心点,对圆凳进行阵列,设置阵列数目为 6 个,效果如图 9.4 所示。

五、绘制凉亭圆柱

1. 绘制以（160,0）为圆心,半径为 5 的圆,并拉伸成高度为 220 的凉亭圆柱。

2. 利用 arrary 命令以圆桌圆柱的下底面的圆心,并设置阵列数目为 6 个,对圆柱进行阵列,效果如图 9.5 所示。

六、绘制凉亭亭顶

1. 绘制辅助线。

将处于对称位置的凉亭圆柱的上底面圆心连接;

2. 新建 UCS 坐标系（将 UCS 绕着 X 轴转 90°）。

3. 新建 UCS 坐标系（将原点移至辅助线的中点）。

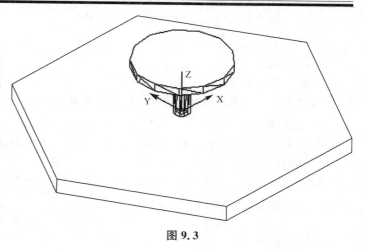

图 9.3

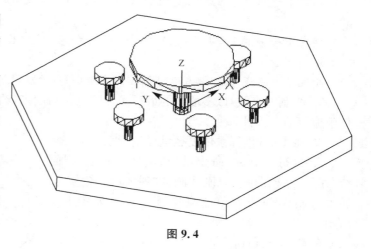

图 9.4

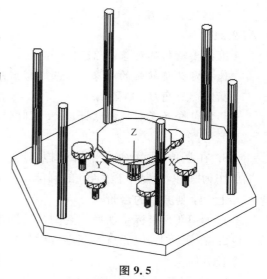

图 9.5

4. 用 pline 命令画一个凉亭屋顶"剖面线"。

命令：_pline ↙

指定起点：

当前线宽为 0.0000

指定下一个点或［圆弧(A)/半宽(H)/长度(L)/放弃(U)/宽度(W)］：180 ↙
//在极轴状态 X 方向

指定下一点或［圆弧(A)/闭合(C)/半宽(H)/长度(L)/放弃(U)/宽度(W)］：20 ↙
//在极轴状态 Y 方向

指定下一点或［圆弧(A)/闭合(C)/半宽(H)/长度(L)/放弃(U)/宽度(W)］：20 ↙
//在极轴状态 X 方向

指定下一点或［圆弧(A)/闭合(C)/半宽(H)/长度(L)/放弃(U)/宽度(W)］：10 ↙
//在极轴状态 Y 方向

指定下一点或［圆弧(A)/闭合(C)/半宽(H)/长度(L)/放弃(U)/宽度(W)］：@−80,30 ↙

指定下一点或［圆弧（A）/闭合（C）/半宽（H）/长度（L）/放弃（U）/宽度（W）］：@−120,80 ↙

指定下一点或［圆弧(A)/闭合(C)/半宽(H)/长度(L)/放弃(U)/宽度(W)］：↙

5. 绘制一直线，以多段线的最后一个端点作为起点，绘制为极轴 Y 方向为 50 的线，来作为凉亭的避雷针。

6. 将 UCS 坐标系恢复至世界坐标系。

7. 执行 revsurf 命令，将刚才画的屋顶"剖面线"作为"路径曲线"以刚才画的"避雷针"作为"旋转轴"，制作一个六角凉亭屋顶。效果如图 9.6 所示。

命令：revsurf ↙

当前线框密度：SURFTAB1＝12　　SURFTAB2＝6

选择要旋转的对象：//选择剖面线

选择定义旋转轴的对象：//选择避雷针

指定起点角度 ＜0＞：↙

指定包含角（＋＝逆时针，−＝顺时针）
＜360＞：↙

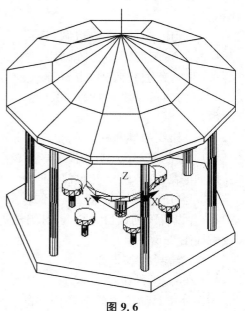

图 9.6

8. 在亭顶上，用命令 sphere 以"避雷针"的下端点作为圆心，绘制半径为 15 的圆球。

七、绘制凉亭的台阶

1. 将 UCS 坐标系切换到要画台阶的侧面。

2. 在侧面上，以原点为起点，绘制一个长为 25，宽为 45 的矩形，并拉伸高度为 25，形成一个长方体。

3. 将 UCS 坐标系切换到刚绘制完长方体的侧面。

4. 用多段线绘制台阶的轮廓线,并拉伸高度为150 的凉亭台阶,效果如图9.7。

命令:_pline ✓

指定起点:

当前线宽为 0.0000

指定下一个点或〔圆弧(A)/半宽(H)/长度(L)/放弃(U)/宽度(W)〕:15 ✓

指定下一点或〔圆弧(A)/闭合(C)/半宽(H)/长度(L)/放弃(U)/宽度(W)〕:20 ✓

指定下一点或〔圆弧(A)/闭合(C)/半宽(H)/长度(L)/放弃(U)/宽度(W)〕:15 ✓

指定下一点或〔圆弧(A)/闭合(C)/半宽(H)/长度(L)/放弃(U)/宽度(W)〕:20 ✓

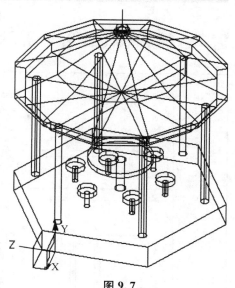

图 9.7

指定下一点或〔圆弧(A)/闭合(C)/半宽(H)/长度(L)/放弃(U)/宽度(W)〕:15 ✓

指定下一点或〔圆弧(A)/闭合(C)/半宽(H)/长度(L)/放弃(U)/宽度(W)〕://捕捉刚才绘制的长方体侧面的右上角点

指定下一点或〔圆弧(A)/闭合(C)/半宽(H)/长度(L)/放弃(U)/宽度(W)〕://捕捉刚才绘制的长方体侧面的右下角点

指定下一点或〔圆弧(A)/闭合(C)/半宽(H)/长度(L)/放弃(U)/宽度(W)〕:c ✓

5. 删除刚才绘制的长方体。

6. 绘制台阶的侧面,并复制。最终效果如图9.8所示。

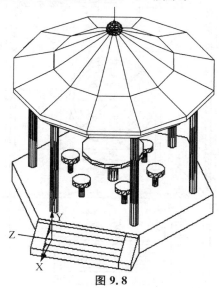

图 9.8

9.2　神殿(如图 9.9 所示)

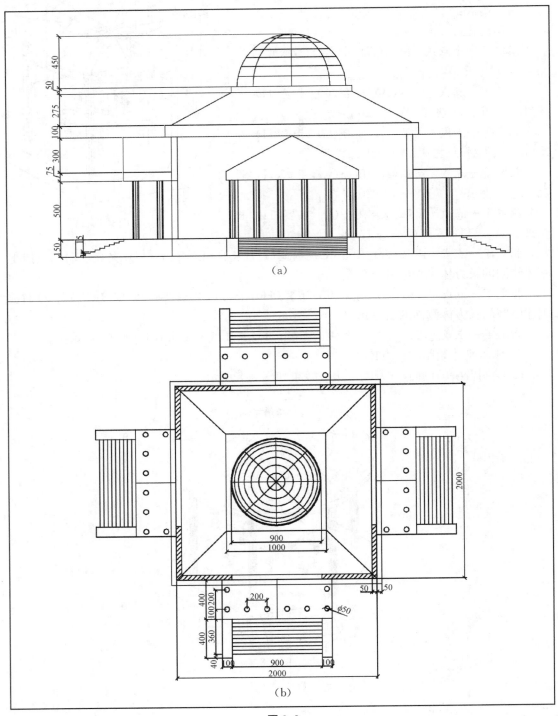

(a)

(b)

图 9.9

作图步骤与程序

一、进行基本设定

1. 用 vpoint 命令设定适当的平行投影观测点（角度）。

2. 用 zoom 命令来设定适当的屏幕作图范围。

二、绘制神殿主体

1. 用 rectang 命令绘制以（0,0）为第一角点，长和宽都为 2000 的矩形。

2. 向内偏移 50 产生另一个矩形。

3. 对这两个矩形进行拉伸，高度为 1125。

4. 对这两个实体执行差集运算，形成神殿的墙体，效果如图 9.10。

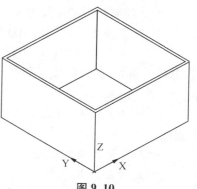

图 9.10

三、绘制神殿屋檐

1. 将 UCS 坐标系 XY 平面改变为上顶面所在的面，如图 9.11 所示。

2. 用 rectang 命令绘制以（-50,-50）为第一角点，长和宽都为 2100 的矩形。

3. 对这个矩形进行拉伸，高度为 100。

四、绘制神殿的平顶金字塔基座

1. 画屋檐上顶面的对角线为辅助线。

2. 画以辅助线的中点为中心点，外切于半径为 500 的圆的正四边形。

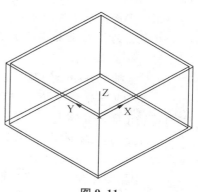

图 9.11

3. 用相对坐标@0,0,275 移动正四边形，至金字塔的上顶面，并拉伸，高度为 50。

4. 删除辅助线。

五、绘制神殿的平顶金字塔，效果如图 9.12 所示

命令：3D↙

输入选项

[长方体表面（B）/圆锥面（C）/下半球面（DI）/上半球面（DO）/网格（M）/棱锥体（P）/球面（S）/圆环面（T）/楔体表面（W）]：p↙

　　指定棱锥体底面的第一角点：0,0,100↙

　　指定棱锥体底面的第二角点：@2000,0↙

　　指定棱锥体底面的第三角点：@0,2000↙

　　指定棱锥体底面的第四角点或 [四面体（T）]：@-2000,0↙

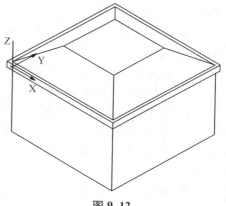

图 9.12

　　指定棱锥体的顶点或 [棱（R）/顶面（T）]：t↙

　　指定顶面的第一角点给棱锥体：@500,500,275↙

　　指定顶面的第二角点给棱锥体：@-500,500,275↙

　　指定顶面的第三角点给棱锥体：@-500,-500,275↙

指定第四个角点作为棱锥体的顶点：@500，－500，275 ↙

六、绘制神殿的平顶金字塔基座上方的圆顶

1. 画基座上顶面的对角线为辅助线。

2. 画一个以辅助线的中点为圆心，半径为 450 的圆球，并剖切为半球，效果如图 9.13 所示。

命令：_slice ↙

选择要剖切的对象：找到 1 个//选择刚才绘制的圆球

选择要剖切的对象：↙

指定切面的起点或［平面对象(O)/曲面(S)/Z轴(Z)/视图(V)/XY(XY)/YZ(YZ)/ZX(ZX)/三点(3)］＜三点＞：↙ 　　// 选择基座上顶面的三点

指定平面上的第二个点：

在所需的侧面上指定点或［保留两个侧面(B)］＜保留两个侧面＞：↙

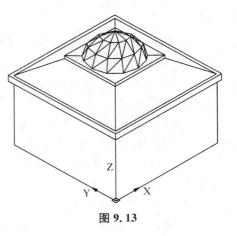

图 9.13

七、给神殿开四个门洞

1. 将 UCS 坐标系绕 y 轴旋转－90，从而从 XY平面转到正面的墙体上。

2. 在正面的墙体画一个以原点为第一角点，第二角点为@750，900 的矩形。

3. 用移动命令 move 将矩形移至中间(选择矩形的下底中点作为基点，主体正面的下底中点作为目标点)，并拉伸，高度为 50。

4. 将 UCS 坐标系还原成世界坐标系。

5. 在神殿主体的下底面画一条对角线作为辅助线。

6. 以辅助线的中点为阵列中心点，数目为 4 个，对长方体进行环形阵列。

7. 做差集，形成门洞，效果如图 9.14 所示。

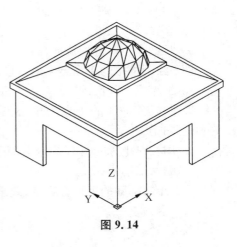

图 9.14

八、绘制神殿的台阶

1. 将坐标系 UCS 还原成世界坐标系，放在门洞的左下角。

2. 给神殿的正面加二侧墩，用命令 rectang 绘制以门洞的左下角点为第一角点，@800，100 为另一角点的矩形，并拉伸，高度为 150，然后用命令 copy 将厚墙对称复制到门的另一侧。

3. 将 UCS 坐标系 XY 平面转化到侧墩的侧面，并用多段线绘制台阶，每一台阶宽 40，高 15，然后拉伸高度为 900。

4. 绘制台阶上的柱子。

(1) 将 UCS 坐标系定在厚墙的上顶面上，原点为最左外侧的端点。

(2) 以(100,50)为圆心，半径为 25 绘圆，并拉伸成高度为 500 的圆柱体。

（3）用命令 array 进行矩形阵列，共六行两列，行偏移为－200，列偏移为 200，删除多余的柱子。

5. 绘制柱子上的基座。

（1）切换 UCS 坐标系的 XY 平面至台阶平台。

（2）用命令 rectang 绘制以原点为第一角点，@－400,1000 为另一角点的矩形。

（3）用命令 move 将矩形以柱子下底面圆心为基准点，柱子上底面圆心为目标点进行移动，并拉伸，高度为 75。

6. 绘制柱子的基座上的山墙。

（1）切换 UCS 坐标系的 XY 平面至基座的侧面。

（2）绘制辅助线，以下底边中点第一点，极轴 Y 方向长为 300。

（3）用命令 pline 绘制多段线，形成一个三角形，后拉伸，高度为 400。

7. 阵列所画好的台阶，删除所有的辅助线，效果如图 9.15 所示。

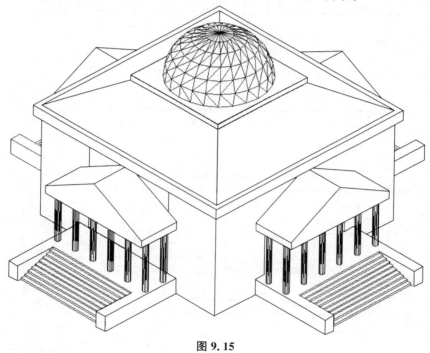

图 9.15

（1）恢复为世界坐标系。

（2）用命令 array 进行环型阵列，可选择台阶所有组成部分进行环形阵列，也可先编组后再阵列。

9.3 坡顶房屋（如图 9.16 所示）

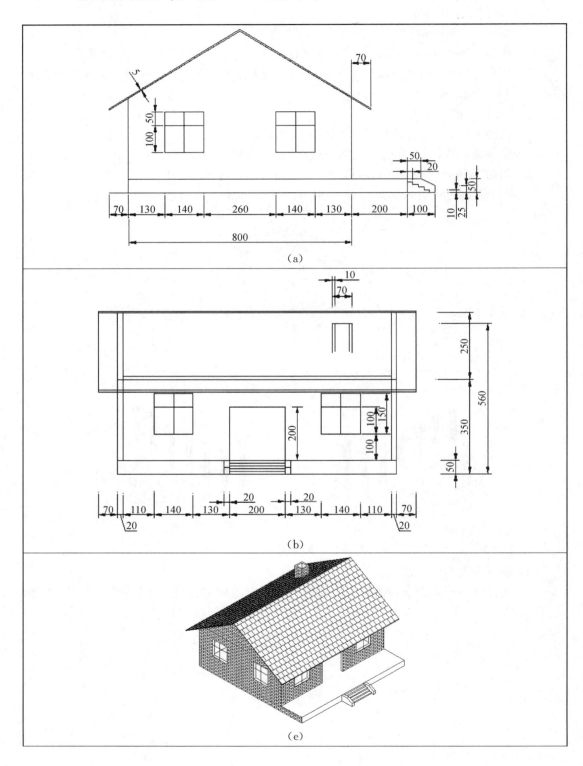

(a)

(b)

(e)

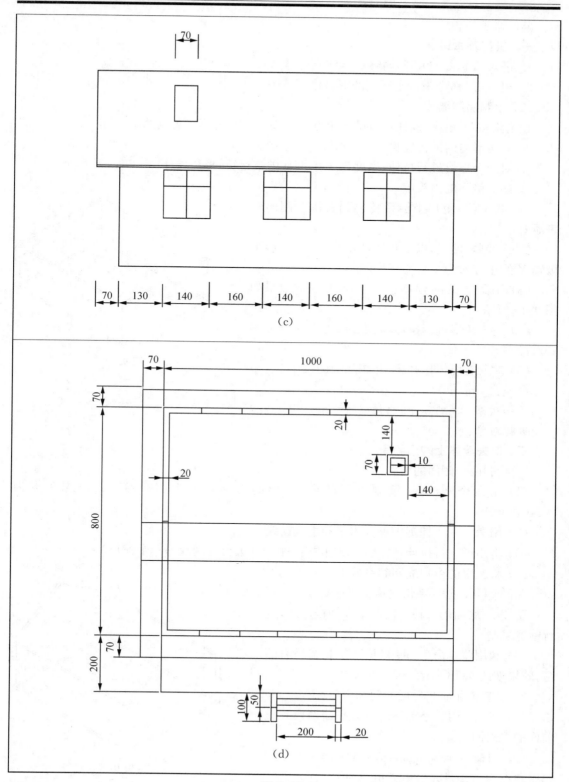

（c）

（d）

图 9.16

绘图步骤与程序

一、进行基本设定

1. 进入 AutoCAD,开始新建一个图形文件。

2. 用 zoom 命令来设定适当的屏幕作图范围。

二、绘制房屋墙体

1. 绘制一个矩形,以任意点第一角点,@1000,800 为第二角点的矩形。

2. 对矩形向内进行偏移 20,形成另一个矩形。

3. 对两个矩形进行拉伸,高度为 350,并作差集运算,形成墙体。

4. 绘制侧面的山头墙。

(1)将 UCS 用户坐标系转化到实体左侧的外表面上。

(2)绘制辅助线,以上顶边的中点的第一点,画极轴 Y 的正方向为 250 的直线。

(3)用命令 pline 绘制三角形,绘制完的效果如图 9.17 所示。

(4)对三角形进行拉伸,高度为 20,并对称复制到对面。

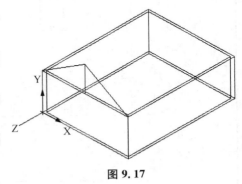

图 9.17

(5)对所有墙体作并集,并删除辅助线。

命令:_union

选择对象:找到 3 个,总计 3 个

选择对象:

三、挖去墙体上的门和窗

1. 绘制两个侧面的窗。

(1)用命令 rectang 绘制侧面的窗,矩形的第一角点为(130,150),第二角点为 @140,150。

(2)用命令 line 捕捉中点画水平和垂直窗线。

(3)将矩形进行拉伸,高度为 20,并按间距 400 进行复制成另一个窗户。

(4)将左墙的窗户复制到右墙上。

A. 将 UCS 坐标系恢复成世界坐标系。

B. 以下底面的 y 轴方向的中线为镜像线,进行镜像复制。

(5)利用差集命令 SUBTRACT 挖去所有的窗,效果如图 9.18 所示。

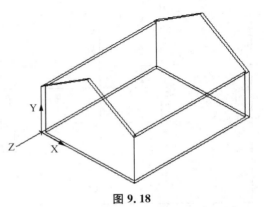

图 9.18

2. 绘制正前面和后面的门和窗。

(1)将 ucs 用户坐标系的 XY 平面切换到正前面的墙表面上。

(2)用命令 rectang 绘制正面的窗,矩形的第一角点为(130,150),第二角点为 @140,150。

(3)用命令 line 捕捉中点画水平和垂直窗线。

（4）将矩形进行拉伸，高度为 20，并按间距 300、600 进行复制成另两个窗户。

（5）用命令 copy，在极轴 Z 的方向按 @0,0,780 的距离，将正前面的窗户复制到后面的墙体上。

（6）删除正前面墙体上中间的窗户。

（7）用命令 rectang 绘制正前面墙体上的门，以（400,0）为第一角点，@200,200 为另一个角点，并拉伸，高度为 20。

（8）用命令 subtract 做差集，挖去门和窗，效果如图 9.19 所示。

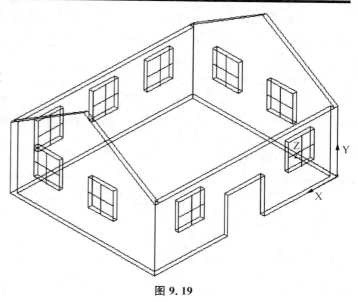

图 9.19

四、绘制房屋屋顶

1. 将 UCS 用户坐标系的 XY 平面切换到左墙体的表面。

2. 用命令 pline 以山头的上侧三个端点绘制多段线。

3. 绘制辅助线，以墙体的左下端点，在极轴 X 的负方向绘制长为 70 的直线，继续在极轴 Y 的正方向绘制长为 500 的直线。

4. 绘制辅助线，以墙体的右下端点，在极轴 X 的正方向绘制长为 70 的直线，继续在极轴 Y 的正方向绘制长为 500 的直线。

5. 用命令 offset 将多段线向外偏移 5。

6. 用命令 extend，选择极轴 Y 方向的辅助线为边界边，对两条多段线进行延伸，效果如图 9.20 所示。

图 9.20

7. 用命令 pline 连接两条多段线的右端点。

8. 用多段线编辑命令 pedit 将四条多段线进行连接。

命令：pedit

选择多段线或［多条（M）］：

输入选项［闭合(C)/合并(J)/宽度(W)/编辑顶点(E)/拟合(F)/样条曲线(S)/非曲线化(D)/线型生成(L)/反转(R)/放弃(U)］：j✓

选择对象：找到 1 个

选择对象：找到 1 个,总计 2 个

选择对象：找到 1 个,总计 3 个

选择对象：

多段线已增加 4 条线段

输入选项［打开(O)/合并(J)/宽度(W)/编辑顶点(E)/拟合(F)/样条曲线(S)/非曲线化(D)/线型生成(L)/反转(R)/放弃(U)］：✓

9. 用命令 ext 对连接后的多段线进行拉伸,高度为 1140。

10. 用命令 move 将屋面以选择多段线的右下端点为基点,在极轴 z 方向上移动 70,结果如图 9.21 所示。

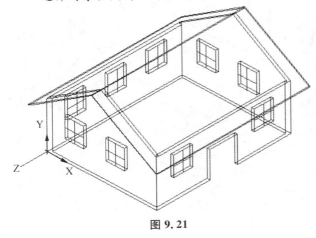

图 9.21

五、绘制房屋屋顶上的烟囱

1. 将 ucs 用户坐标系的 xy 平面切换到下底面。

2. 用命令 rectang 绘制以 140,140 为第一个角点，@70,70 为另一个角点的矩形。

3. 用命令 offset 将矩形进行向内偏移 10,形成另一个矩形,并拉伸,高度为 560。

4. 用命令 subtract 对拉伸后的两个长方体作差集运算。

5. 用命令 hide 对图形进行消隐。

6. 将 UCS 用户坐标系的 XY 平面切换到烟囱所在屋顶面上。

7. 用命令 slice 对烟囱进行剖切,选择屋面的三个不在同一线上的点构成部切面。

8. 在烟囱处上面内部做一个正方形向下拉伸一定长度,并做屋顶与此的差,使屋顶烟囱处有一洞口,结果如图 9.22 所示。

图 9.22

六、绘制房屋的台阶

1. 将 UCS 用户坐标系恢复为世界坐标系。

2. 用命令 rectang 绘制以 0，－200 为第一个角点，@1000，1000 为另一个角点的矩形，并拉伸，高度为－50。

3. 用命令 union，对绘制完的图形进行并集操作。

4. 将 UCS 用户坐标系转换到台阶平台的左侧面。

5. 用命令 pline 绘制台阶平台的多段线，并拉伸高度为 20。

6. 用命令 move 将拉伸完的实体，以台阶平台的左下端点为基点，在极轴 Z 的正方向进行位移为 380 的移动。

7. 用命令 copy 将实体对称复制到右侧。

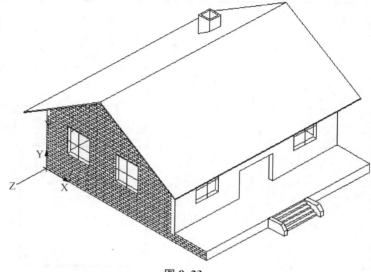

图 9.23

8. 将 UCS 用户坐标系的 XY 平面切换至右侧台阶扶手的左侧平面。

9. 绘制台阶多段线，极轴 Y 方向和极轴 x 方向的变化分别为 10、20，并拉伸高度为 200，效果如图 9.23 所示。

七、绘房屋的墙面屋面及烟囱填充

1. 给左墙面填充砖线图案。

（1）将 UCS 用户坐标系的 XY 平面切换到左墙面。

（2）用命令 bhatch 进行填充（选择砖线图案，并预览相应的比例效果），效果如图 9.24 所示。

2. 相应将 UCS 用户坐标系的 XY 平面切换至要填充的各个面。注意填充图案是二维操作。最后填充效果如图 9.24 所示。

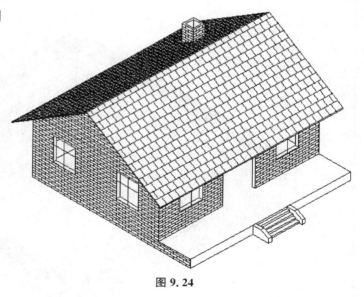

图 9.24

9.4　四合院(如图 9.25 所示)

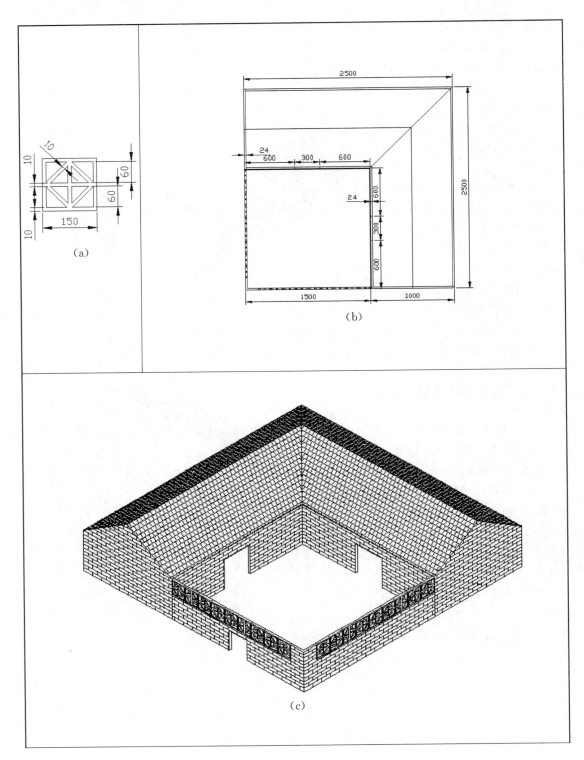

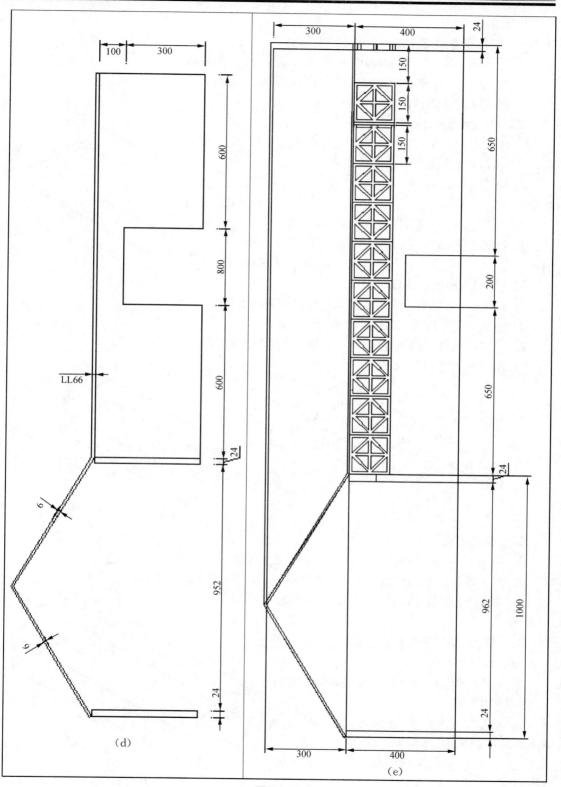

图 9.25

作图步骤与程序

一、进行基本设定

1. 进入 AutoCAD,开始新建一个图形文件。

2. 用 zoom 命令来设定适当的屏幕作图范围。

3. 将视图设置为西南轴测视图。

二、绘制房屋基本墙体

1. 用命令 rectang 绘制一个以任意点为第一角点,@2500,1000 为第二个角点的矩形。

2. 用命令 offset 向内偏移 24,产生另一个矩形。

3. 对上述两个矩形,进行拉伸,高度为 400。

4. 作差集运算,形成墙体,效果如图 9.26 所示。

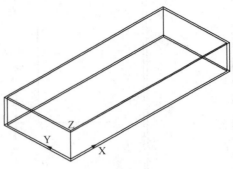

图 9.26

三、绘制侧面的山头墙

1. 将 UCS 用户坐标系 XY 平面转换到左面的墙体上。

2. 绘制一个多段线,如图 9.27 所示。

3. 对多段线进行拉伸,高度为 24,并对称复制到右侧墙体。

4. 作并集运算,效果如图 9.28 所示。

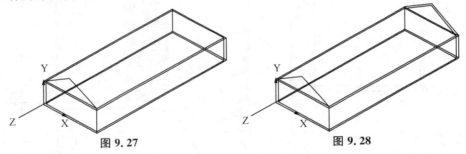

图 9.27　　　　　　　　　　　　　图 9.28

四、绘制屋顶

1. 用命令 pline 沿山头上外沿边绘制屋顶多段线

2. 对多段线进行向外偏移 10,并连接相应端点后,编辑为一个多段线。

3. 对多段线拉伸,高度为 2500,形成屋顶。

4. 对房屋及屋顶作并集运算。

五、给房屋开门洞

1. 将 UCS 用户坐标系的 XY 平面切换到正前面的墙表面。

2. 绘制第一角点为(1600,0),第二角点为 @300,300 的矩形,并拉伸,高度为 24。

3. 作差集运算,形成门洞,效果如图 9.29 所示。

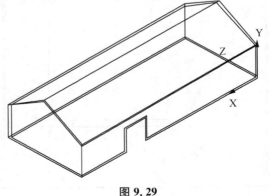

图 9.29

4. 对房屋进行剖切,效果如图 9.30 所示。

(1) 作离原点水平距离为 1000,高度为 400 的垂直线。

(2) 用命令 slice 进行剖切,注意剖切的三点为辅助线的两个点及最远侧的底部的右下顶点。

六、绘制围墙

1. 将 UCS 用户坐标系恢复为世界坐标系。

2. 用命令 rectang 绘制第一角点为(0,0),第二角点为@24,−1500 的矩形,并进行拉伸,高度为 400。

3. 挖取围墙上花砖的位置

(1) 将 UCS 用户坐标系 XY 平面切换到外围墙的表面。

(2) 用命令 rectang 绘制第一个角点为外围墙的左上端点,第二角点为@1350,−150 的矩形,并拉伸,高度为 24。

(3) 用命令 subtract 作差集运算,效果如图 9.30 所示。

5. 绘制围墙上的花砖,并作矩形阵列。

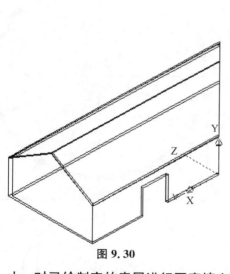

图 9.30

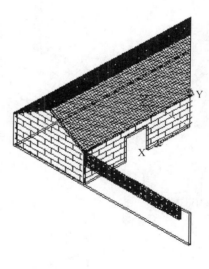

图 9.31

七、对已绘制完的房屋进行图案填充

1. 给左墙面填充砖线图案。

2. 相应将 UCS 用户坐标系的 XY 平面切换至要填充的各个面。注意填充图案是二维操作。最后填充效果如图 9.31 所示。

八、对已绘制完的房屋进行镜像和完善

1. 将 UCS 用户坐标系恢复为世界坐标系。

2. 进行二维镜像。

3. 对围墙挖取门,并对剩余部分填充,最后效果如图 9.25(c)所示。

实验十六　三维建筑绘制上机

一、实验目的

1. 灵活运用三维命令,绘制下面各图。

二、操作内容

1. 绘制如实验图 16.1 至 16.4 所示的立体图形。其中实验图 16.1 的旋转楼梯的扶手为三点确定的样条曲线,侧面绘圆后沿路径拉伸。

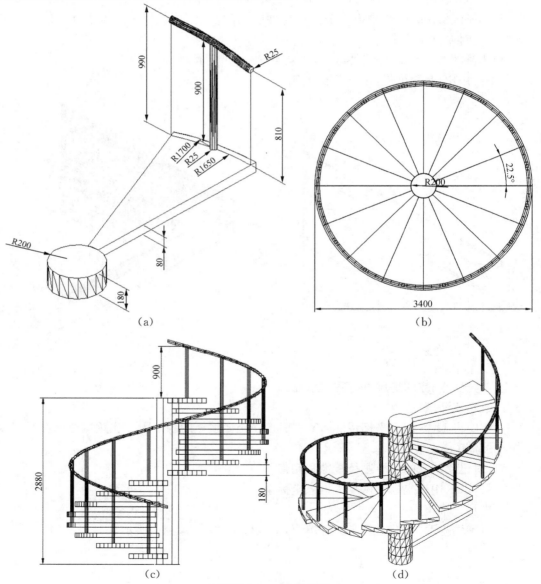

实验图 **16.1**　旋转楼梯

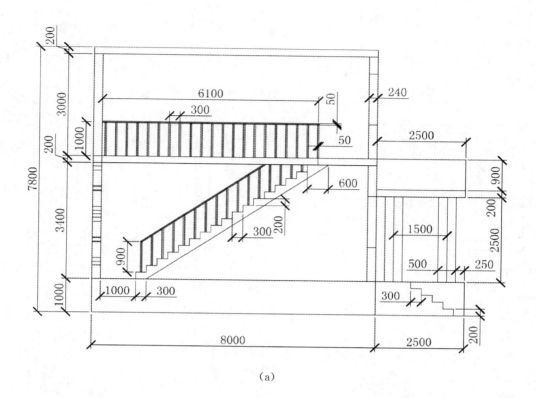

(a)

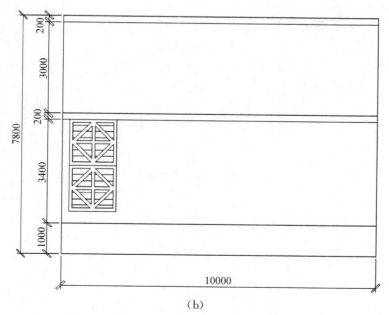

(b)

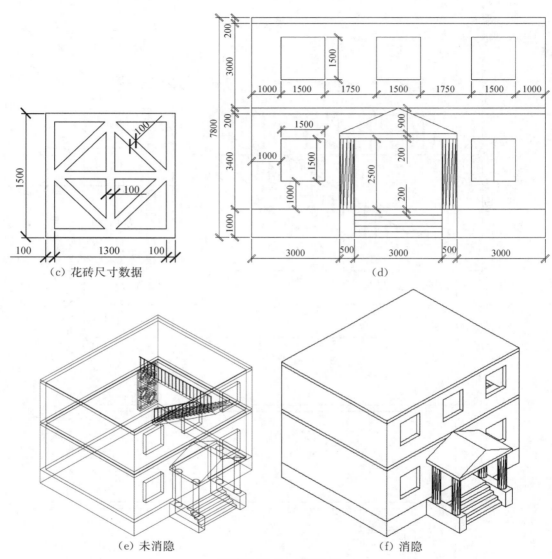

（c）花砖尺寸数据

（d）

（e）未消隐　　　　　　　　　　　　（f）消隐

实验图 16.2　二层小楼

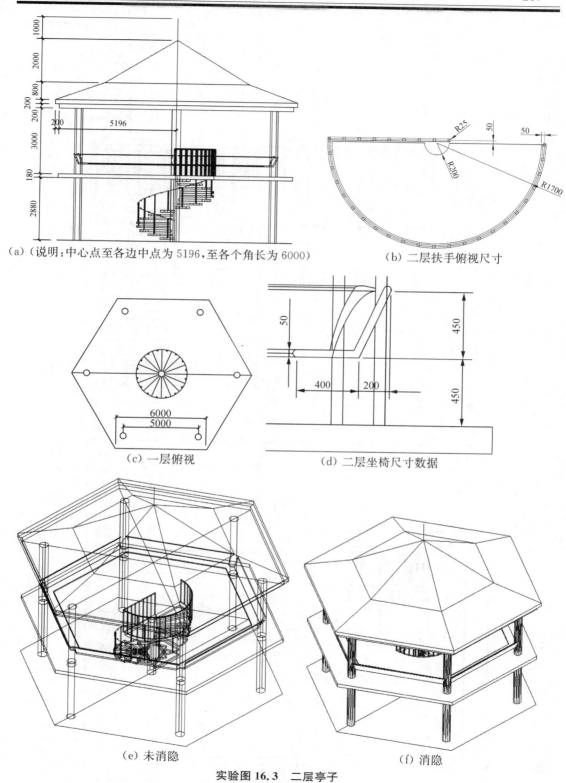

（a）（说明：中心点至各边中点为 5196，至各个角长为 6000）

（b）二层扶手俯视尺寸

（c）一层俯视

（d）二层坐椅尺寸数据

（e）未消隐

（f）消隐

实验图 16.3　二层亭子

旋转楼梯的数据详见实验图 16.1。

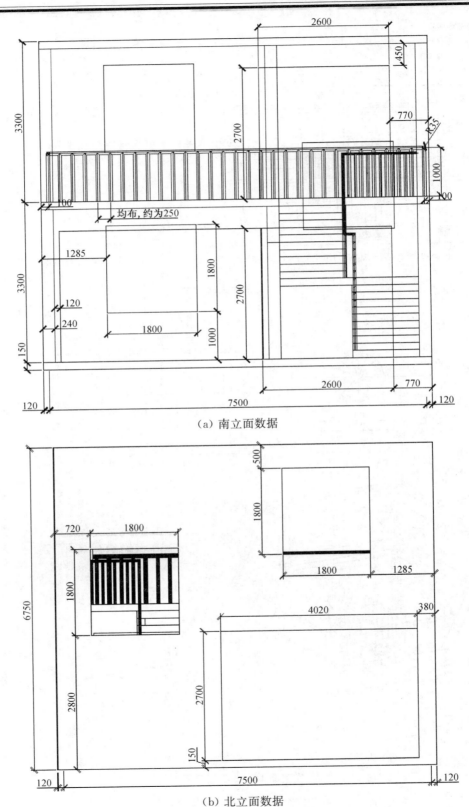

（a）南立面数据

（b）北立面数据

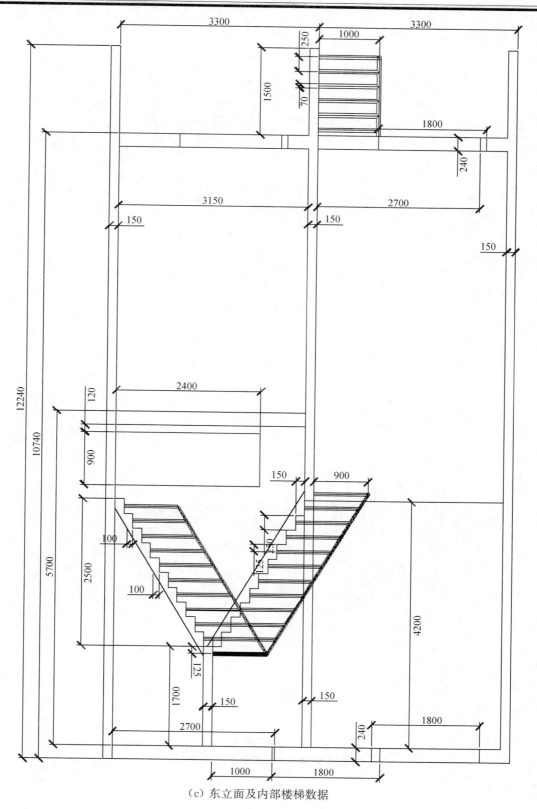

（c）东立面及内部楼梯数据

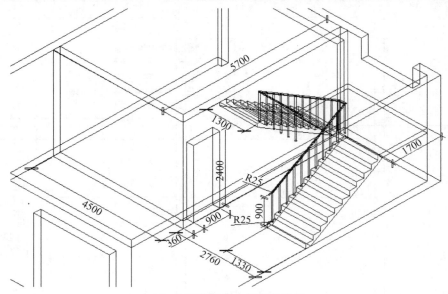

（d）内部楼梯及一层部分数据

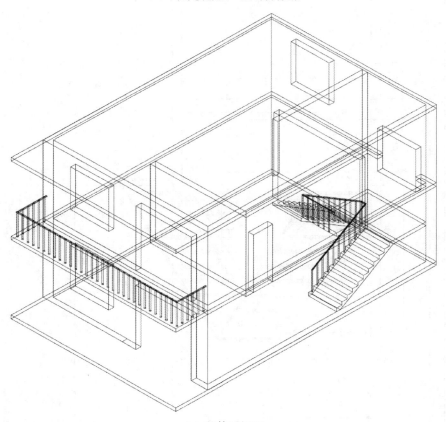

（e）整体透视图

实验图 16.4　二层小楼（双跑楼梯）

第 10 章　文件打印及输出

　　绘制工程图的目的是进行施工和交流，这就需要将图纸打印出来，在打印图形时，要考虑到对不同图层、不同颜色的线宽处理。下面通过实例来介绍它们的具体使用。

10.1　图形按颜色设置

　　操作执行顺序如下：

　　（1）打开要准备打印的 CAD 图形文件，点击"打印"功能按钮，出现如图 10.1 所示的对话框，在此对话框中，选择打印机名称和将要打印的图纸尺寸大小；

　　（2）选择打印范围为"窗口"，并点取"窗口"按钮，在绘图区中选择将要打印的图纸矩形区域；

　　（3）在打印样式表中，本例中选择"acad.ctb"样式，并点击此时样式右边的"编辑"按钮，出现如图 10.2 所示的对话框，选择"表格视图"表单；

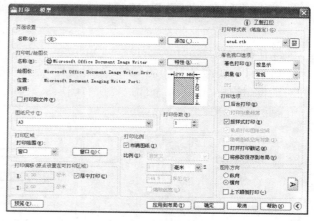

图 10.1

　　（4）选择图 10.2 左边的所有颜色，即选中第一个颜色后，按住 Shift 键不放，再选择最后一个颜色，然后设置特性中"颜色"，将颜色设置为"黑"，设置线宽为 0.35mm；

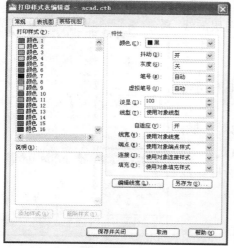

图 10.2

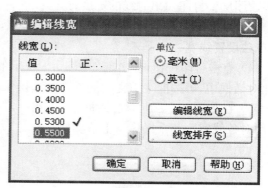

图 10.3

（5）当有其他颜色的线宽不为 0.35mm 时，再选择左边的颜色后，点击右边"特性"中的"线宽"中的具体数值；若无此宽度，如 0.55mm，则点击下面的"编辑线宽"按钮，在出现的如图 10.3 所示的对话框中，鼠标在任一个数上双击后，编辑产生新数据，再点击"确定"按钮；此时会在如图 10.2 所示的对话框的线宽中有 0.55mm 的选择项；

（6）在图 10.2 的各项设置完毕后，点击"保存并关闭"按钮，返回到如图 10.1 所示的对话框；

（7）在图 10.1 所示的对话框中，在"打印比例"处，通常选择"布满图纸"；"图形方向"可根据实际需要确定；然后点击"预览"按钮；

（8）在出现的预览视图中，可滚动鼠标中间的滚轮来缩放视图区域，观看图形和文字是否有由于线宽过粗而出现的模糊现象，如有，则将线宽设置调小；否则，可按鼠标左键，在出现的浮动菜单中执行"打印"。

10.2 图形按图层设置

操作执行顺序如下：

（1）打开要准备打印的 CAD 图形文件，点击"图层特性"功能按钮，出现如图 10.4 所示的对话框，按住 Ctrl＋A 全部选择所有图层；

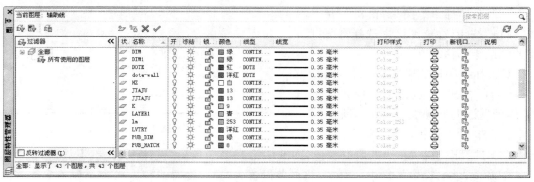

图 10.4

（2）图层全选状态下，鼠标左键点击任一个图层的线宽位置，会出现如图 10.5 所示的对话框，在此对话框中选择多数图层要打印输出时线的宽度；

（3）对个别与多数图层线宽不一样的，点击图层名后，单独设置线宽；

（4）点击打印按钮，会出现如图 10.1 所示的对话框，在此对话框中，可按前一节提到的操作方法操作；

（5）在如图 10.2 所示对话框中，线宽一定要设置为"使用对象线宽"，其余操作与上节类似。

图 10.5

10.3　布局的设置与使用

10.3.1　单张图形成的布局操作执行顺序

（1）打开前面绘制的图形（如实验图 13.1 起所示的图形），那些图形放在一个图形文件中，它们均在"模型"空间下显示；

（2）选择如实验图 13.1 所示内容，执行 windows 中的复制操作，然后到"布局 1"中执行"粘贴"操作，定义的插入点放在图纸空间的左下角；

（3）在"布局 1"的图纸空间中，执行 CAD 整图缩放命令；

（4）在下面的"布局 1"选项卡上按鼠标右键，在弹出的浮动菜单中选择"页面设置管理器"，出现"页面设置管理器"对话框（如图 10.6 所示），在此对话框中选择当前页面为"＊布局 1＊"后，点击"修改"按钮，会出现"页面设置—布局 1"对话框窗口，它类似我们前面的图 10.1 所示的对话框；

图 10.6

（5）在"页面设置—布局 1"对话框中，选取"打印区域"为"窗口"，则会自动出现要求用户选择窗口区域，通过对角点选择刚才粘贴到布局中的图形矩形区域；

（6）设置"页面设置—布局 1"对话框中的"打印比例"为"布满图纸"，然后点击"确定"按钮，会返回到图 10.6 对话框，再点击该对话框中的"关闭"按钮，此时会看到布局 1 中发生了变化。

（7）如果此时在"布局 1"选项卡上按鼠标右键，在弹出的菜单项中执行"打印"，用户自己可根据前面的样式调整打印样式表，即可实现打印。

10.3.2　多个图块形成的布局操作执行顺序

它与单张图形成的布局类似，区别只在于复制到布局图纸空间的不只是一个图块，而是从模型空间中将多个图块复制过来，对各个图块可进行了缩放，在重新编制位置后再输出。如：

（1）从模型空间中复制实验图 13.5 下面中间位置的一部分图形粘贴到布局 2 中；

（2）再复制实验图 13.17 右上角的图形粘贴到布局 2 中，并放大 2 倍；

（3）复制模型空间中的图框并粘贴到布局 2 中；

（4）将这三个部分适当移动、组合，可产生如图 10.7 所示的结果。

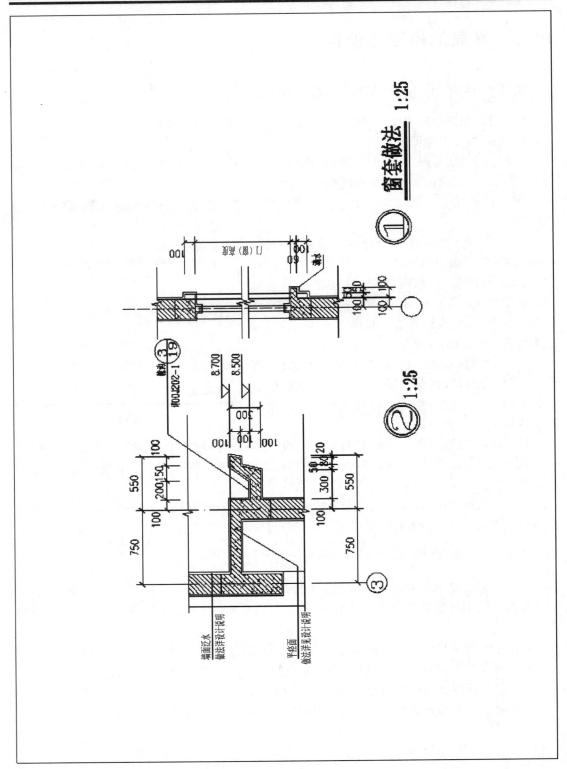

图 10.7

10.4　三维图形的打印

10.4.1　同一个三维图的不同视点放在同一个布局中打印

（1）打开前面绘制的图形小房子三维图形（如西南等轴测下），这时点击布局1，会看到布局1中已有一个三维图形；

（2）点取布局1中的实线框，执行删除操作（可剪切、用橡皮删除、按键盘删除键实现）；

（3）如在三维建模下，执行"视图"功能区面板中的"视口"功能区里有"视口配置"，选择四个相等的视口（如在"CAD经典"工作空间下，执行菜单"视图"→"视口"→"四个视口"）；

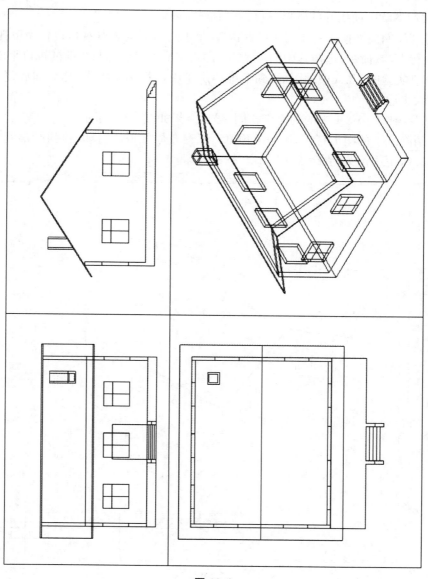

图 10.8

（4）依次设置四个视口中的视图模式为"俯视"、"左视"、"前视"、"西南等轴测"，并在各视口中执行整图缩放命令，使图形在各视口中最大；

（5）在前三个视口中，依次执行选中整个图形并复制操作，到布局1中执行粘贴操作；

（6）在最后一个视口中，执行UCS命令，选择其中的V选项，即将XY平面坐标与当前的视口平面重合，然后再执行选中整个图形并复制操作，到布局1中执行粘贴操作；

（7）在布局1中，绘制一个矩形，并用分隔线将四个图形分隔开；

（8）其余操作与前面10.3.1的操作相类同，用户可以执行消隐命令将不需要显示的内容隐藏，最后布局1中的结果如图10.8所示。

10.4.2 三维空间下复制图框后打印

利用我们本章中使用到的图形，执行下列操作：

（1）打开我们前面使用的小房子的西南等轴测下的图形，将其视口设置为单视口；

（2）执行UCS命令，选择其中的V选项，即将XY平面坐标与当前的视口平面重合；

（3）复制实验图13.6中的图框，到三维小房子中执行粘贴操作，然后缩放复制过来的图框，使其大小适中；

（4）其余操作与10.1中的的操作相同，最后结果如图10.9所示。

（注意消隐之下的图形打印，第一次预览后保存布局并退出打印，再执行消隐命令后点击打印，第二次不用预览，直接点击"确定"按钮打印）

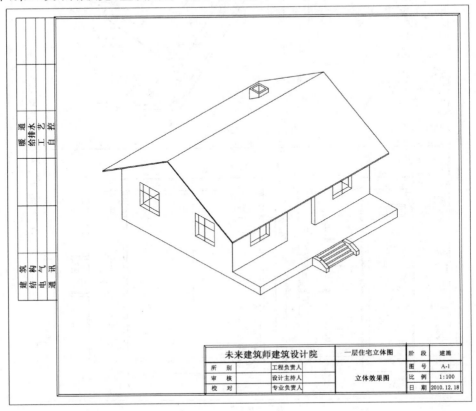

图 10.9

10.5　AutoCAD 图形导入到 WORD 中的方法

方法 1:

（1）在 CAD 中,选择要输出的图形部分,执行应用程序菜单中的"输出"→"其他格式",此时会打开一个对话框,如图 10.10 所示,在此对话框中,选择输出格式为"WMF",文件名自己确定。

（2）在图 10.10 所示对话框中,点击"保存"后,会在绘图区等待用户选择输出的内容,但图形的线宽此时不可调整。

（3）在 WORD 中插入刚才保存的图元文件,并作适当的剪裁即可。

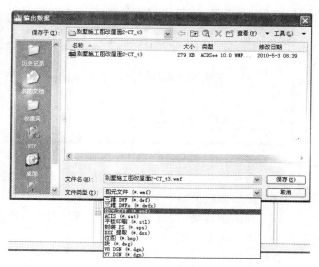

图 10.10

方法 2:

（1）在 OFFICE 2003 完整安装时,会出现一个"Microsoft Office Document Image Writer"（如果没有安装,请用户寻找 OFFICE 2003 及以上版本的安装盘,添加上此功能）,它可在执行 CAD 图形打印时,选择它作为打印机,但它只能输出 A3 图纸大小。其余按打印的样式依次执行即可,将打印结果保存为一个 mdi 格式文件（它可调整设置要输出内容的线宽）;

（2）打开刚才产生的 mdi 格式文件,选择好要输入到 WORD 中的图形部分后,单击鼠标右键,在弹出的浮动菜单中执行"复制图像",然后转到 WORD 中执行粘贴操作。

方法 3:

（1）WORD 中打开"对象"对话框,选择"AutoCAD 图形",如图 10.11 所示,点击"确定"按钮;

（2）此时,系统会自动打开一个新的 AutoCAD 模型空间的绘图区,用户可在此绘制 CAD 图形,也可从其他 CAD 图形中复制相应的图形内容;

（3）关闭 AutoCAD,此时系统会提示对话框,如图 10.12 所示,点击"是",则 CAD 的模型空间状态下绘图区的当前视口所见到的图形会出现 WORD 中;

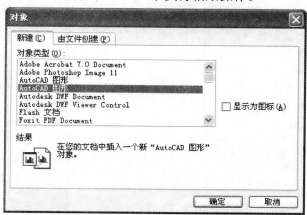

图 10.11

（4）如当前 WORD 中的图片工具栏隐藏,则可在插入到 WORD 中的图形上按鼠标右键,选择弹出的浮动菜单（如图 10.13 所示）中的"显示'图片'工具栏";

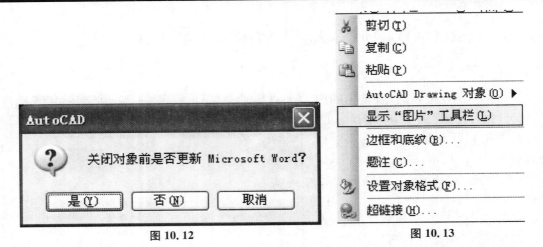

图 10.12　　　　　　　　　　　　　　　　　　图 10.13

　　(5) 选择图片工具栏中的"裁剪"工具,将插入的图片适当裁剪,并适当缩放图片;

　　(6) 如要修改图片内容,可双击图片,打开 CAD 界面后作相应的修改;

　　(7) 如果图片处于修改状态,则在 WORD 界面中的图片会有斜线阴影浮在其上面;关闭 CAD 后,这种阴影会消失。

　　方法 4：

　　CAD 图形打印预览时,将屏幕硬拷贝后,粘贴到 word 中后,对图片剪裁缩放到适当的大小。

附　　录

常用快捷命令表

命令简写	命令全写	命令简写	命令全写
L:直线	line	PE:多段线编辑	pedit
PL:多段线	pline	ED:修改文本	ddedit
ML:多线	mline	HE:图案填充编辑	hatchedit
XL:构造线	xline	R:重画	redraw
LEN:直线动态加长	lengthen	RE:重生成	regen
SPL:样条曲线	spline	D:标注设置管理	dimstyle
C:圆	circle	DI:距离查询	dist
A:圆弧	arc	LI:距离面积查询	list
EL:椭圆	ellipse	Z:缩放	zoom
REC:矩形	rectangle	Z+空格:实时缩放	
POL:多边形	polygon	Z+A:全(整)图缩放	
PO:点	point	P:平移	pan
T(MT):多行文本输入	mtext	U:恢复上一次操作	undo
REG:面域	region	F3:对象捕捉	
E:删除	erase	F8:正交	
M:移动	move	PU:清除无用图形元素	purge
RO:旋转	rotate		
AR:阵列	array		
EX:(直线)延伸	extend		
S:拉伸	stretch		
SC:比例缩放	scale		
TR:修剪	trim		
X:炸开	explode		
BR:打断	break		
F:倒圆角	fillet		
CHA:倒直角	chamfer		

参考文献

1. AutoCAD 2010 帮助文件.

2.《房屋建筑制图统一标准》GB/T 50001－2001.

3.《总图制图标准》GB/T 50103－2001.

4.《建筑制图标准》GB/T 50104－2001.

5.《建筑结构制图标准》GB/T 50105－2001.

6.《道路工程制图标准》GB50162－92.

7. 耿国强,张红松,胡仁喜,等. AutoCAD 2010 中文版入门与提高[M].北京:化学工业出版社,2009.

8. 谢世源等. AutoCAD 2009 中文版建筑设计综合应用宝典[M].北京:机械工业出版社,2009.

9. 思维数码. 逆向式中文版 AutoCAD 2008 实战学习 100 例[M].北京:科学出版社,2008.

10. 崔晓利,杨海茹,贾立红. 中文版 AutoCAD 工程制图(2008 版)[M].北京:清华大学出版社,2007.

11. 王华康主编. 循序渐进 AutoCAD 2004 实训教程[M].南京:东南大学出版社,2006.

12. 胡国锋等. AutoCAD 2006 建筑制图实例精解[M].北京:电子工业出版社,2005.

13. 计算机职业教育联盟. Auto CAD 建筑制图教程与上机指导[M].北京:清华大学出版社,2005.

14. 舒飞等. 中文版 AutoCAD 辅助设计案例精选[M].北京:中国科学出版社,2003.